高职高专"十三五"建筑及工程管理类专业系列规划教材

建设工程监理概论（第2版）

主　编　李汉平

副主编　赵启雄　吴志强　马俊文

 西安交通大学出版社
XI'AN JIAOTONG UNIVERSITY PRESS

内 容 提 要

　　本书根据我国建设工程相关法律法规、技术标准、建设工程监理规范与制度的有关规定，针对高职高专建筑工程技术、工程管理、工程监理类专业培养目标中对"建设工程监理"课程知识和能力的要求编写而成。书中结合工程项目监理实践，全面地阐述了建设工程监理在施工阶段的基本任务、内容、方法和手段，具有实践性、针对性和实用性强的特点。

　　全书共9章，包括建设工程监理概述、监理工程师、建设工程监理企业、建设工程监理的组织、建设工程监理规划与监理实施细则、建设工程监理目标控制、建设工程监理的管理工作、建设工程监理的组织协调、工程项目管理等。

　　本书可作为高职高专建筑工程技术、工程管理、工程监理及相关专业的教学用书，也可作为从事监理工作相关人员的参考用书。

第 2 版前言

本书第 1 版于 2012 年出版以来,受到了广大教师、学生及工程技术人员的好评。然而,近几年来,建筑行业的相关国家标准和规范进行了修订,导致本书第 1 版相关内容过时。如,《建设工程监理规范》(GB/T 50319—2013)于 2014 年 3 月 1 日起实施;《建设工程施工合同(示范文本)》(GF—2013‑0201)自 2013 年 7 月 1 日实施;等等。加之我们使用中发现一些小纰漏,以及读者们的建设性建议,激发我们修订本书。

本书在修订过程中,仍然坚持以适应社会需求为目标,以培养技术能力为主线,在内容选择上以"必需、够用"为度,以"讲清概念、强化应用"为重点,突出实用性。每章均有学习要点、思考题和案例分析题,便于不同层次的人员自学与参考。

本书由李汉平担任主编,赵启雄、吴志强、马俊文担任副主编。此次修订,李汉平负责全书的修订组织工作及总纂、定稿。具体各章修订的分工为:第 1 章由甘肃建筑职业技术学院赵启雄修订;第 2 章、第 3 章、附录由江西工程职业学院李汉平修订;第 4 章和第 5 章由甘肃建筑职业技术学院邵海东修订;第 6 章由兰州工业学院张卫峰修订;第 7 章由江西工程职业学院吴志强修订;第 8 章和第 9 章由甘肃建筑职业技术学院马俊文修订。

本书在修订过程中,广泛征求了任课教师的意见,但因时间紧迫,修订者学识有限,仍可能存在不足之处,希望再版后,广大读者和同仁们继续不吝赐教,以便我们后续进一步修改提高。

编　者

2017 年 3 月

前 言

　　建设工程监理是指具有相应资质的监理单位受工程项目建设单位的委托，依据国家有关工程建设的法律、法规和经建设主管部门批准的工程项目建设文件、建设工程委托监理合同及其他工程合同，对工程建设实施的专业化监督管理活动。

　　建设监理是我国20世纪80年代在建设领域推行的一项新的工程建设管理制度。二十多年来，建设工程监理在理论与实践两个方面都有了较快的发展，取得了明显的成效。

　　本书根据全国高职高专土建类专业教学指导委员会制定的教育标准和培养方案及主干课程教学大纲，以适应社会需求为目标，以培养技术能力为主线编写而成，在内容选择上考虑土建工程专业的深度和广度，以"必需、够用"为度，以"讲清概念、强化应用"为重点，深入浅出，注重实用。通过本书的学习，学生可了解建设工程监理的基本概念、理论、方法；熟悉和掌握与建设工程合同管理有关的法律知识，并可依据合同对工程建设进行监督、管理、协调，具备运用合同手段解决实际问题的能力，在实际工作上，具有一定的可操作性。

　　本书共分9章，第1章为建设工程监理概述，介绍了建设工程监理的基础理论知识；第2章介绍了监理工程师的基本要求、法律责任以及监理工程师资格考试的相关知识；第3章介绍了监理单位的组织形式、资质管理、服务内容及与建设工程各方的关系；第4章重点介绍了建设工程监理组织的结构形式，以及建立项目监理机构的步骤；第5章介绍了建设工程监理规划的编写；第6章介绍了建设工程投资、进度、质量和安全控制的原理、内容、程序和方法；第7章介绍了建设工程项目合同管理和信息管理的内容、特点及管理方法；第8章介绍了建设工程监理组织协调的内容和方法；第9章主要介绍了工程项目管理的新模式。

　　本书由李汉平担任主编，赵启雄、吴志强担任副主编，具体编写分工如下：第1章由甘肃建筑职业技术学院赵启雄编写，第2章、第3章、附录由江西工程职业学院李汉平编写，第4章由甘肃建筑职业技术学院马俊文编写，第5章由甘肃建筑职业技术学院邵海东编写,第6章由兰州工业高等专科学校张卫峰编写,第7章由江西工程职业学院吴志强编写,第8章和第9章由甘肃建筑职业技术学院李学源编写。在本书编写过程中,参阅了国内同行多部著作,部分高校教师及监理单位也对编写工作提出了很多宝贵意见,在此,对他们表示衷心的感谢!

本书可作为高职高专建筑工程技术、工程管理、工程监理及相关专业的教学用书,也可作为从事监理工作相关人员的参考用书。

由于编者水平所限,本书难免有不妥之处,恳请广大读者批评指正。

编　者
2012 年 7 月

目录

第1章

建设工程监理概述

 学习要点

1. 建设工程监理的基本概念
2. 工程建设基本程序
3. 建设工程主要管理制度
4. 工程项目实施监理的基本程序
5. 建设工程法律法规体系
6. 建设工程监理规范
7. 施工旁站监理管理办法

1.1 我国建设工程监理制的产生与发展趋势

▷ 1.1.1 我国建设工程监理制的产生

在计划经济时期,我国的基本建设由国家统一安排项目,统一调派建设物资,建设项目的管理往往由计划委员会组织验收,施工单位进行自我控制。少数大项目成立了项目指挥部,在当地或全国范围内调集工程管理人员,随着建设项目的结束,抽调的人员也回到原单位,这样不利于对工程项目管理经验的收集与总结,并且在工程项目目标的控制方面易出现质量低劣、投资超标、进度滞后等各种不利影响,同时施工单位的自我控制无法保证建设项目目标的实现。在 20 世纪 80 年代,我国进行改革开放,引进外资,按照国际惯例,利用国外资金的工程项目必须进行工程项目管理,例如:利用世行贷款的项目鲁布格水利工程,由德国工程管理公司对工程项目进行管理,在工程质量、进度、投资等方面取得了很好的效果,当时在全国形成了鲁布格风潮。加之,随着改革开放的进一步发展,一些大型项目、国外项目的建设,原来的计划经济管理模式极大地不适应经济建设的需要,国务院决定在基本建设领域采取一些重大改革措施,如投资有偿使用(即"拨改贷")、投资包干责任制、投资主体多元化、工程招投标制。在这样的背景下,才认识到建设单位的项目管理是一项专门的学问,需要一大批专门的机构和人才,为建设单位的工程项目管理服务。

在 20 世纪 80 年代,一般由设计院成立监理公司(原因是设计院的工程技术人员多,懂技术和管理),但是,在运行的过程中发现,设计院在技术、经济管理中人员不到位,对自己设计的工程项目管理很难做到公正,因此之后国家要求设计院与监理公司分设。

工程项目管理的核心是应用专业知识,客观、公正、科学地进行项目的管理,以实现建设单位对建设工程项目质量、投资和进度目标的控制,施工单位不能作为管理单位,原因是在实施中很难做到公正。政府部门委托的第三方质量监督站,它的职能是代表政府对建设工程的有关参与方进行强制监督,与工程项目管理的技术服务性不适应,面对这样的情况,原建设部在1988年发布了《关于开展建设监理工作的通知》,明确提出了要建立建设监理制度。

建设工程监理制在1988年开始试点,1993年正式在我国推行。

▷ 1.1.2 我国建设工程监理制的发展趋势

我国的工程建设监理制度从实施到现在取得了一定的成绩,但与发达国家相比还有比较大的差距。主要应从以下几方面发展:

(1)加强法制化建设,走法制化道路。

(2)以市场需求为导向,向全方位、全过程监理发展。

(3)适应市场需求,优化工程监理企业结构。

(4)加强培训工作,不断提高从业人员执业素质。

(5)与国际惯例接轨,走向世界。

1.2 建设工程监理的基本概念

▷ 1.2.1 建设工程监理的概念

建设工程监理,指具有相应资质的工程监理企业,接受建设单位的委托,承担其项目管理工作,并代表建设单位对承包单位的建设行为进行监督管理的专业化服务活动。

建设单位,又叫项目法人,是委托监理的一方。建设单位在工程建设中具有确定建设工程规模、标准、功能以及选择勘察单位、设计单位、监理单位和施工单位等工程建设中重大问题的决策权,也是项目法人责任制的体现。

工程监理单位是指依法成立并取得建设主管部门颁发的工程监理企业资质证书,从事建设工程监理与相关服务活动的服务机构。

▷ 1.2.2 建设工程监理概念的内涵

1.建设工程监理的行为主体

《中华人民共和国建筑法》明确规定,实施监理的工程,由建设单位委托具有相应资质条件的工程监理单位实施工程监理。建设工程监理只能由具有相应资质的工程监理单位来完成,建设工程监理的行为主体是工程监理单位。

建设工程监理不同于建设工程行政主管部门的监督管理。建设工程行政主管部门的行为主体是政府主管部门,它具有明显的强制性,是行政性的监督管理,它的任务、职责、内容不同于建设工程监理。同样,总承包单位对分包单位的监督管理也不能看成是工程监理。

2.建设工程监理实施的前提

《中华人民共和国建筑法》规定,建设单位与其委托的工程监理单位应当订立建设工程书面委托监理合同。要进行建设工程监理必须由建设单位委托和授权。只有与建设单位订立了书面委托监理合同,明确监理的范围、内容、权利、义务、责任等,工程监理单位才能在规定的范围内实施管理权,合法地开展工程监理活动。工程监理单位在委托监理的工程中具有一定的管理权限,能够开展工程监理,是建设单位授权的结果。

承包单位根据法律、行政法规的规定和建设工程施工合同的规定接受工程监理单位对其建设行为进行监督管理,接受并配合监理是其履行合同的一种行为。监理单位对哪些单位的建设行为进行监理,要根据有关合同的规定来界定。例如:仅委托施工阶段监理的工程,监理单位只能根据委托合同和施工合同对施工单位的行为进行监理;对委托全过程的监理工程,工程监理单位则可以根据委托合同以及工程勘察合同、设计合同、施工合同对勘察单位、设计单位、施工单位的建设行为进行监理。

3.建设工程监理的依据

建设工程监理的依据包括工程建设文件,有关的法律、法规、规章和标准、规范,建设工程委托监理合同和有关的建设工程合同。

(1)工程建设文件,包括:批准的可行性研究报告、建设项目选址意见通知书、建设用地规划许可证、建设工程规划许可证、立项报告、批准并审查通过的施工图设计文件、工程勘察报告、建设工程施工许可证等。

(2)有关的法律、法规、规章和标准、规范,包括:《中华人民共和国建筑法》《中华人民共和国合同法》《中华人民共和国招标投标法》《建设工程质量管理条例》《建设工程安全生产管理条例》等法律、法规;《工程建设监理规定》等部门规章以及地方性法规等;《工程建设标准强制性条文》、《建设工程监理规范》以及有关的工程技术标准、规范、规程等。

(3)建设工程委托监理合同和有关建设工程合同。工程监理单位应按照以下两类合同进行监理:一类是监理单位与建设单位签订的建设工程监理合同;另一类是建设单位与承建单位(设计、勘察、施工、材料设备供应等单位)签订的合同。

▷ 1.2.3 建设工程监理的范围

建设工程监理的范围可分为监理的工程范围和监理的阶段范围。

1.监理的工程范围

《中华人民共和国建筑法》和《建设工程质量管理条例》对实行强制性监理的工程范围作了原则性的规定,2001年建设部颁布了《建设工程监理范围和规模标准规定》,规定了必须实行监理的建设工程项目的具体范围和规模标准。下列建设工程必须实行监理:

(1)国家重点建设工程:依据《国家重点建设项目管理办法》所确定的对国民经济和社会发展有重点影响的骨干项目。

(2)大中型公用事业工程:项目总投资额在3000万元以上的下列工程项目:供水、供电、供气、供热等市政工程项目;科技、教育、文化等项目;体育、旅游、商业等项目;卫生、社会福利等项目;其他公用事业项目。

(3)成片开发建设的住宅小区工程项目:建筑面积在5万平方米以上的住宅建设工程。

(4)利用外国政府或者国际组织贷款、援助资金的工程:使用世界银行、亚洲开发银行等国际组织贷款资金的项目;使用国外政府及其机构贷款资金的项目;使用国际组织或者国外政府援助资金的项目。

(5)国家规定必须实行监理的其他工程:项目总投资额在3000万元以上,关系社会公共利益、公众安全的交通运输、水利建设及城市基础设施、生态环境保护、信息产业、能源等基础设施项目;学校、影剧院、体育场馆等项目。

建设工程监理范围不宜无限扩大,否则会造成监理力量与监理任务严重失衡,使得监理工作难以到位,保证不了建设工程监理的质量和效果。从长远来看,随着投资体制的不断深化改革,投资主体的日益多元化,对所有建设工程都实行强制监理的做法,既与市场经济的要求不相适应,也不利于建设工程监理行业的健康发展。

2. 监理的阶段范围

建设工程监理可以适用于工程建设投资决策阶段和实施阶段,但现阶段我国主要是建设工程施工阶段的工程监理。

在建设工程施工阶段,建设单位、勘察单位、设计单位、施工单位、工程监理企业和政府监督,形成了一个完整的建设工程组织体系,包括建设市场的发包体系、承包体系、管理服务体系,由建设单位、勘察单位、设计单位、施工单位和工程监理单位各自承担工程建设中各自的责任和义务,最终将建设工程建成投入使用。

▶ 1.2.4 建设工程监理的性质

1. 服务性

工程监理机构受建设单位的委托进行工程建设的监督管理活动。在工程建设中,监理人员利用自己的知识、技能和经验、信息以及必要的试验、检测手段,为建设单位提供管理和技术服务。建设工程监理的主要方法是规划、控制、协调;主要任务是建设工程的投资、进度和质量控制,信息和合同管理以及与有关单位的沟通与协调。它提供的不是设计、施工任务的承包,而是服务,工程监理机构将尽一切努力进行项目的目标控制,但它不能保证项目的目标一定实现,它也不可能承担由于不是它的缘故而导致的项目目标的失控。

工程监理企业不能完全取代建设单位的管理活动。它不具有工程建设重大问题的决策权,它只能在授权范围内代表建设单位进行管理。

工程监理企业的服务对象现阶段只是建设单位,监理服务是按照委托监理合同的规定进行的,是受法律约束和保护的。

2. 科学性

建设工程监理以协助建设单位实现投资目标为己任,力求在计划的目标内建成工程。面对工程项目规模日趋庞大,环境日益复杂,功能、标准要求越来越高,新技术、新工艺、新材料、新设备不断涌现,参加的单位越来越多,市场竞争日益激烈,风险日渐增加的情况,只有采用科学的思想、理论、方法和手段才能驾驭工程建设。

科学性主要表现在:①工程监理单位必须建立强有力的项目监理机构,选用组织管理能力强、工程建设经验丰富的人员担任总监;②应当有足够数量的、有丰富管理经验和应变能力的监理工程师组成的监理队伍;③要有一套健全的管理制度;④要掌握先进的管理理论、方法和现代化的管理手段;⑤积累足够的技术、经济资料和数据;⑥要有科学的工作态度和严谨的工作作风,要实事求是、创造性地开展监理工作。

3. 独立性

《中华人民共和国建筑法》指出,工程监理单位应当根据建设单位的委托,客观、公正地执行监理任务。《建设工程监理规范》要求工程监理单位应公平、独立、诚信、科学地开展建设工程监理与相关服务活动。

按照独立性要求,工程监理单位应当严格按照有关法律、法规、规章、工程建设文件、工程建设技术标准、监理合同及有关建设工程合同的规定实施监理;在监理的过程中,与承建单位不得有隶属关系和其他利害关系;在开展监理过程中,必须建立自己的组织、按照自己的工作计划、程序、流程、方法和手段,根据自己的判断,独立地开展工作。

4. 公正性

公正性是社会公认的职业道德准则。在开展建设工程监理的过程中,工程监理企业应当排除各种干扰,客观、公正地对待建设单位和承建单位。特别是当这两者发生利益冲突或者矛盾时,工程监理企业应以事实为依据,以法律和有关合同为准绳,在维护建设单位的合法利益时,不得损害承包单位的合法利益。例如在调节建设单位和承包单位之间的争议,处理工程索赔和工程延期,进行工程款支付控制以及竣工结算时,应当尽量客观、公正地对待建设单位和施工单位。

▶ 1.2.5 建设工程监理的作用

我国实行建设工程监理的时间虽然不长,但在提高建设工程投资经济效益方面发挥了重要作用,被政府和社会所承认。建设工程监理的作用主要表现在以下几个方面:

1. 有利于提高建设工程投资决策科学化水平

在建设单位委托工程监理企业实施全方位全过程监理的条件下,在建设单位有了初步的项目投资意向之后,工程监理企业可协助建设单位选择适当的工程咨询机构,管理工程咨询合同的实施,并对咨询结果(如项目建议书、可行性研究报告等)进行评估,提出有价值的修改意见和建议;或者直接从事工程咨询工作,为建设单位提供建设方案。这样,不仅可使项目投资符合国家经济发展规划、产业政策、投资方向,而且可使项目投资更加符合市场需求。工程监理企业参与或承担项目决策阶段的监理工作,有利于提高项目投资决策科学化水平,避免项目投资决策失误,也为实现建设工程投资综合效益最大化打下了良好基础。

2. 尽可能地规范工程建设参与各方的建设行为

工程建设参与各方的建设行为都应当符合法律、法规、规章和市场准则的要求,当然更要有健全的约束机制。约束有自我约束和他人约束,要做到这一点,仅仅依靠自律机制是远远不够的,还需要建立有效的约束机制。为此,首先需要政府对工程建设参与各方的建设行为进行全面的监督管理,这是最基本的约束,也是政府的主要职能之一。但是,由于客观条件限制,政府的监督管理不可能深入到每一项建设工程的具体实施过程中,因而,还需要建立另一种约束机制,能在工程建设实施过程中对工程参与各方的建设行为进行约束。建设工程监理就是这样一种约束机制。

在建设工程实施过程中,工程监理企业可依据委托监理合同和有关建设工程合同对承建单位的建设行为进行监督管理。一方面,由于这种约束机制贯穿于工程建设的全过程,采用事前控制、事中控制和事后控制,因此可以有效地规范各承建单位的建设行为,最大限度地减少其不良后果。另一方面,由于建设单位不了解建设工程的有关法律、法规、规章、管理程序和市场行为准则,也可能产生不当建设行为。在这种情况下,监理单位可以向建设单位提出合理化的建议,尽可能避免建设单位的不当建设行为,在一定程度上约束了建设单位的不当行为,对建设工程的目标完成是必要的。

当然,要发挥上述约束作用,工程监理企业首先必须规范自身的行为,并接受政府的监督管理。

3.有利于促使承建单位保证建设工程质量和使用安全

建设工程是一种特殊的产品,不仅价值大、使用寿命长,而且还关系人民的生命财产安全、健康和环境。因此,保证建设工程质量和使用安全就显得尤为重要,在这方面不允许有丝毫的懈怠和疏忽。

工程监理企业对承建单位建设行为的监督管理,实际上是从产品需求者的角度对建设工程生产过程的管理,这与产品生产者自身的管理有很大的不同。而工程监理单位又不同于建设工程的实际需求者,其监理人员都是既懂工程技术又懂工程经济管理的专业人士,他们有能力及时发现建设工程实施过程中出现的问题,发现工程材料、设备以及阶段产品存在的问题,从而避免留下工程质量隐患。因此,实行建设工程监理制度后,在加强承建单位自身对工程质量管理的基础上,由于工程监理单位介入建设工程生产过程的管理,对保证建设工程质量和使用安全有着重要作用。

4.有利于实现建设工程投资效益最大化

建设工程投资效益最大化有以下三种不同表现:

(1)在满足建设工程既定功能和质量标准的前提下,建设投资额最少。

(2)在满足建设工程既定功能和质量标准的前提下,建设工程寿命周期费用(或全寿命费用)最少。

(3)建设工程本身的投资效益与环境、社会效益的综合效益的最大化。

实行建设工程监理之后,工程监理单位一般都能协助建设单位实现上述建设工程投资效益的最大化的第一种表现,也能在一定程度上实现第二种和第三种表现。随着建设工程寿命周期费用思想和综合效益理念被越来越多的建设单位所接受,建设工程投资效益最大化的第二种和第三种表现的比例将越来越大,从而大大地提高我国全社会的投资效益,促进我国国民经济的发展。

1.3 工程建设基本程序及主要管理制度

➤ 1.3.1 工程建设基本程序

1.建设程序的概念

所谓建设程序是指建设工程从设想、提出决策,经过设计、施工,直至投产或交付使用的整个过程中,应当遵循的内在规律。

按照建设工程的内在规律,投资建设一项工程应当经过投资决策、建设实施和交付使用三个发展阶段。每个发展时期又可分为若干个阶段,各阶段以及每个阶段内的各项工作之间,存在着不能随意颠倒的、严格的先后顺序关系。科学的建设程序应当在坚持"先勘察、后设计、再施工"原则的基础上,突出优化决策、竞争择优、委托监理的原则。

从事建设工程活动,必须严格执行建设程序。这是每一位建设工作者的职责,更是建设工程监理人员的重要职责。

新中国成立以来,我国的建设程序经过一个不断完善的过程。目前我国的建设程序与计划经济时期相比较,已经发生了重要变化。其中,关键性的变化主要有:①在投资决策阶段实行了项目决策咨询评估制度;②实行了工程招标投标制度;③实行了建设工程监理制度;④实行了项目法人责任制度。

建设程序中的这些变化,使我国工程建设进一步顺应了市场经济的要求,并且与国际惯例趋于一致。

按现行规定,我国一般大中型及限额以上项目的建设程序中,将建设活动分为以下几个阶段:①提出项目建议书;②编制可行性研究报告;③根据咨询评估情况对建设项目进行决策;④根据批准的可行性研究报告编制设计文件;⑤初步设计批准后,做好施工前各项准备工作;⑥组织施工,可根据施工进度做好生产或动用前准备工作;⑦项目按照批准的设计内容建完,经验收合格并正式投产交付使用;⑧生产运营一段时间,进行项目后评估。

2.坚持建设程序的意义

建设程序反映了工程建设过程的客观规律。坚持建设程序在以下几方面有重要意义:

(1)依法管理工程建设,保证正常建设秩序。建设工程涉及国计民生,并且投资大、工期长、内容复杂,是一个庞大的系统。在建设过程中,客观上存在着具有一定内在联系的不同阶段和不同内容,必须按照一定的步骤进行。为了使工程建设有序地进行,有必要将各个阶段的划分和工作的次序用法规或规章的形式加以规范,以便于人们遵守。实践证明,坚持了建设程序,建设工程就能顺利进行、健康发展。反之,不按建设程序办事,建设工程就会受到极大的影响。因此,坚持建设程序,是依法管理工程建设的需要,是建立正常建设秩序的需要。

(2)科学决策,保证投资效果。建设程序明确规定,建设前期应当做好项目建议书和可行性研究工作。在这两个阶段,由具有资质的专业技术人员对项目是否必要、条件是否可行进行研究和论证,并对投资收益进行分析,对项目的选址、规模等进行方案比较,提出技术上可行、经济上合理的可行性研究报告,为项目决策提供依据,而项目审批又从综合平衡方面进行把关。如此,可最大限度地避免决策失误并力求决策优化,从而保证投资效果。

(3)顺利实施建设工程,保证工程质量。建设程序强调了先勘察、后设计、再施工的原则。根据真实、准确的勘察成果进行设计,根据深度、内容合格的设计进行施工,在作好准备的前提下,合理地组织施工活动,使整个建设活动能够有条不紊地进行,这是工程质量得以保证的基本前提。事实证明,坚持建设程序,就能顺利实施建设工程并保证工程质量。

(4)顺利开展建设工程监理。建设工程监理的基本目的是协助建设单位在计划的目标内把工程建成并投入使用。因此,坚持建设程序,按照建设程序规定的内容和步骤,有条不紊地协助建设单位开展好每个阶段的工作,对建设工程监理是非常重要的。

3.建设程序与建设工程监理的关系

(1)建设程序为建设工程监理提出了规范化的行为标准。建设工程监理要根据行为准则对建设工程行为进行监督管理。建设程序对各建设行为主体和监督管理主体在每个阶段应当做什么、如何做、何时做、由谁做等一系列问题都给予了解答。工程监理单位和监理人员应当根据建设程序的有关规定进行监理。

（2）建设程序为建设工程监理提出了监理的任务和内容。建设程序要求建设工程的前期应当做好科学决策的工作。建设工程监理决策阶段的主要任务就是协助委托单位正确地作好投资决策，避免决策失误，力求决策优化。具体的工作就是协助委托单位择优选定咨询单位，做好咨询合同管理，对咨询成果进行评价。

建设程序要求按照先勘察、后设计、再施工的基本顺序做好相应的工作。建设工程监理在此阶段的任务就是协助建设单位做好择优选择勘察、设计、施工单位的工作，对它们的建设活动进行监督管理，做好投资、进度、质量控制以及合同管理和组织协调工作。

（3）建设程序明确了工程监理单位在工程建设中的重要地位。根据有关法律、法规的规定，在工程建设中应当实行建设工程监理制。现行的建设程序体现了这一要求。这就为工程监理单位在工程建设中确立了应有地位。随着我国经济体制改革的深入，工程监理单位在工程建设中的地位将越来越重要。在一些发达国家的建设程序中，都非常强调这一点。例如：英国土木工程师学会在它的《土木工程程序》中强调，在土木工程程序中的所有阶段，监理工程师起着重要作用。

（4）坚持建设程序是监理人员的基本职业准则。坚持建设程序，严格按照建设程序办事，是所有工程建设人员的行为准则。对于工程监理人员而言，更应率先垂范。掌握和运用建设程序，既是监理人员业务素质的要求，也是职业准则的要求。

（5）严格执行我国建设程序是结合我国国情推行建设工程监理制的具体体现。任何国家的建设程序都能反映这个国家的工程建设方针、政策、法律、法规的要求，反映建设工程的管理体制，反映工程建设的实际水平。而且，建设程序总是随着时代、环境和需求的变化，不断地调整和完善。这种动态的调整总是与国情相适应的。

我国推行建设工程监理应当遵循两条基本原则：一是参照国际惯例；二是结合我国国情。工程监理单位在开展建设工程监理的过程中，严格按照我国建设程序的要求做好监理的各项工作，就是结合我国国情的体现。

▷ 1.3.2　建设工程主要管理制度

按照我国有关规定，在工程建设中，应当实行项目法人责任制、工程招标投标制、建设工程监理制、合同管理制等主要制度。这些制度相互关联、相互支持，共同构成了建设工程管理制度体系。

1. 项目法人责任制

为了建立投资约束机制，规范建设单位的行为，建设工程应当按照政企分开的原则组建项目法人，实行项目法人责任制，即由项目法人对项目的策划、资金筹措、建设实施、生产经营、债务偿还和资产的保值增值，实行全过程负责的制度。

（1）项目法人。国有单位经营性大中型建设工程必须在建设阶段组建项目法人。项目法人可按《中华人民共和国公司法》（以下简称《公司法》）的规定设立有限责任公司（包括国有独资公司）和股份有限公司等。

（2）项目法人的设立时间。新的项目在项目建议书被批准后，应及时组建项目法人筹备组,具体负责项目法人的筹建工作。项目法人筹备组主要由项目投资方派代表组成。

(3)组织形式。国有独资公司设立董事会。董事会由投资方负责组建。国有控股或参股的有限责任公司、股份有限公司设立股东会、董事会和监事会。董事会、监事会由各投资方按照《公司法》的有关规定组建。

(4)项目法人责任制与建设工程监理制的关系。

①项目法人责任制是实行建设工程监理制的必要条件。建设工程监理制的产生、发展取决于社会需求。没有社会需求,建设工程监理就会成为无源之水,也就难以发展,随着工程监理市场的不断发展,逐渐由强制监理转变为市场经济下的工程监理,由建设单位根据自己的需求选择工程监理。

②实行项目法人责任制,贯彻执行谁投资、谁决策、谁承担风险的市场经济下的基本原则,这就为项目法人提出了一个重大问题:如何做好决策和承担风险的工作,也因此对社会提出了需求。这种需求,为建设工程的发展提供了坚实的基础。

③建设工程监理制是实行项目法人责任制的基本保障。有了建设工程监理制,建设单位就可以根据自己的需求和有关的规定委托监理。在工程监理单位的协助下,做好投资控制、进度控制、质量控制、合同管理、信息管理、组织协调工作,就为计划目标内实现建设项目提供了基本保证。

2. 工程招标投标制

为了在工程建设领域引入竞争机制,择优选定勘察单位、设计单位、施工单位以及材料、设备供应单位,需要实行工程招标投标制。

《中华人民共和国招标投标法》对招标范围和规模标准、招标方式和程序、招标投标活动的监督等内容作出了相应的规定。

3. 建设工程监理制

在1988年原建设部发布的《关于开展建设监理工作的通知》中明确提出要建立监理制度,《中华人民共和国建筑法》也作了"国家推行建筑工程监理制度"的规定。经过二十多年的发展,建设工程监理在理论与实践两方面都取得了一定的成绩。

4. 合同管理制

为了使勘察、设计、施工、材料设备供应单位和工程监理单位依法履行各自的责任和义务,在工程建设中必须实行合同管理制。

合同管理制的基本内容是建设工程的勘察、设计、施工、材料设备采购和建设工程监理都要依法订立合同。各类合同都有明确的质量要求、履约担保和违约处罚条款。违约方要承担相应的法律责任。

合同管理制的实施对建设工程监理单位开展合同管理工作提供了法律上的支持。

1.4 工程项目实施监理的基本程序

建设项目工程监理机构在工程建设过程中必须按照制定的程序进行工程建设的监理工作,努力实现委托监理合同中确定的工期、质量、投资控制目标,努力做好合同管理、信息管理及沟通协调工作,要求施工单位积极配合支持监理企业的监理工作。能否实现工程项目目标,坚持监理程序是关键。建设工程主要包括项目决策阶段、实施阶段、竣工验收阶段、保修阶段和使用阶段。现阶段我国的工程项目监理主要在施工阶段,为此,要求施工项目部做好以下工作:

要求施工单位按施工合同确定日期组织进场,并积极做好施工准备工作。施工单位应将该项目的施工组织管理机构及工程项目负责人(包括姓名、年龄、性别、岗位、职称)以书面形式报送现场项目监理部,由项目监理工程师核准各施工技术管理人员的到位情况。

为了工程施工正常进行,保证建设单位投资目标的实现,要求施工单位尽快向项目监理部书面报告施工准备情况(包括现场布置,主要材料进场,施工机械准备,管理层及劳务层的人员到位等情况),并将正式施工组织设计报监理工程师审定。

施工单位使用专业分包队伍时,须经总监理工程师对其审核批准。

施工所用的各类建筑材料均须向监理工程师报送样品、材质证明和有关技术资料,经监理工程师同意后方可采用。变更用材等,须事前征得监理工程师同意,否则不予结算,对同意采购的材料,要按要求及时报送进场材料报验单。

各类施工配合比,钢筋焊接及其他新材料、新技术、新工艺的使用,必须事前报送试配、试焊结果及有关技术资料,经监理工程师审核批准后方可使用。

要求施工单位于每道工序及分项工程施工作业前对有关人员进行书面施工技术交底,并于每道工序完成后按程序报验。

对于隐蔽工程,施工单位应在认真自检合格的基础上,提前24小时书面通知监理工程师和项目监理部。与此同时,还应将隐蔽自检资料送监理部审核。

监理工程师对某些质量有疑问而要求施工单位复测时,施工单位应给予积极配合,并对检测仪器的使用提供方便。

施工单位应及时向监理工程师报送分部分项工程质量自检资料和混凝土、砂浆强度报告。

现场出现质量事故后,施工单位应及时报告监理工程师,并严格按照质量事故处理程序和共同商定的方案进行处理,任何质量缺陷均不得私自掩盖或不经监理工程师许可自行处理。

监理工程师对工程质量有否决权,凡由于施工组织不利,现场管理不善,不按规范、规程及工艺标准施工造成的质量事故或质量问题,并由此所引起的工期拖延和资金损失,应由承包方承担责任。

施工单位应遵守执行监理工程师的指令,如有异议时,应在三日内提出书面申述,否则监理工程师可以不承认该部分工作量。

每月完成工作量及工程进度款的申报按合同规定的时间进行,逾期不进行申报的,监理工程师不再受理。

工程全部完工后,施工单位应认真进行自检,认为符合交工条件时,可向监理工程师提交验收申请,并经监理工程师复验认可后,转报建设单位组织正式竣工验收。

工程竣工验收后,施工单位应在一个月内向监理工程师送报完整的竣工结算资料(包括完整的工程竣工技术资料)。

施工单位对施工现场必须做到场清路平、堆放整齐、文明施工。

建设工程实施阶段监理机构开展监理工作的程序如图1-1所示。

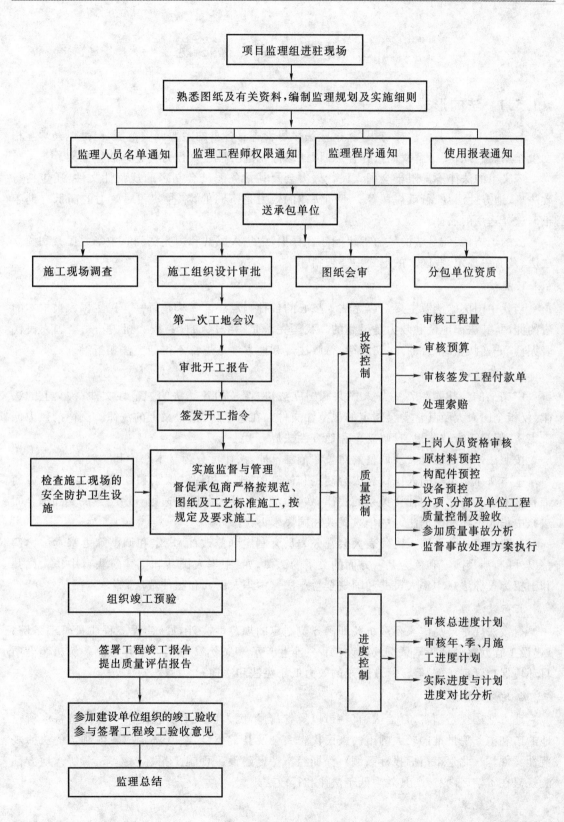

图1-1 监理工作总流程

1.5 建设工程法律法规

▷ 1.5.1 法的形式

与建设工程相关的法律有很多,这些法律尽管有着各自的主要调整范围,但是也经常互相发生作用。因此,要了解我国法律体系,以便掌握规范工程建设行为的整体法律框架。

广义上的法律不局限于全国人民代表大会及其常务委员会制定的规范性文件,还包括行政法规、地方性法规、行政规章等。不同法律的效力是不同的,掌握其相对效力的高低有助于正确选择适用的法律。

法的形式,实质是法的效力等级问题。根据《中华人民共和国宪法》和《中华人民共和国立法法》及有关规定,我国法的形式主要包括:

1. 宪法

当代中国法的渊源主要是以宪法为核心的各种制定法。宪法是每一个民主国家最根本的法的渊源,其法律地位和效力是最高的。我国宪法是由我国的最高权力机关——全国人民代表大会——制定和修改的,一切法律、行政法规和地方性法规都不得与宪法相抵触。

2. 法律

广义上的法律,泛指《中华人民共和国立法法》调整的各类法的规范性文件;狭义上的法律,仅指全国人大及其常委会制定的规范性文件。在这里,仅指狭义上的法律。法律的效力低于宪法,但高于行政法规、行政规章和地方性法规。

按照法律制定的机关及调整的对象和范围不同,法律可分为基本法律和一般法律。

基本法律是由全国人民代表大会制定和修改的,规定和调整国家和社会生活中某一方面带有基本性和全面性的社会关系的法律,如《中华人民共和国民法通则》《中华人民共和国合同法》《中华人民共和国刑法》《中华人民共和国民事诉讼法》等。

一般法律是由全国人民代表大会常务委员会制定和修改的,规定和调整除由基本法律调整以外的,涉及国家和社会某一方面的关系的法律,如《中华人民共和国建筑法》《中华人民共和国招标投标法》《中华人民共和国安全生产法》《中华人民共和国仲裁法》等。

3. 行政法规

行政法规是最高国家行政机关即国务院制定的规范性文件,如《建设工程质量管理条例》《建设工程勘察设计管理条例》《建设工程安全生产管理条例》《安全生产许可证条例》《建设项目环境保护管理条例》等。行政法规的效力低于宪法和法律。

4. 地方性法规

地方性法规是指省、自治区、直辖市以及省、自治区人民政府所在地的市及经济特区所在地的市和国务院批准的较大的市的人民代表大会及其常委会,在其法定权限内制定的法律规范性文件,如《北京市招标投标条例》《深圳经济特区建设工程施工招标投标条例》等。地方性法规只在本辖区内有效,其效力低于法律和行政法规。

5. 行政规章

行政规章是由国家行政机关制定的法律规范性文件,包括部门规章和地方政府规章。

部门规章是由国务院各部委制定的法律规范性文件,如《工程建设项目施工招标投标办法》《建筑业企业资质管理规定》《评标委员会和评标方法暂行规定》等。部门规章效力低于法律、行政法规。

地方政府规章是由省、自治区、直辖市以及省、自治区人民政府所在地的市及经济特区所在地的市和国务院批准的较大的市的人民政府所制定的法律规范性文件,如《北京市建筑工程施工许可办法》等。地方政府规章的效力低于法律、行政法规,低于同级或上级地方性法规。

《中华人民共和国立法法》第 86 条规定,地方法规、规章之间不一致时,由有关机关依照下列规定的权限作出裁决:

(1)同一机关制定的新的一般规定与旧的特别规定不一致时,由制定机关裁决。

(2)地方性法规与部门规章之间对同一事项的规定不一致,不能确定如何适用时,由国务院提出意见,国务院认为应当适用地方性法规的,应当决定在该地方适用地方性法规的规定;认为应当适用部门规章的,应当提请全国人民代表大会常务委员会裁决。

(3)部门规章之间、部门规章与地方政府规章之间对同一事项的规定不一致时,由国务院裁决。

6. 最高人民法院司法解释规范性文件

最高人民法院对于法律的系统性解释文件和对法律适用的说明,对法院审判有约束力,具有法律规范的性质,在司法实践中具有重要的地位和作用。在民事领域,最高人民法院制定的司法解释文件有很多,如《关于贯彻执行〈中华人民共和国民法通则〉若干问题的意见(试行)》等。

7. 国际条约

国际条约是指我国作为国际法主体同外国缔结的双边、多边协议和其他具有约束、协定性质的文件,如《建筑业安全卫生公约》等。国际条约是我国法的一种形式,具有法律效力。

▶ 1.5.2　建设工程法律法规体系

建设工程法律法规体系是指根据《中华人民共和国立法法》的规定,制定和公布实施的有关建设工程的各项法律、行政法规、地方性法规、自治条例、单行条例、部门规章和地方政府规章的总称。目前,这个体系已经基本形成。

1. 建设工程法律、法规、规章的制定机关和法律效力

建设工程法律是指由全国人民代表大会及其常务委员会通过的规范工程建设活动的法律规范,由国家主席签署主席令予以公布,如《中华人民共和国建筑法》《中华人民共和国招标投标法》《中华人民共和国合同法》《中华人民共和国城市规划法》《中华人民共和国环境保护法》等。

建设工程行政法规是指由国务院根据宪法和法律制定的规范建设工程活动的各项法规,由总理签署国务院令予以公布,如《建设工程质量管理条例》《建设工程勘察设计管理条例》《建设工程安全生产管理条例》等。

建设工程部门规章是指建设部按照国务院规定的职权范围,独立或同国务院有关部门联合,根据法律和国务院的行政法规、决定、命令,制定的规范工程建设活动的各项规章,属于建设部制定的由部长签署建设部令予以公布,如《工程监理企业资质管理规定》《注册监理工程师管理规定》等。

上述法律、法规、规章的效力是法律的效力高于行政法规,行政法规的效力高于部门规章。

2.与建设工程监理有关的建设工程法律、法规、规章

(1)与建设工程监理有关的法律有:①《中华人民共和国建筑法》;②《中华人民共和国合同法》;③《中华人民共和国招标投标法》;④《中华人民共和国土地管理法》;⑤《中华人民共和国城市规划法》;⑥《中华人民共和国城市房地产管理法》;⑦《中华人民共和国环境保护法》;⑧《中华人民共和国环境影响评价法》。

(2)与建设工程监理有关的行政法规有:①《建设工程质量管理条例》;②《建设工程安全生产管理条例》;③《建设工程勘察设计管理条例》;④《中华人民共和国土地管理法实施细则》。

(3)与建设工程监理有关的部门规章有:①《工程监理企业资质管理规定》;②《注册监理工程师管理规定》;③《建设工程监理范围和规模标准规定》;④《建筑工程设计招标投标管理办法》;⑤《房屋建筑和市政基础设施工程施工招标投标管理办法》;⑥《评标委员会和评标方法暂行规定》;⑦《建筑工程施工发包与承包计价管理办法》;⑧《建筑工程施工许可管理办法》;⑨《实施工程建设强制性标准监督规定》;⑩《房屋建筑工程质量保修办法》;⑪《房屋建筑工程和市政基础设施工程竣工验收备案管理暂行办法》;⑫《城市建设档案管理规定》。

监理工程师应当了解和熟悉我国建设工程法律、法规、规章体系,并熟悉和掌握其中与监理规章关系比较密切的法律、法规、规章,以便依法进行监理和规范自己的工程监理行为。

1.6 建设工程监理规范与相关文件

1.6.1 建设工程监理规范

行政主管部门制定颁发的工程建设方面的标准、规范和规程也是建设工程监理的依据。《建设工程监理规范》虽然不属于建设工程法律法规规章体系,但对建设工程监理工作有重要的作用。

《建设工程监理规范》(GB/T 50319—2013)共分9章和3个附录,主要内容包括:总则,术语,项目监理机构及其设施,监理规划及监理实施细则,工程质量、造价、进度控制及安全生产管理的监理工作,工程变更、索赔及施工合同争议的处理,监理文件资料管理,设备采购与设备监造,相关服务等。

1.总则

(1)制定目的:规范建设工程监理与相关服务行为,提高建设工程监理与相关服务水平。

(2)适用范围:适用于新建、扩建、改建建设工程监理与相关服务活动。

(3)实施建设工程监理前,建设单位应委托具有相应资质的工程监理单位,并以书面形式与工程监理单位订立建设工程监理合同,合同中应包括监理工作的范围、内容、服务期限和酬金,以及双方的义务、违约责任等相关条款。

在订立建设工程监理合同时,建设单位将勘察、设计、保修阶段等相关服务一并委托的,应在合同中明确相关服务的工作范围、内容、服务期限和酬金等相关条款。

(4)工程开工前,建设单位应将工程监理单位的名称,监理的范围、内容和权限及总监理工程师的姓名书面通知施工单位。

（5）在建设工程监理工作范围内，建设单位与施工单位之间涉及施工合同的联系活动，应通过工程监理单位进行。

（6）实施建设工程监理应遵循下列主要依据：①法律法规及工程建设标准；②建设工程勘察设计文件；③建设工程监理合同及其他合同文件。

（7）建设工程监理应实行总监理工程师负责制。

（8）建设工程监理宜实施信息化管理。

（9）工程监理单位应公平、独立、诚信、科学地开展建设工程监理与相关服务活动。

（10）建设工程监理与相关服务活动，除应符合《建设工程监理规范》外，尚应符合国家现行有关标准的规定。

2. 术语

《建设工程监理规范》对工程监理单位、建设工程监理、相关服务、项目监理机构、注册监理工程师、总监理工程师、总监理工程师代表、专业监理工程师、监理员、监理规划、监理实施细则、工程计量、旁站、巡视、平行检验、见证取样、工程延期、工期延误、工程临时延期批准、工程最终延期批准、监理日志、监理月报、设备监造、监理文件资料等24个术语作出了解释。

3. 项目监理机构及其设施

该部分内容包括一般规定、监理人员职责和监理设施。

（1）一般规定。

①工程监理单位实施监理时，应在施工现场派驻项目监理机构。项目监理机构的组织形式和规模，可根据建设工程监理合同约定的服务内容、服务期限，以及工程特点、规模、技术复杂程度、环境等因素确定。

②项目监理机构的监理人员应由总监理工程师、专业监理工程师和监理员组成，且专业配套、数量应满足建设工程监理工作需要，必要时可设总监理工程师代表。

③工程监理单位在建设工程监理合同签订后，应及时将项目监理机构的组织形式、人员构成及对总监理工程师的任命书面通知建设单位。

④工程监理单位调换总监理工程师时，应征得建设单位书面同意；调换专业监理工程师时，总监理工程师应书面通知建设单位。

⑤一名注册监理工程师可担任一项建设工程监理合同的总监理工程师。当需要同时担任多项建筑工程监理合同的总监理工程师时，应经建设单位书面同意，且最多不得超过三项。

⑥施工现场监理工作全部完成或建设工程监理合同终止时，项目监理机构可撤离施工现场。

（2）监理人员职责。《建设工程监理规范》规定了总监理工程师、专业监理工程师和监理员的职责。

（3）监理设施。

①建设单位应按建设工程监理合同约定，提供监理工作需要的办公、交通、通信、生活等设施。项目监理机构宜妥善使用和保管建设单位提供的设施，并应按建设工程监理合同约定的时间移交建设单位。

②工程监理单位宜按建设工程监理合同约定，配备满足监理工作需要的检测设备和工器具。

4.监理规划及监理实施细则

(1)一般规定。

①监理规划应结合工程实际情况,明确项目监理机构的工作目标,确定具体的监理工作制度、内容、程序、方法和措施。

②监理实施细则应符合监理规划的要求,并应具有可操作性。

(2)监理规划。规定了监理规划的编制要求、编制程序与依据、主要内容及调整修改等。

(3)监理实施细则。规定了监理实施细则编写要求、编写程序与依据、主要内容等。

5.工程质量、造价、进度控制及安全生产管理的监理工作

该部分内容包括一般规定、工程质量控制、工程造价控制、工程进度控、安全生产管理的监理工作等。

6.工程变更、索赔及施工合同争议处理

(1)一般规定。

①项目监理机构应依据建设工程监理合同约定进行施工合同管理,处理工程暂停及复工、工程变更、索赔及施工合同争议、解除等事宜。

②施工合同终止时,项目监理机构应协助建设单位按施工合同约定处理施工合同终止的有关事宜。

(2)工程暂停及复工。规定了签发工程暂停令的根据;签发工程暂停令的适用情况;签发工程暂停令应做好的关工作(确定停工范围、工期和费用的协商等);及时签署工程复工报审表等。

(3)工程变更。规定了项目监理机构处理工程变更的程序;工程变更单的填写;协商确定工程变更的计价原则、计价方法或价款等。

(4)费用索赔。内容包括:处理费用索赔的依据;项目监理机构处理施工单位提出的费用索赔的程序;费用索赔意向通知书和费用索赔报审表的填写要求;项目监理机构批准施工单位费用索赔应满足的条件。

(5)工程延期及工期延误。内容包括:项目监理机构接到合同争议的调解要求后应进行的工作;合同争议双方必须执行总监理工程师签发的合同争议调解意见的有关规定;项目监理机构应公正地向仲裁机关或法院提供与争议有关的证据。

(6)施工合同争议。内容包括:项目监理机构处理施工合同争议时应进行的工作;项目监理机构在施工合同争议处理过程中对未达到施工合同约定的暂停履行合同条件的,应要求施工合同双方继续履行合同;在施工合同争议的仲裁或诉讼过程中,项目监理机构应按仲裁机关或法院要求提供与争议有关的证据。

(7)施工合同解除。内容包括:因建设单位原因导致施工合同解除时,项目监理机构确定施工单位应得款项的有关规定;因施工单位原因导致施工合同解除时,项目监理机构确定施工单位应得款项或偿还建设单位的款项的有关规定;因非建设单位、施工单位原因导致施工合同解除时,项目监理机构应按施工合同约定处理合同接触后有关事宜。

7.监理文件资料管理

(1)一般规定。

①项目监理机构应建立完善监理文件资料管理制度,宜设专人管理监理文件资料。

②项目监理机构应及时、准确、完整地收集、整理、编制、传递监理文件资料。

③项目监理机构宜采用信息技术进行监理文件资料管理。

(2)监理文件资料内容。主要规定了监理文件资料、监理日志、监理月报、监理工作总结应包括的主要内容。

(3)监理文件资料归档。项目监理机构应及时整理、分类汇总监理文件资料,并应按规定组卷,形成监理档案;工程监理单位应根据工程特点和有关规定,保存监理档案,并应向有关单位、部门移交需要存档的监理文件资料。

8.设备采购与设备监造

该部分明确了设备采购与设备监造的工作依据,明确了项目监理机构在设备采购、设备监造等方面的工作职责、原则、程序、方法和措施。

9.相关服务

该部分明确了工程监理单位在工程勘察设计阶段和保修阶段开展相关服务的工作依据、内容、程序、职责和要求。

1.6.2 施工旁站监理管理办法

为了提高建设工程质量,原建设部于2002年7月17日颁布了《房屋建筑工程施工旁站监理管理办法(试行)》。该规范性文件要求在工程施工阶段的监理工作中实行旁站监理,并明确了旁站监理的工作程序、内容及旁站监理人员的职责。

1.旁站监理的概念

旁站监理是指监理人员在工程施工阶段监理中,对关键部位、关键工序的施工质量实施全过程现场作业的监督活动。旁站监理是控制工程施工质量的重要手段之一,也是确认工程质量的重要依据。

在实施旁站监理工作中,如何确定工程的关键部位、关键工序,必须结合具体的专业工程而定。就房屋建筑工程而言,其关键部位、关键工序包括两方面内容:①基础工程方面包括土方回填,混凝土灌注桩浇筑,地下连续墙、土钉墙、后浇带及其他结构混凝土、防水混凝土浇筑,卷材防水层细部构造处理,钢结构安装;②主体结构工程方面包括梁柱节点钢筋隐蔽过程,混凝土浇筑,预应力张拉,装配式结构安装,钢结构安装,网架结构安装,索膜安装。至于其他部位或工序是否需要旁站监理,可由建设单位与监理企业根据工程具体情况协商确定。

2.旁站监理程序

旁站监理一般按下列程序实施:

(1)监理企业制订旁站监理方案,明确旁站监理的范围、内容、程序和旁站监理人员职责,并编入监理规划中。旁站监理方案同时送建设单位、施工企业和工程所在地的建设行政主管部门或其委托的工程质量监督机构各一份。

(2)施工企业根据监理企业制订的旁站监理方案,在需要实施旁站监理的关键部位、关键工序进行施工前24小时,书面通知监理企业派驻工地的项目监理机构。

(3)项目监理机构安排旁站监理人员按照旁站监理方案实施旁站监理。

3.旁站监理人员的工作内容和职责

(1)检查施工企业现场质检人员到岗、特殊工种人员持证上岗以及施工机械、建筑材料准备情况。

（2）在现场跟班监督关键部位、关键工序的施工执行施工方案以及工程建设强制性标准情况。

（3）核查进场建筑材料、建筑构配件、设备和商品混凝土的质量检验报告等，并可在现场监督施工企业进行检验或者委托具有资格的第三方进行复验。

（4）做好旁站监理记录和监理日记，保存旁站监理原始资料。

如果旁站监理人员或施工企业现场质检人员未在旁站监理记录上签字，则施工企业不能进行下一道工序施工，监理工程师或者总监理工程师也不得在相应文件上签字。旁站监理人员在旁站监理时，如果发现施工企业有违反工程建设强制性标准行为的，有权制止并责令施工企业立即整改；如果发现施工企业的施工活动已经或者可能危及工程质量的，应当及时向监理工程师或者总监理工程师报告，由总监理工程师下达局部暂停施工指令或者采取其他应急措施，制止危害工程质量的行为。

思考题

1. 建设工程监理的概念是什么？它的内涵要点有哪些？

2. 什么是建设程序？我国的基本建设程序有哪些？

3. 什么是建设工程监理程序？施工阶段工程监理的主要程序有哪些？

4. 根据《建设工程监理规范》的规定，在施工阶段监理的主要工作有哪些？

案例分析题

某甲建筑安装工程公司以施工总承包的方式承接了安宁大厦工程的施工，并将其中一部分工程分包给了乙建筑公司。双方订立了如下约定：乙公司对其施工范围内的工程施工总平面布置自行确定是否需要进行修改，并负责编制安宁大厦工程施工组织设计及对施工现场的安全生产负总责；甲公司负责施工现场的统一管理，乙公司在其分包范围内建立施工现场管理责任制，并组织实施。

问题：

（1）上述关于总分包的责任约定中，哪些做法是错误的，为什么？

（2）甲公司为施工现场从事危险作业的人员办理了意外伤害保险，根据规定，此部分意外伤害保险费应由哪个单位来支付？

（3）甲公司编制了施工组织设计，包括安全技术措施和施工现场临时用电方案，涉及哪些工程时在达到一定规模危险性较大时应在施工组织设计中编制专项施工方案？

（4）编制的施工组织设计，涉及哪些专项施工方案，必须经过专家论证、审核？

第 2 章
监理工程师

 学习要点

1. 监理工程师的素质与职业道德
2. 监理工程师的岗位职责
3. 监理工程师的资质管理
4. 监理工程师的权利和义务

2.1 监理工程师的概念、素质与职业道德

▷ 2.1.1 监理工程师的概念

监理工程师是指取得国家监理工程师执业资格证书并经注册登记的工程建设监理人员。监理工程师是一种岗位职务,是执业资格称谓,不是技术职称。取得监理工程师执业资格一般要求在工程建设监理工作岗位上工作,经全国统一考试合格,并经有关部门注册方可上岗执业。

监理工程师的概念包括三层含义:第一,监理工程师是从事建设监理工作的人员;第二,监理工程师是已经取得国家确认的监理工程师资格证书的人员;第三,监理工程师是经省、自治区、直辖市人民政府建设主管部门或国务院建设主管部门批准、注册,取得监理工程师岗位证书的人员。

在工程建设项目监理工作中,根据监理工作需要及职能划分,监理人员又分为总监理工程师、总监理工程师代表、专业监理工程师、监理员。

(1)总监理工程师,是由工程监理单位法定代表人书面任命,负责履行建设工程监理合同、主持项目监理机构工作的注册监理工程师。

(2)总监理工程师代表,是经工程监理单位法定代表人同意,由总监理工程师书面授权,代表总监理工程师行使其部分职责和权力,具有工程类注册执业资格或具有中级及以上专业技术职称、3年及以上工程实践经验并经监理业务培训的人员。

(3)专业监理工程师,是由总监理工程师授权,负责实施某一专业或某一岗位的监理工作,有相应监理文件签发权,具有工程类注册执业资格或具有中级及以上专业技术职称、2年及以上工程实践经验并经监理业务培训的人员。

(4)监理员,是从事具体监理工作,具有中专及以上学历并经过监理业务培训的人员。监理员与监理工程师的区别主要在于监理工程师具有相应岗位责任的签字权,监理员没有相应岗位责任的签字权。

▷ 2.1.2 监理工程师的素质

建设工程监理服务要体现服务性、科学性、独立性和公正性,就要求一专多能的复合型人

才承担监理工作,要求监理工程师不仅要有一定的工程技术专业知识和较强的专业技术能力,而且还要有一定的组织、协调能力,还要懂得工程经济、项目管理专业知识,并能够对工程建设进行监督管理,提出指导性意见。因此,监理工程师应具备以下素质:

(1)具有较高的工程专业学历,掌握完整的知识结构,会管理、通经济、知法律、懂技术及具备专业外语知识。

(2)具有丰富的工程建设实践经验。

(3)具有较强的协调能力。

(4)具有良好的品德。

①热爱建设事业,热爱本职工作;

②具有科学的工作态度;

③具有廉洁奉公、为人正直、办事公道的高尚情操和敬业精神;

④能听取不同的意见,冷静分析问题。

(5)具有健康的体魄和充沛的精力。

建设工程监理是高层次的咨询工作,也是一项技术性、政策性、经济性、社会性很强的综合监管工作,监理人员只有具备上述素质,才能遵循"严格监理、热情服务、秉公办事、一丝不苟"的监理原则,有效地控制工程质量、工程安全、工程进度、工程费用。

我国现行有关规定要求:对年满65周岁的监理工程师不再进行注册,主要就是考虑监理从业人员身体健康状况对监理工作的适应而设定的。

▶ 2.1.3 监理工程师的职业道德

监理工程师应严格遵守如下职业道德守则:

(1)维护国家的荣誉和利益,按照守法、诚信、公正、科学的准则执业。

(2)执行有关工程建设的法律、法规、标准、规范、规程和制度,履行监理合同规定的义务和职责。

(3)努力学习专业技术和建设监理知识,不断提高业务能力和监理水平。

(4)不以个人名义承揽监理业务。

(5)不同时在两个或两个以上监理单位注册和从事监理活动,不在政府部门或施工、材料设备的生产供应等单位兼职。

(6)不为所监理项目指定承包商以及建筑构配件设备、材料生产厂家和施工方法。

(7)不收受被监理单位的任何礼金。

(8)不泄露所监理工程各方认为需要保密的事项。

(9)坚持独立自主地开展工作。

2.2 监理工程师的岗位职责

▶ 2.2.1 总监理工程师的职责

总监理工程师应履行下列职责:

(1)确定项目监理机构人员及其岗位职责。

(2)组织编制监理规划,审批监理实施细则。

（3）根据工程进展及监理工作情况调配监理人员，检查监理人员工作。

（4）组织召开监理例会。

（5）组织审核分包单位资格。

（6）组织审查施工组织设计、（专项）施工方案。

（7）审查工程开复工报审表，签发工程开工令、暂停令和复工令。

（8）组织检查施工单位现场质量、安全生产管理体系的建立及运行情况。

（9）组织审核施工单位的付款申请，签发工程款支付证书，组织审核竣工结算。

（10）组织审查和处理工程变更。

（11）调解建设单位与施工单位的合同争议，处理工程索赔。

（12）组织验收分部工程，组织审查单位工程质量检验资料。

（13）审查施工单位的竣工申请，组织工程竣工预验收，组织编写工程质量评估报告，参与工程竣工验收。

（14）参与或配合工程质量安全事故的调查和处理。

（15）组织编写监理月报、监理工作总结，组织整理监理文件资料。

总监理工程师不得将下列工作委托给总监理工程师代表：

（1）组织编制监理规划，审批监理实施细则。

（2）根据工程进展及监理工作情况调配监理人员。

（3）组织审查施工组织设计、（专项）施工方案。

（4）签发工程开工令、暂停令和复工令。

（5）签发工程款支付证书，组织审核竣工结算。

（6）调解建设单位与施工单位的合同争议，处理工程索赔。

（7）审查施工单位的竣工申请，组织工程竣工预验收，组织编写工程质量评估报告，参与工程竣工验收。

（8）参与或配合工程质量安全事故的调查和处理。

▷ 2.2.2　专业监理工程师的职责

专业监理工程师应履行下列职责：

（1）参与编制监理规划，负责编制监理实施细则。

（2）审查施工单位提交的涉及本专业的报审文件，并向总监理工程师报告。

（3）参与审核分包单位资格。

（4）指导、检查监理员工作，定期向总监理工程师报告本专业监理工作实施情况。

（5）检查进场的工程材料、构配件、设备的质量。

（6）验收检验批、隐蔽工程、分项工程，参与验收分部工程。

（7）处置发现的质量问题和安全事故隐患。

（8）进行工程计量。

（9）参与工程变更的审查和处理。

（10）组织编写监理日志，参与编写监理月报。

（11）收集、汇总、参与整理监理文件资料。

（12）参与工程竣工预验收和竣工验收。

➤ 2.2.3 监理员的职责

监理员应履行下列职责：

(1)检查施工单位投入工程的人力、主要设备的使用及运行状况。

(2)进行见证取样。

(3)复核工程计量有关数据。

(4)检查工序施工结果。

(5)发现施工作业中的问题,及时指出并向专业监理工程师报告。

2.3 监理工程师的资质管理

➤ 2.3.1 监理工程师资格的取得

(1)报考监理工程师的条件。根据我国对监理工程师业务素质和能力的要求,对参加监理工程师执业资格考试的报名条件从两方面作了规定:一是要具有一定的专业学历;二是要有一定年限的工程建设实践经验。要求报考人员应取得高级专业技术职称或取得中级专业职称后具有三年以上(含三年)工程设计或施工管理实践经验。

(2)考试内容及科目。监理工程师的主要工作任务是依据工程建设过程的各种信息控制建设工程的质量、投资、进度控制,监督管理建设工程合同实施,协调工程建设各方的关系。监理工程师执业资格考试的科目包括:建设工程监理基本理论与相关法规,建设工程合同管理,建设工程质量、投资、进度控制,建设工程监理案例分析。具体内容为上述各科目的理论知识,相关法律、法规和实务技能。目前,我国监理工程师执业资格的考试实行全国统一考试大纲、统一命题、统一组织、统一时间、闭卷考试、分科记分、统一录取标准的办法,一般每年举行一次。

➤ 2.3.2 监理工程师注册

实行监理工程师注册制度是政府对监理从业人员实行市场准入控制的有效手段。监理工程师通过考试获得了监理工程师执业资格证书,表明其具有一定的从业能力,只有取得经过注册的监理工程师证书,才有权利上岗从业。监理工程师的注册,根据注册的内容、性质和时间先后的不同分为初始注册、延续注册和变更注册。

➤ 2.3.3 注册监理工程师的继续教育

注册监理工程师应每年进行一定学时的继续教育,继续教育可采用脱产学习、集中听课、参加研讨会、工程项目管理现场参观、撰写专业论文等方式。

➤ 2.3.4 监理工程师的违规行为及其处罚

监理工程师的违规行为及其处罚一般包括以下几个方面:

(1)对于未取得监理工程师执业资格证书、监理工程师注册证书和执业印章,以监理工程师名义执业的人员,政府建设行政主管部门应予以取缔,并处以罚款,有违法所得的,予以没收。

(2)对于以欺骗手段取得监理工程师执业资格证书、监理工程师注册证书和执业印章的人员,建设行政主管部门应吊销其证书,收回执业印章,情节严重的三年以内不允许考试及注册。

（3）监理工程师出借监理工程师执业资格证书、监理工程师注册证书和执业印章，情节严重的，应吊销其证书，收回执业印章，三年之内不允许考试和注册。

（4）监理工程师注册内容发生变更，未按照规定办理变更手续的，应责令其改正，并处以罚款。

（5）同时受聘于两个及两个以上单位执业的，应注销其监理工程师注册证书，收回执业印章，并处以罚款，有违法所得的，没收违法所得。

（6）对于监理工程师在执业中，因过错造成质量事故的，责令停止执业一年；造成重大质量事故的，吊销执业资格证书，5年以内不予注册；情节特别恶劣的，终身不予注册。

2.4 监理工程师的权利、义务和法律责任

1.监理工程师的权利

注册监理工程师享有下列权利：

（1）使用注册监理工程师称谓。

（2）在规定范围内从事执业活动。

（3）依据本人能力从事相应的执业活动。

（4）保管和使用本人的注册证书和执业印章。

（5）对本人执业活动进行解释和辩护。

（6）接受继续教育。

（7）获得相应的劳动报酬。

（8）对侵犯本人权利的行为进行申诉。

2.监理工程师的义务

注册监理工程师应当履行下列义务：

（1）遵守法律、法规和有关管理规定。

（2）履行管理职责，执行技术标准、规范和规程。

（3）保证执业活动成果的质量，并承担相应责任。

（4）接受继续教育，努力提高执业水准。

（5）在本人执业活动所形成的工程监理文件上签字、加盖执业印章。

（6）保守在执业中知悉的国家秘密和他人的商业、技术秘密。

（7）不得涂改、倒卖、出租、出借或者以其他形式非法转让注册证书或者执业印章。

（8）不得同时在两个或者两个以上单位受聘或者执业。

（9）在规定的执业范围和聘用单位业务范围内从事执业活动。

（10）协助注册管理机构完成相关工作。

3.监理工程师的法律责任

监理工程师的法律责任是建立在法律法规和委托监理合同的基础上，表现行为主要有违法行为和违约行为两方面。

监理工程师的职权应严格按照建设单位与监理单位签订的监理服务合同所授予的职权范围和建设单位与承包商签订的合同文件中明确规定的监理单位的职权范围执行。

监理工程师在从事工程质量监理、计划进度监理、工程计量与费用监理及合同管理等监理业务活动中，不同类别的监理工程师一般都享有下列职权：审查权、审批权、签认权、质量否决权、支付权、监督权及发布各项指令的权限。

监理工程师是中介服务第三方,在从事监理活动过程中应尽到以下义务:有义务向建设单位提交一份本项目开展监理工作的详细实施计划;在执行监理服务合同期间,有义务定期向建设单位报告(口头或书面)监理工作的执行情况;应公正地维护建设单位和承包商的合法权益。

监理工程师应当按照工程监理规范的要求,采取旁站、巡视和平行检查等形式,对建设工程实施监理。《建设工程安全生产管理条例》第14条规定:"工程监理单位和监理工程师应当按照法律、法规和工程建设强制性标准实施监理,并对建设工程安全生产承担监理责任。"按照《建设工程监理规范》的规定,总监理工程师享有合同赋予监理单位的全部权利,全面负责受委托的监理工作。总监理工程师应当对工程项目的安全监理负总责。工程项目的监理人员按照职责分工,确定安全监理的范围及重点,履行监督检查的职责,并对各自承担的安全监理工作负责。

思考题

1. 简述监理工程师的素质与职业道德。
2. 简述监理工程师的岗位职责。

案例分析题

监理单位承担某工程的施工阶段监理任务,该工程由甲施工单位总承包。甲单位施工前选择了经建设单位同意,并经监理单位进行资质审查合格的乙施工单位作为分包。施工过程中发生以下事件:

事件1 总监在熟悉图纸时发现,基础工程部分设计内容不符合国家有关工程质量标准和规范。总监随即致函设计单位要求改正并提出更改建议方案。设计单位研究后,口头同意了总监的更改方案,总监随即将更改的内容写成监理指令通知甲施工单位执行。

事件2 施工过程中,总监发现乙施工的分包工程部分存在质量隐患,为此,总监同时向甲、乙两施工单位发出了整改通知。甲施工单位回函称:乙施工单位施工的工程是经建设单位同意进行分包的,所以本单位不承担该部分工程的质量责任。

事件3 专监在巡视时发现,甲施工单位在施工中使用未经报验的建筑材料,若继续施工,该部位将被隐蔽。因此,立即向甲施工单位下达了暂停施工的指令(因甲施工单位的工作对乙施工单位有影响,乙施工单位也被迫停工)。同时,指示甲施工单位将该材料进行检验,并报告了总监。总监对该工序停工予以确认,并在合同约定的时间内报告了建设单位。检验报告出来后,证实材料合格,可以使用,总监随即指令施工单位恢复了正常施工。

事件4 乙施工单位就上述停工自身遭受的损失向甲施工单位提出补偿要求,而甲施工单位称:此次停工是执行监理工程师的指令,乙施工单位应向建设单位提出索赔。

事件5 对上述施工单位的索赔,建设单位称:本次停工是监理工程师失职造成,且事先未经建设单位同意。因此,建设单位不承担任何责任,由于停工造成施工单位的损失应由监理单位承担。

问题:

(1)请指出总监上述行为的不妥之处并说明理由。总监应如何正确处理?

(2)甲施工单位的答复是否妥当?总监签发的整改通知是否妥当?

(3)专监是否有权签发本次暂停令?下达暂停令的程序有无不妥之处?

(4)甲施工单位的说法是否正确?乙施工单位的损失应由谁承担?

(5)建设单位的说法是否正确?为什么?

第3章
建设工程监理企业

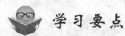 **学习要点**

1. 工程监理企业的分类
2. 工程监理企业的资质等级和业务范围
3. 工程监理企业的资质申请和审批
4. 工程监理企业的资质管理
5. 工程监理企业的经营管理

3.1　工程监理企业的分类

工程监理企业是指取得工程监理企业资质证书,具有法人资格的监理公司、监理事务所和兼承监理业务的工程设计、科学院所及工程建设咨询的单位。工程监理企业是监理工程师的执业机构,必须具备的三个基本条件:一是持有监理企业资质证书;二是持有监理企业营业执照;三是从事建设工程监理业务。

工程监理企业根据不同的分类方法有不同的分类,常见的分类方法有以下几种:

1. 按隶属关系分

按隶属关系分类,工程监理企业可分为独立法人工程监理企业和附属机构工程监理企业。

(1)独立法人工程监理企业。独立法人是指由工商行政管理部门按照企业法人应具有的条件进行审查,对符合条件的予以登记注册,领取营业执照。对于不具备开展监理业务能力的,没有取得建设部门颁发的工程监理企业资质证书的单位,工商行政管理部门不得受理。如:××监理公司。

(2)附属机构工程监理企业。附属机构亦称为"二级机构",是指企业法人中专门从事工程建设监理工作的内设机构。例如:科研单位、咨询单位和设计单位的监理部。

2. 按经济性质分

按经济性质分类,工程监理企业可分为全民所有制工程监理企业、集体所有制工程监理企业和私有工程监理企业。

(1)全民所有制工程监理企业。在工程监理推行初期,由于我国是社会主义制度经济体制,所以大多数监理企业是从原来的企事业单位中分离出来或重新组建的,人员也是如此。其是按照国有企业性质组建的,所以就有产权不清、管理体制不健全、分配制度不合理、职工积极性不高、市场竞争力不强等国企的特点。随着市场化的发展和法治的完善,这种全民所有制工程监理企业逐步被独立法人工程监理企业所取代。

(2)集体所有制工程监理企业。我国虽然提倡集体所有制企业,但是由于在管理和分配上容易出现矛盾等原因,所以这个性质的企业并不是很多,这几年随着观念的转变和制度的完善才逐步兴起。

(3)私有工程监理企业。私有工程监理企业在国外已经成熟,属于"无限责任"经营,一旦发生责任事故,私有工程监理企业要赔偿所有因为自己的责任而产生的直接损失,甚至要赔偿间接损失,企业经营风险比较大。

3. 按资质等级分

按资质等级分类,工程监理企业可分为甲级、乙级、丙级工程监理企业。

(1)甲级工程监理企业。国务院建设行政主管部门负责甲级工程监理企业设立的资质审批。其中,涉及铁路、交通、水利、通信、民航等专业工程监理资质的,由国务院建设主管部门送国务院有关部门审核。甲级工程监理企业可以承接一、二、三等工程的监理业务。

(2)乙级工程监理企业。省、自治区、直辖市人民政府建设行政主管部门负责定级审批乙级工程监理企业。乙级工程监理企业可以承接核定的工程类别中的二、三等工程的监理业务。

(3)丙级工程监理企业。省、自治区、直辖市人民政府建设行政主管部门负责定级审批丙级工程监理企业。丙级工程监理企业只能承接核定的工程类别中的三等工程的监理业务。

4. 按工程类别分

按专业工程类别分类,工程监理企业分为房屋建筑工程、冶炼工程、矿山工程、化工石油工程、水利水电工程、电力工程、农林工程、铁路工程、公路工程、港口与航道工程、航天航空工程、通信工程、市政公用工程和机电安装工程等 14 个类别。这只是工程监理企业业务范围的划分,而并非专业性质划分。

5. 按组建方式分

按组建方式分类,工程监理企业可分为股份公司、合资工程监理企业和合作工程监理企业。

(1)股份公司。股份公司包括有限责任公司和股份有限公司。

①有限责任公司。有限责任公司是指由 2 个以上、50 个以下的股东共同出资,股东以其出资额对公司承担有限责任,公司以全部资产对公司的债务承担责任的经济组织。

②股份有限公司。股份有限公司是指以其全部资本分为等额股份,并通过发行股票筹集资本,股东以其所持股份为限对公司承担责任,公司则以其全部资产对公司的债务承担责任的企业法人。我国工程监理企业大多属于这种类型。

(2)合资工程监理企业。合资工程监理企业是由两家或两家以上的工程监理企业共同合作而组建的工程监理企业,包括中外合资。合资各方按照出资额的多少或者合资章程的约定在对合资工程监理企业承担责任的同时享有相应的收益权和管理权。

(3)合作工程监理企业。合作工程监理企业是针对技术复杂或者规模较大的建设工程,在一家工程监理企业难以胜任时,由两家或者两家以上的监理企业共同合作监理并组成经工商局注册的合作工程监理企业。合作工程监理企业属于临时性的组织机构,以独立法人的资格享有民事权利并承担民事责任。合作各方依据合作章程享受权益并承担责任。

3.2 工程监理企业的资质等级和业务范围

3.2.1 工程监理企业资质构成要素

1.监理人员素质

对工程监理企业负责人(含技术负责人)的要求是在职、具有工程类高级职称、取得监理工程师资格证书,并且应当具有较强的组织协调和领导能力。对工程监理企业的技术管理人员的要求是拥有足够数量的取得监理工程师资格的监理人员且专业配套。工程监理企业的监理人员一般应为大专以上学历,在技术职称方面,拥有中级以上专业技术职称的人员应在70%左右;具有初级专业技术职称的人员在20%左右;没有专业技术职称的其他人员应在10%以下。

2.专业配套能力

工程建设监理活动的开展需要多专业监理人员的相互配合。一个工程监理企业,应当按照它的监理业务范围要求来配备专业人员。同时,各专业都应当拥有素质较高、能力较强的骨干监理人员。审查工程监理企业资质的重要内容是看它的专业监理人员配备是否与其所申请的监理业务相一致。如从事一般工业与民用工程建设监理业务的监理单位,应当配备建筑、结构、电气、给水排水、暖气空调、工程测量、建筑经济、设备工艺等专业的监理人员。

从工程建设监理的基本内容要求出发,工程监理企业还应当在质量控制、进度控制、投资控制、合同管理、信息管理和组织协调方面具有专业配套能力。

3.工程监理企业的技术装备

(1)计算机办公自动化设备。为了取得监理工作的高效率和高效果,必须配备计算机等办公自动化设备。

(2)工程测量仪器和设备。工程测量仪器和设备主要是用于建筑物的平面位置、空间位置和几何尺寸以及有关工程实物的测量。

(3)检测仪器设备。为了确定材料、施工和工程质量,对其进行控制以及确定监理效果,不能光靠施工单位提交的检测和试验报告,工程监理单位还应配备用于确定建筑材料、工程实体等方面质量状况的检测仪器设备,如混凝土强度回弹仪等。

(4)交通通信设备。为了及时协商施工现场出现的矛盾,处理施工中可能出现的质量缺陷,就必须具备必要的通信设备,以便与有关方面及时进行沟通联系。

(5)照相录像设备。工程施工的特点是隐蔽工程较多,而且不像机械等产品那样可以事后拆开来观察和测试。

(6)气象观测设备。工程施工中不可能不受气候条件的影响。

4.工程监理企业的管理水平

(1)领导者的能力与素质。一方面,领导者应是主要专业(如一般工业、民用建筑中的建筑结构、工程结构、土木工程)的权威人士,并通晓工程管理、经济和法律。

(2)工程监理企业规章制度的建立和贯彻。管理工作也可以说是一种法制,即制定并严格执行科学的规章制度,依靠法规制度进行管理。

①企业组织管理制度,包括关于机构设置和各机构职能划分、职责确定的规定以及组织发

展规划。

②人事管理制度,包括职员录用制度、职员培训制度、职员晋升制度、工资分配制度、奖励制度等激励机制。

③财务管理制度,包括资产管理制度、财务计划管理制度、投资管理制度、资金管理制度、财务审计管理制度。

④生产经营管理制度,包括企业的经营规划(经营目标、方针、战略、对策等)、工程项目监理机构的运行办法、各项监理工作的标准及检查评定办法、生产统计办法等。

⑤设备管理制度,包括设备的购置办法、设备的使用、保养规定等。

⑥科技管理制度,包括科技开发规划、科技成果评审办法、科技成果汇编和推广应用办法等。

⑦档案文书管理制度,包括档案的整理和保管制度,文件和资料的使用管理办法等。

5.工程监理企业的经历和成效

(1)工程监理企业的经历。一般来说,工程监理企业的经营时间越长,监理的工程项目越多,规模越大和技术越复杂,且善于总结经营和监理的经验,监理能力和监理效果就会越好。

(2)监理成效。监理成效主要是指工程监理企业控制工程建设投资、工期和保证工程质量方面取得的效果。

6.工程监理企业的注册资金

注册资金的多少与企业的资质有关。综合资质企业的注册资金不少于 600 万元;专业资质甲级工程监理企业的注册资金不少于 300 万元;专业资质乙级工程监理企业的注册资金不少于 100 万元;专业资质丙级工程监理企业的注册资金不少于 50 万元。

▷ **3.2.2 工程监理企业资质等级**

工程监理企业资质分为综合资质、专业资质和事务所资质。其中,专业资质按照工程性质和技术特点又划分为若干工程类别。专业资质分为甲级、乙级;其中,房屋建筑、水利水电、公路和市政公用工程专业资质可设立丙级。综合资质、事务所资质不分级别。

工程监理企业的资质等级标准如下:

1.综合资质标准

(1)具有独立法人资格且具有符合国家有关规定的资产。

(2)企业技术负责人应为注册监理工程师,并具有 15 年以上从事工程建设工作的经历或者具有工程类高级职称。

(3)具有 5 个以上工程类别的专业甲级工程监理资质。

(4)注册监理工程师不少于 60 人,注册造价工程师不少于 5 人,一级注册建造师、一级注册建筑师、一级注册结构工程师或者其他勘察设计注册工程师合计不少于 15 人次。

(5)企业具有完善的组织结构和质量管理体系,有健全的技术、档案等管理制度。

(6)企业具有必要的工程试验检测设备。

(7)申请工程监理资质之日前一年内没有《工程监理企业资质管理规定》第 16 条禁止的行为。

(8)申请工程监理资质之日前一年内没有因本企业监理责任造成重大质量事故。

(9)申请工程监理资质之日前一年内没有因本企业监理责任发生三级以上工程建设重大

安全事故或者发生两起以上四级工程建设安全事故。

2.专业资质标准

(1)甲级。

①具有独立法人资格且具有符合国家有关规定的资产。

②企业技术负责人应为注册监理工程师,并具有15年以上从事工程建设工作的经历或者具有工程类高级职称。

③注册监理工程师、注册造价工程师、一级注册建造师、一级注册建筑师、一级注册结构工程师或者其他勘察设计注册工程师合计不少于25人次;其中,相应专业注册监理工程师不少于"专业资质注册监理工程师人数配备表"中要求配备的人数,注册造价工程师不少于2人。

④企业近两年内独立监理过3个以上相应专业的二级工程项目,但是,具有甲级设计资质或一级及以上施工总承包资质的企业申请本专业工程类别甲级资质的除外。

⑤企业具有完善的组织结构和质量管理体系,有健全的技术、档案等管理制度。

⑥企业具有必要的工程试验检测设备。

⑦申请工程监理资质之日前一年内没有《工程监理企业资质管理规定》第16条禁止的行为。

⑧申请工程监理资质之日前一年内没有因本企业监理责任造成重大质量事故。

⑨申请工程监理资质之日前一年内没有因本企业监理责任发生三级以上工程建设重大安全事故或者发生两起以上四级工程建设安全事故。

(2)乙级。

①具有独立法人资格且具有符合国家有关规定的资产。

②企业技术负责人应为注册监理工程师,并具有10年以上从事工程建设工作的经历。

③注册监理工程师、注册造价工程师、一级注册建造师、一级注册建筑师、一级注册结构工程师或者其他勘察设计注册工程师合计不少于15人次。其中,相应专业注册监理工程师不少于"专业资质注册监理工程师人数配备表"中要求配备的人数,注册造价工程师不少于1人。

④有较完善的组织结构和质量管理体系,有技术、档案等管理制度。

⑤有必要的工程试验检测设备。

⑥申请工程监理资质之日前一年内没有《工程监理企业资质管理规定》第16条禁止的行为。

⑦申请工程监理资质之日前一年内没有因本企业监理责任造成重大质量事故。

⑧申请工程监理资质之日前一年内没有因本企业监理责任发生三级以上工程建设重大安全事故或者发生两起以上四级工程建设安全事故。

(3)丙级。

①具有独立法人资格且具有符合国家有关规定的资产。

②企业技术负责人应为注册监理工程师,并具有8年以上从事工程建设工作的经历。

③相应专业的注册监理工程师不少于"专业资质注册监理工程师人数配备表"中要求配备的人数。

④有必要的质量管理体系和规章制度。

⑤有必要的工程试验检测设备。

3.事务所资质标准

(1)取得合伙企业营业执照,具有书面合作协议书。

(2)合伙人中有3名以上注册监理工程师,合伙人均有5年以上从事工程建设监理的工作经历。

(3)有固定的工作场所。

(4)有必要的质量管理体系和规章制度。

(5)有必要的工程试验检测设备。

3.2.3 工程监理企业的业务范围

工程监理企业资质相应许可的业务范围如下:

1.综合资质

综合资质可以承担所有专业工程类别建设工程项目的工程监理业务。

2.专业资质

专业甲级资质可承担相应专业工程类别所有建设工程项目的工程监理业务,专业乙级资质可承担相应专业工程类别二级以下(含二级)建设工程项目的工程监理业务,专业丙级资质可承担相应专业工程类别三级建设工程项目的工程监理业务。

3.事务所资质

事务所资质可承担三级建设工程项目的工程监理业务,但国家规定必须实行强制监理的工程除外。

工程监理企业可以开展相应类别建设工程的项目管理、技术咨询等业务。

专业工程类别和等级见本书附录2。

3.3 工程监理企业的资质申请和审批

3.3.1 资质申请管理部门

(1)国务院建设主管部门负责全国工程监理企业资质的统一监督管理工作。国务院铁路、交通、水利、信息产业、民航等有关部门配合国务院建设主管部门实施相关资质类别工程监理企业资质的监督管理工作。

(2)省、自治区、直辖市人民政府建设主管部门负责本行政区域内工程监理企业资质的统一监督管理工作。省、自治区、直辖市人民政府交通、水利、信息产业等有关部门配合同级建设主管部门实施相关资质类别工程监理企业资质的监督管理工作。

3.3.2 工程监理企业的资质申请

新设立的工程监理企业申请资质,应当先到工商行政管理部门登记注册并取得企业法人营业执照后,才能到建设主管部门办理资质申请手续。办理资质申请手续时,应当向建设主管部门提供下列资料:

(1)工程监理企业资质申请表(一式三份)及相应电子文档。

(2)企业法人、合伙企业营业执照。

(3)企业章程或合伙人协议。

(4)企业法定代表人、企业负责人和技术负责人的身份证明、工作简历及任命(聘用)文件。

(5)工程监理企业资质申请表中所列注册监理工程师及其他注册执业人员的注册执业证书。

(6)有关企业质量管理体系、技术和档案等管理制度的证明材料。

(7)有关工程试验检测设备的证明材料。

取得专业资质的企业申请晋升专业资质等级或者取得专业甲级资质的企业申请综合资质的,除上述规定的材料外,还应当提交企业原资质证书正、副本复印件,企业的财务决算年报表,企业《监理业务手册》及近两年已完成代表工程的监理合同、监理规划、工程竣工验收报告及监理工作总结。

▷ 3.3.3 工程监理企业的资质审批

1.颁发资质证书的条件

对于工程监理企业资质条件符合资质等级标准,并且未发生下列行为的,建设主管部门将向其颁发相应资质等级的"工程监理企业资质证书":

(1)与建设单位串通投标或者与其他工程监理企业串通投标,以行贿手段谋取中标。

(2)与建设单位或者施工单位串通弄虚作假,降低工程质量。

(3)将不合格的建设工程、建筑材料、建筑构配件和设备按照合格签字。

(4)超越本企业资质等级或以其他企业名义承揽监理业务。

(5)允许其他单位或个人以本企业的名义承揽工程。

(6)将承揽的监理业务转包。

(7)在监理过程中实施商业贿赂。

(8)涂改、伪造、出借、转让工程监理企业资质证书。

(9)其他违反法律法规的行为。

2.综合资质和专业甲级资质的审批

申请综合资质、专业甲级资质的,应当向企业工商注册所在地的省、自治区、直辖市人民政府建设主管部门提出申请。

省、自治区、直辖市人民政府建设主管部门应当自受理申请之日起20日内初审完毕,并将初审意见和申请材料报国务院建设主管部门。

国务院建设主管部门应当自省、自治区、直辖市人民政府建设主管部门受理申请材料之日起60日内完成审查,公示审查意见,公示时间为10日。其中,涉及铁路、交通、水利、通信、民航等专业工程监理资质的,由国务院建设主管部门送国务院有关部门审核。国务院有关部门应当在20日内审核完毕,并将审核意见报国务院建设主管部门。国务院建设主管部门根据初审意见审批。

3.专业乙级、丙级资质和事务所资质的审批

专业乙级、丙级资质和事务所资质由企业所在地省、自治区、直辖市人民政府建设主管部门审批。

专业乙级、丙级资质和事务所资质许可、延续的实施程序由省、自治区、直辖市人民政府建

设主管部门依法确定。

省、自治区、直辖市人民政府建设主管部门应当自作出决定之日起10日内,将准予资质许可的决定报国务院建设主管部门备案。

4.企业合并或分立后资质等级的核定和资质增补的审批

工程监理企业合并的,合并后存续或者新设立的工程监理企业可以承继合并前各方中较高的资质等级,但应当符合相应的资质等级条件。

工程监理企业分立的,分立后企业的资质等级,根据实际达到的资质条件,按照《工程监理企业资质管理规定》的审批程序核定。

企业需增补工程监理企业资质证书的(含增加、更换、遗失补办),应当持资质证书增补申请及电子文档等材料向资质许可机关申请办理。遗失资质证书的,在申请补办前应当在公众媒体刊登遗失声明。资质许可机关应当自受理之日起3日内予以办理。

3.4　工程监理企业的资质管理

➤ 3.4.1　工程监理企业的资质管理体制

(1)工程监理企业取得工程监理企业资质后不再符合相应资质条件的,资质许可机关根据利害关系人的请求或者依据职权,可以责令其限期改正;逾期不改的,可以撤回其资质。

(2)有下列情形之一的,资质许可机关或者其上级机关,根据利害关系人的请求或者依据职权,可以撤销工程监理企业资质:

①资质许可机关工作人员滥用职权、玩忽职守作出准予工程监理企业资质许可的;

②超越法定职权作出准予工程监理企业资质许可的;

③违反资质审批程序作出准予工程监理企业资质许可的;

④对不符合许可条件的申请人作出准予工程监理企业资质许可的;

⑤依法可以撤销资质证书的其他情形。

以欺骗、贿赂等不正当手段取得工程监理企业资质证书的,应当予以撤销。

(3)有下列情形之一的,工程监理企业应当及时向资质许可机关提出注销资质的申请,交回资质证书,国务院建设主管部门应当办理注销手续,公告其资质证书作废:

①资质证书有效期届满,未依法申请延续的;

②工程监理企业依法终止的;

③工程监理企业资质依法被撤销、撤回或吊销的;

④法律、法规规定的应当注销资质的其他情形。

(4)工程监理企业应当按照有关规定,向资质许可机关提供真实、准确、完整的工程监理企业的信用档案信息。

工程监理企业的信用档案应当包括基本情况、业绩、工程质量和安全、合同违约等情况。被投诉举报和处理、行政处罚等情况应当作为不良行为记入其信用档案。

工程监理企业的信用档案信息按照有关规定向社会公示,公众有权查阅。

3.4.2 资质变更管理

资质有效期届满,工程监理企业需要继续从事工程监理活动的,应当在资质证书有效期届满 60 日前,向原资质许可机关申请办理延续手续。

对在资质有效期内遵守有关法律、法规、规章、技术标准,信用档案中无不良记录,且专业技术人员满足资质标准要求的企业,经资质许可机关同意,有效期延续 5 年。

工程监理企业在资质证书有效期内名称、地址、注册资本、法定代表人等发生变更的,应当在工商行政管理部门办理变更手续后 30 日内办理资质证书变更手续。

涉及综合资质、专业甲级资质证书中企业名称变更的,由国务院建设主管部门负责办理,并自受理申请之日起 3 日内办理变更手续。其他的资质证书变更手续,由省、自治区、直辖市人民政府建设主管部门负责办理。省、自治区、直辖市人民政府建设主管部门应当自受理申请之日起 3 日内办理变更手续,并在办理资质证书变更手续后 15•日内将变更结果报国务院建设主管部门备案。

工程监理企业申请资质证书变更,应当提交以下材料:①资质证书变更的申请报告;②企业法人营业执照副本原件;③工程监理企业资质证书正、副本原件。

工程监理企业改制的,除上述规定材料外,还应当提交企业职工代表大会或股东大会关于企业改制或股权变更的决议、企业上级主管部门关于企业申请改制的批复文件。

3.4.3 资质证书管理

工程监理企业资质证书分为正本和副本,每套资质证书包括一本正本,四本副本,正、副本具有同等法律效力。

工程监理企业资质证书由国务院建设主管部门统一印制并发放,有效期为 5 年。

3.4.4 法律责任

(1)申请人隐瞒有关情况或者提供虚假材料申请工程监理企业资质的,资质许可机关不予受理或者不予行政许可,并给予警告,申请人在 1 年内不得再次申请工程监理企业资质。

(2)以欺骗、贿赂等不正当手段取得工程监理企业资质证书的,由县级以上地方人民政府建设主管部门或者有关部门给予警告,并处 1 万元以上 2 万元以下的罚款,申请人 3 年内不得再次申请工程监理企业资质。

(3)工程监理企业有《工程监理企业资质管理规定》第 16 条第七项、第八项行为之一的,由县级以上地方人民政府建设主管部门或者有关部门予以警告,责令其改正,并处 1 万元以上 3 万元以下的罚款;造成损失的,依法承担赔偿责任;构成犯罪的,依法追究刑事责任。

(4)违反《工程监理企业资质管理规定》,工程监理企业不及时办理资质证书变更手续的,由资质许可机关责令限期办理;逾期不办理的,可处以 1 千元以上 1 万元以下的罚款。

(5)工程监理企业未按照《工程监理企业资质管理规定》要求提供工程监理企业信用档案信息的,由县级以上地方人民政府建设主管部门予以警告,责令限期改正;逾期未改正的,可处以 1 千元以上 1 万元以下的罚款。

3.5 工程监理企业的经营管理

➤ 3.5.1 工程监理企业经营活动基本准则

工程监理企业从事建设工程监理活动,应当遵循"守法、诚信、公正、科学"的准则。

1. 守法

守法,即遵守国家的法律法规。对于工程监理企业来说,守法即是要依法经营,主要体现在几个方面:

(1)工程监理企业只能在核定的业务范围内开展经营活动。核定的业务范围包括两方面:一是监理业务的工程类别;二是承接监理工程的等级。

(2)工程监理企业不得伪造、涂改、出租、出借、转让、出卖资质等级证书。

(3)建设工程监理合同一经双方签订,即具有法律约束力,工程监理企业应按照合同的约定认真履行,不得无故或故意违背自己的承诺。

(4)工程监理企业离开原住所地承接监理业务,要自觉遵守当地人民政府颁发的监理法规和有关规定,主动向监理工程所在地的省、自治区、直辖市建设主管部门备案登记,接受其指导和监督管理。

(5)遵守国家关于企业法人的其他法律、法规的规定。

2. 诚信

诚信,即诚实守信用。这是道德规范在市场经济中的体现。它要求一切市场参加者在不损害他人利益和社会公共利益的前提下,追求自己的利益,目的是在当事人之间的利益关系和当事人与社会之间的利益关系中实现平衡,并维护市场道德秩序。诚信原则的主要作用在于指导当事人以善意的心态、诚信的态度行使民事权利,承担民事义务,正确地从事民事活动。

加强企业信用管理,提高企业信用水平,是完善我国工程监理制度的重要保证。企业信用的实质是解决经济活动中经济主体之间的利益关系。它是企业经营理念、经营责任和经营文化的集中体现。信用是企业的一种无形资产,良好的信用能为企业带来巨大效益。我国是世贸组织的成员,信用将成为我国企业走出去,进入国际市场的身份证。它是能给企业带来长期经济效益的特殊资本。监理企业应当树立良好的信用意识,使企业成为讲道德、讲信用的市场主体。

工程监理企业应当建立健全企业的信用管理制度。信用管理制度主要有:①建立健全合同管理制度;②建立健全与建设单位的合作制度,及时进行信息沟通,增强相互间的信任感;③建立健全监理服务需求调查制度,这也是企业进行有效竞争和防范经营风险的重要手段之一;④建立企业内部信用管理责任制度,及时检查和评估企业信用的实施情况,不断提高企业信用管理水平。

3. 公正

公正,是指工程监理企业在监理活动中既要维护建设单位的利益,又不能损害承包商的合法利益,并依据合同公平合理地处理建设单位与承包商之间的争议。

工程监理人员要做到公正,必须做到以下几点:

（1）要培养良好的职业道德，不为私利而违心地处理问题。

（2）要坚持实事求是的原则，不对上级或建设单位的意见唯命是从。

（3）要熟悉有关建设工程合同条款，一切按照合同办事。

（4）要提高综合分析问题的能力，不为局部问题或表面现象所蒙蔽。

（5）要不断提高自身的专业技术能力，尤其是要尽快提高综合理解、熟练运用工程建设有关合同条款的能力，以便以合同条款为依据，恰当地协调、解决问题。

4. 科学

科学，是指工程监理企业要依据科学的方案，运用科学的手段，采取科学的方法开展监理工作。工程监理工作结束后，还要进行科学的总结。实施科学化管理主要体现在以下几个方面：

（1）科学的方案。工程监理的方案主要是指监理规划。其内容包括：工程监理的组织计划；监理工作的程序；各专业、各阶段监理工作内容；工程的关键部位或可能出现的重大问题的监理措施；等等。在实施监理前，要尽可能准确地预测出各种可能的问题，有针对性地拟定解决办法，制定出切实可行、行之有效的监理实施细则，使各项监理活动都纳入计划管理的轨道。

（2）科学的手段。实施工程监理必须借助于先进的科学仪器才能做好监理工作，如各种检测、试验、化验仪器、摄录像设备及计算机等。

（3）科学的方法。监理工作的科学方法主要体现在监理人员在掌握大量的、确凿的有关监理对象及其外部环境实际情况的基础上，适时、妥帖、高效地处理有关问题，解决问题要用事实说话、用书面文字说话、用数据说话；要开发、利用计算机软件辅助工程监理。

监理的方式方法要讲究科学化。监理方法科学化包含监理工作方法和控制方法的科学化。其一，监理工作方法的科学化首先表现在监理思想方法的科学性，就是要在监理实践中坚持"两点论"，用辩证的观点去正确对待和处理工程建设中遇到的问题，用公平、公正、客观、实事求是的工作态度去处理施工合同中发生的矛盾。工作方法的科学化就是抓主要矛盾和矛盾的主要方面，分清主次，主要矛盾解决了，次要矛盾即可迎刃而解（如制定工程质量目标控制点就是抓主要矛盾的典型）；坚持严格监控与热情帮助相结合的监理方法。其二，监理控制方法科学化，主要指在施工过程中，监理对工程项目实施进行事前、事中、事后全过程的动态控制，以事前、事中控制为主，事后控制为辅相结合的控制方法，强调监理工作的预见性、计划性和指导性，最大限度地采用先进的网络技术、先进的计算机目标管理及科学化的统计资料分析，这些都构成控制方法科学化。

3.5.2 加强企业管理

强化企业管理，提高科学管理水平，是建立现代企业制度的要求，也是监理企业提高市场竞争能力的重要途径。监理企业管理应抓好成本管理、资金管理、质量管理，增强法制意识，依法经营管理。

1. 基本管理措施

监理企业应重点做好以下几方面工作：

（1）市场定位。要加强自身发展战略研究，适应市场，根据本企业实际情况，合理确定企业的市场地位，制订和实施明确的发展战略、技术创新战略，并根据市场变化适时调整。

（2）管理方法现代化。要广泛采用现代管理技术、方法和手段，推广先进企业的管理经验，借鉴国外企业现代管理方法。

(3)建立市场信息系统。要加强现代信息技术的运用,建立灵敏、准确的市场信息系统,掌握市场动态。

(4)开展贯标活动。要积极实行 ISO9000 质量管理体系贯标认证工作,严格按照质量手册和程序文件的要求开展各项工作,防止贯标认证工作流于形式。贯标的作用:一是能够提高企业市场竞争能力;二是能够提高企业人员素质;三是能够规范企业各项工作;四是能够避免或减少工作失误。

(5)要严格贯彻实施《建设工程监理规范》,结合企业实际情况,制定相应的实施细则,组织全员学习,在签订委托监理合同、实施监理工作、检查考核监理业绩、制定企业规章制度等各个环节,都应当以《建设工程监理规范》为主要依据。

2.建立健全各项内部管理规章制度

监理企业规章制度一般包括以下几方面:

(1)组织管理制度。合理设置企业内部机构和各机构职能,建立严格的岗位责任制度,加强考核和督促检查,有效配置企业资源,提高企业工作效率,健全企业内部监督体系,完善制约机制。

(2)人事管理制度。健全工资分配、奖励制度,完善激励机制,加强对员工的业务素质培养和职业道德教育。

(3)劳动合同管理制度。推行职工全员竞争上岗,严格劳动纪律,严明奖惩,充分调动和发挥职工的积极性、创造性。

(4)财务管理制度。加强资产管理、财务计划管理、投资管理、资金管理、财务审计管理等。要及时编制资产负债表、损益表和现金流量表,真实反映企业经营状况,改进和加强经济核算。

(5)经营管理制度。制定企业的经营规划、市场开发计划。

(6)项目监理机构管理制度。

(7)设备管理制度。制订设备的购置办法、设备的使用、保养规定等。

(8)科技管理制度。制订科技开发规划、科技成果评审办法、科技成果应用推广办法等。

(9)档案文书管理制度。制定档案的整理和保管制度,文件和资料的使用、归档管理办法等。

有条件的监理企业,还要注重风险管理,实行监理责任保险制度,适当转移责任风险。

▷ 3.5.3 市场开发

1.取得监理业务的基本方式

工程监理企业承揽监理业务的表现形式有两种:一是通过投标竞争取得监理业务;二是由建设单位直接委托取得监理业务。通过投标取得监理业务,是市场经济体制下比较普遍的形式。《中华人民共和国招标投标法》明确规定,关系公共利益安全、政府投资、外资工程等实行监理必须招标。在不宜公开招标的机密工程或没有投标竞争对手的情况下,或者是工程规模比较小、比较单一的监理业务,或者是对原工程监理企业的续用等情况下,建设单位也可以直接委托工程监理企业。

2.工程监理企业投标书的核心

工程监理企业向建设单位提供的是管理服务,因此,工程监理企业投标书的核心是反映所提供的管理服务水平高低的监理大纲,尤其是主要的监理对策。建设单位在监理招标时应以监理大纲的水平作为评定投标书优劣的重要内容,而不应把监理费的高低当做选择工程监理企业的主要评定标准。作为工程监理企业,不应该以降低监理费作为竞争的主要手段去承揽监理业务。

一般情况下,监理大纲中主要的监理对策是指:根据监理招标文件的要求,针对建设单位委托监理工程的特点,初步拟订的该工程的监理工作指导思想,主要的管理措施、技术措施,拟投入的监理力量以及为搞好该项工程建设而向建设单位提出的原则性的建议等。

3. 工程监理费的计算方法

(1)工程监理费的构成。建设工程监理费是指建设单位依据委托监理合同支付给监理企业的监理酬金。它是构成工程概(预)算的一部分,在工程概(预)算中单独列支。建设工程监理费由监理直接成本、监理间接成本、税金和利润四部分构成。

①直接成本。直接成本是指监理企业履行委托监理合同时所发生的成本,主要包括:

A. 监理人员和监理辅助人员的工资、奖金、津贴、补助、附加工资等。

B. 用于监理工作的常规检测工器具、计算机等办公设施的购置费和其他仪器、机械的租赁费。

C. 用于监理人员和辅助人员的其他专项开支,包括办公费、通信费、差旅费、书报费、文印费、会议费、医疗费、劳保费、保险费、休假探亲费等。

D. 其他费用。

②间接成本。间接成本是指全部业务经营开支及非工程监理的特定开支,具体内容包括:

A. 管理人员、行政人员以及后勤人员的工资、奖金、补助和津贴。

B. 经营性业务开支,包括为招揽监理业务而发生的广告费、宣传费、有关合同的公证费等。

C. 办公费,包括办公用品、报刊、会议、文印、上下班交通费等。

D. 公用设施使用费,包括办公使用的水、电、气、环卫、保安等费用。

E. 业务培训费、图书和资料购置费。

F. 附加费,包括劳动统筹、医疗统筹、福利基金、工会经费、人身保险、住房公积金、特殊补助等。

G. 其他费用。

③税金。税金是指按照国家规定,工程监理企业应交纳的各种税金总额,如增值税、所得税、印花税等。

④利润。利润是指工程监理企业的监理活动收入扣除直接成本、间接成本和各种税金之后的余额。

(2)监理费的计算方法。监理费的计算方法,一般由建设单位与工程监理企业协商确定。监理费的计算方法主要有以下几种,无论采用哪种方法,对于建设单位和监理企业来说,都存在有利和不利的地方。对各种监理费计算方法的利弊作具体分析,将有助于监理企业科学地选择计费方法,也可以供建设单位和监理企业在商谈费用时参考。

①按建设工程投资的百分比计算法。这种方法是按照工程规模大小和所委托的监理工作的繁简,以建设投资的一定百分比来计算。一般情况下,工程规模越大,建设投资越多,计算监理费的百分比越小。这种方法简便、科学,是目前比较常用的计算方法。采用这种方法的关键是确定计算监理费的基数。新建、改建、扩建工程以及较大型的技术改造工程都编制有工程概

算,有的工程还编有工程预算。工程概(预)算就是初始计算监理费的基数。等到工程结算时,再按结算价进行调整。这里所说的工程概(预)算不一定是工程概(预)算的全部,因部分工程的概(预)算也不一定全部用来计算监理费,如建设单位的管理费、工程所用土地的征用费、拆迁费等一般都应扣除,不作为计算监理费的基数。只是为了简便起见,签订监理合同时,可不扣除这些费用,由此造成的出入,留待工程结算时一并调整。

采用这种方法,其方便之处在于一旦建设成本确定之后,监理费用很容易算出,监理企业对各项经费开支可以不需要详细的记录,建设单位也不用去审核监理企业的成本。这种方法还有一个好处就是可以防止因物价上涨而产生的影响,因为建设成本的增加与监理服务成本的增加基本是同步的。这种方法主要的不足在于:第一,如果采用实际建设成本作基数,监理费直接与建设成本的变化有关,因此,监理工程师的工作越出色,降低建设成本的同时也减少了自己的收入,反之,则有可能增加收入,这显然是不合理的;第二,这种方法带有一定的经验性,不能把影响监理工作费用的所有因素都考虑进去。

②按时计算法。这种方法是根据合同项目使用的时间(计算时间的单位可以是小时,也可以是工日或按月计算)补偿费再加上一定数额的补贴来计算监理费的总额。单位时间的补偿费用一般是以监理企业职员的基本工资为基础,加上一定的管理费和利润(税前利润)。采用这种方法时,监理人员的差旅费、工资、函电费、资料费以及实验和检验费、交通和住宿费等均由建设单位另行支付。

这种计算方法主要适用于临时性的、短期的监理业务活动,或者不宜按工程的概(预)算的百分比等其他方法计算监理费时使用。由于这种方法在一定程度上限制了监理企业潜在效益的增加,因而,单位时间内监理费的标准比监理企业内部实际的标准要高得多。

③工资加一定比例的其他费用计算法。这种方法实际上是按时计算监理费形式的变换。即按参加监理工作的人员的实际工资为基数乘上一个系数。这个系数包括了应有的间接成本和税金、利润等。除了监理人员的工资外,其他各项直接费用均由项目建设单位另行支付。一般情况下,较少采用这种方法,尤其是在核定监理人员数量和实际工资方面,建设单位和监理企业之间难以取得完全一致的意见。

采用上述两种方法,建设单位支付的费用是对监理企业实际消耗的时间进行补偿。由于监理企业不必对成本预先作出精确的估算,对监理企业来说显得更方便、灵活。但是,这两种方法要求监理企业必须保存详细的使用时间一览表,以供建设单位随时审查、核实。特别是监理工程师如果不能严格地对工作加以控制,就容易造成滥用经费现象。

④固定价格计算法。这种方法适用于小型或中等规模的工程,并且工作内容及范围较明确的项目,建设单位和监理企业经协商一致,可采用固定价格法。即使工作量有所变化,只要不超过一定限值,监理费就不作调整。

这种方法比较简单,一旦谈判成功,双方都很清楚费用总额,支付方式也简单,建设单位可以不要求提供支付记录和证明。但是,这种方法却要求监理企业在事前要对成本作出认真、准确的估算,如果工期较长,还应考虑物价变动的因素。采用这种方法,如果工作范围发生了变化,都需要重新进行谈判。这种方法容易导致双方对于实际从事的服务范围缺乏相互一致和清楚的理解,有时会引起双方之间关系紧张。

4. 工程监理企业在承揽监理业务中应注意的事项

(1)严格遵守国家的法律、法规及有关规定,遵守监理行业职业道德,不参与恶性压价竞争活动,严格履行委托监理合同。

(2)严格按照批准的经营范围承接监理业务,特殊情况下,承接经营范围以外的监理业务时,需向资质管理部门申请批准。

(3)承揽监理业务的总量要视本单位的力量而定,不得在与建设单位签订监理合同后,把监理业务转包给其他工程监理企业,或允许其他企业、个人以本监理企业的名义挂靠承揽监理业务。

(4)对于监理风险较大的建设工程,可以联合几家工程监理企业组成联合体共同承担监理业务,以分担风险。

思考题

1. 什么是工程监理企业?
2. 工程监理企业资质等级标准有哪些?
3. 简述工程监理企业的资质审批。
4. 工程监理企业经营活动的基本准则是什么?
5. 监理费用的构成及计算方法有哪些?

案例分析题

某监理单位,资质等级为丙级,有正式在职工程技术和管理人员6人,其中3人有中级职称,其余为初级职称或无职称者。该监理单位通过熟人关系取得一幢26层综合大楼建设工程项目施工阶段的监理任务。该工程建设项目预算造价为2亿元人民币。双方所签监理合同中规定,建设单位支付给监理单位的报酬为80万元人民币。此外,建设单位还以本单位工程部人员参加监理进行合作监理为由,使监理单位又给建设单位回扣人民币10万元。在监理过程中,由于监理单位给被监理方提供方便,监理单位接受被监理方生活补贴费6万元人民币。

问题:

(1)该监理单位本身及其行为有哪些违反国家规定?

(2)上述违反国家规定的监理应受到什么处罚?

第4章
建设工程监理的组织

 学习要点

1. 项目组织工作的内容
2. 建立项目监理机构的步骤
3. 项目监理机构的组织形式
4. 建设工程组织管理的基本模式及相应的监理模式

建设工程监理组织是完成建设工程监理工作的基础和前提。在建设工程的不同组织管理模式下,可采用不同的建设工程监理委托方式。工程监理单位接受建设单位委托后,需要按照一定的程序和原则实施监理。

项目监理机构作为工程监理单位派驻施工现场履行建设工程监理合同的组织机构,需要根据建设工程监理合同约定的服务内容、服务期限,以及工程特点、规模、技术复杂程度、环境等因素设立,同时需要明确项目监理机构中各类人员的基本职责。

4.1 组织论概述

➤ 4.1.1 组织的基本原理

1.项目组织的含义

(1)组织。所谓组织就是指为了实现某种目标,而由具有合作意愿的人群组成的职务或职位的结构,是人们为了实现共同目标而形成的一个系统集合。

"组织"有两种含义。第一种含义是作为名词出现的,指组织机构,即按一定的领导体制、部门设置、层次划分、职责分工等构成的有机整体,其目的是处理人和人、人和事、人和物的关系。第二种含义是作为动词出现的,指组织行为,即通过一定权力和影响力,为达到一定目标,对所需资源进行合理配置,其目的是处理人和人、人和事、人和物关系的行为。管理职能是通过两种含义的有机结合而产生其作用的。

(2)组织论。组织论是一门学科,它主要研究系统的组织结构模式、组织分工和工作流程组织。

组织结构模式反映了一个组织系统中各子系统之间或各元素(各工作部门或各管理人员)之间的指令关系。指令关系指的是哪一个工作部门或哪一位管理人员可以对哪一个工作部门或哪一位管理人员下达工作指令。

组织分工反映了一个组织系统中各子系统或各元素的工作任务分工和管理职能分工。

组织结构模式和组织分工都是一种相对静态的组织关系。

工作流程组织则可反映一个组织系统中各项工作之间的逻辑关系,是一种动态关系。

(3)组织工具。组织工具是组织论的应用手段,用图或表等形式表示各种组织关系,它包括:①项目结构图;②组织结构图(管理组织结构图);③工作任务分工表;④管理职能分工表;⑤工作流程图等。

(4)项目组织。项目组织是指为了最优化实现项目的目标对所需资源进行合理配置而建立的一种一次性临时性组织机构。

(5)组织机构和组织结构。

①组织机构:指行使管理职能的机关。

②组织结构:指全体人力资源中总体性的比例关系。

2.项目管理组织的职能

(1)计划。即为实现既定目标,对未来项目实施过程进行规划安排的活动。

(2)组织。即通过建立以项目经理为中心的组织保证系统来确保项目目标的实现。

(3)指挥。即上级对下级的领导、监督和激励。

(4)协调。即加强沟通,使各层次、各部门步调一致,确保系统的正常运转。

(5)控制。即采用科学的方法和手段使组织排除干扰因素,纠正偏差,按一定的目标和要求运行。

3.项目组织的构成要素

组织构成一般呈上小下大的形式,其组成要素包括管理层次、管理跨度、管理部门和管理职责等。

(1)合理的管理层次。管理层次是指从最高管理者到实际工作人员的等级层次的数量。管理组织机构中一般分为三个层次:一是决策层,由项目经理及其助理组成,它的任务是确定项目目标和大政方针;二是中间控制层(协调层和执行层),由专业工程师组成,起着承上启下的作用,具体负责规划的落实、目标控制及合同实施管理;三是作业层(操作层),是从事操作和完成具体任务的,由熟练的作业技能人员组成。此组织系统正如金字塔式结构,自上而下权责递减,人数递增。管理层次多,是种浪费,且信息传递慢,难协调,因此管理层次愈小愈好。

(2)合理的管理跨度。管理跨度是指一名上级管理人员直接有效地管理下级人员的人数。管理跨度的大小取决于需要协调的工作量。跨度(N)与领导者需要协调的关系数目(C)按几何级数增长:

$$C = N(2^{N-1} + N - 1)$$

管理跨度的弹性很大,影响因素很多。在组织机构的设计时应根据管理者的特点,并结合工作的性质以及被管理者的素质来确定管理跨度。而且跨度大小与分层多少有关,层次多,跨度会小,反之亦然。

(3)合理划分部门。要根据组织目标与工作内容确定管理部门,形成既有相互分工又有相互配合的组织系统。

(4)合理确定职能。组织设计中确定各部门的职能,使各部门能够有职有责、尽职尽责。

4.项目组织机构设置的原则

(1)目的性原则,一切为了确保项目目标的实现。

(2)精干高效的原则。

(3)管理跨度和分层统一的原则。

(4)业务系统化管理原则。

(5)弹性和流动性原则。

(6)项目组织与企业组织一体化原则。

5.项目组织机构设置的程序

项目组织机构设置的程序如图 4-1 所示。

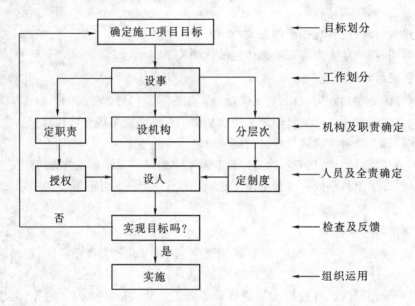

图 4-1 组织机构设置程序图

▷ 4.1.2 项目组织工作的内容

工程项目组织工作的内容包括组织设计、组织运行、组织调整三个环节,这三个环节是一个循环往复的过程。

1.组织设计

(1)组织设计的内容。依据工程项目的目标及任务分解,确定一个合理的组织机构,建立必要的规章制度或工作准则,划分并明确工程项目系统的不同岗位、层次、部门的权责,使之成为责任分担系统。

(2)组织设计原则。

①集权与分权统一的原则。任何组织都不存在绝对的集权和分权。在项目监理机构中,所谓集权就是总监理工程师掌握所有监理大权,各专业监理工程师只是其命令的执行者;所谓分权是指各专业监理工程师在各自管理的范围内有足够的决策权,总监理工程师主要起协调作用。

②专业分工与协作统一的原则。分工就是将监理目标分成各部门以及各监理工作人员的目标、任务。协作就是明确组织机构内部各部门之间和各部门内部的协调关系与配合方法。

在分工中要特别注意三点:尽可能按专业化的要求来设置组织结构;工作上要有严密分

工,每个人的工作应力求达到熟练的程度;注意分工的经济效益。

在协作中应特别注意两点:主动协作;有具体可行的协作配合办法。

③管理跨度与管理层次统一的原则。管理跨度与管理层次成反比例关系。应该在通盘考虑影响管理跨度的各种因素后,在实际运用中根据具体情况确定管理层次。

④权责一致的原则。在项目监理机构中应明确划分职责、权力范围,做到责任和权力相一致。

⑤才职相称的原则。应使每个人的现有和可能有的才能与其职务上的要求相适应,做到才职相称,人尽其才,才得其用,用得其所。

⑥经济效率原则。应组合成最适宜的结构形式,实行最有效的内部协调,使事情办得简洁而正确,减少重复和扯皮。

⑦弹性原则。组织机构既要有相对的稳定性,又要具有一定的适应性。

2.组织的运行(人员的适当配置)

组织运行是指在设计的组织系统内人员的适当配置,即根据所肩负的责任,选择合适的人员,然后通过有效的信息沟通,形成决策网络,以实现工程项目组织工作的目标。

3.组织的调整

(1)组织调整的概念。组织调整是指根据工作的需要、环境的变化,分析原有的项目组织系统的缺陷、适应性和效率性,对原组织系统进行调整和重新组合,包括组织形式的变化、人员的变动、规章制度的修订或废止、责任系统的调整以及信息流通系统的调整等。

(2)组织调整的原因。

①组织工作要受到工程项目计划调整的制约;

②受到社会制度和管理的影响和制约;

③必须反映其环境条件。

4.2 项目监理机构及其组织形式

▷ 4.2.1 项目监理机构设立的基本要求

设立项目监理机构应满足以下基本要求:

(1)项目监理机构设立应遵循适应、精简、高效的原则,要有利于建设工程监理目标控制和合同管理,要有利于建设工程监理职责的划分和监理人员的分工协作,要有利于建设工程监理的科学决策和信息沟通。

(2)项目监理机构的监理人员应由一名总监理工程师、若干名专业监理工程师和监理员组成,且专业配套,数量应满足监理工作和建设工程监理合同对监理工作深度及建设工程监理目标控制的要求,必要时可设总监理工程师代表。

项目监理机构可设置总监理工程师代表的情形包括:

①工程规模较大,专业较复杂,总监理工程师难以处理多个专业工程时,可按专业设总监理工程师代表。

②一个建设工程监理合同中包含多个相对独立的施工合同,可按施工合同段设总监理工程师代表。

③工程规模较大,地域比较分散,可按工程地域设置总监理工程师代表。

除总监理工程师、专业监理工程师和监理员外,项目监理机构还可根据监理工作需要,配备文秘、翻译、司机或其他行政辅助人员。

(3)一名注册监理工程师可担任一项建设工程监理合同的总监理工程师。当需要同时担任多项建设工程监理合同的总监理工程师时,应经建设单位书面同意,且最多不得超过三项。

(4)工程监理单位更换、调整项目监理机构监理人员,应做好交接工作,保持建设工程监理工作的连续性。工程监理单位调换总监理工程师,应征得建设单位书面同意;调换专业监理工程师时,总监理工程师应书面通知建设单位。

▶4.2.2 建设工程监理实施程序

建设工程监理实施程序如图4-2所示。

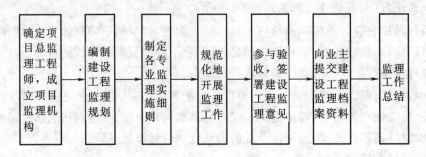

图4-2 监理实施程序示意图

在建设工程监理实施阶段应注意以下几点:

(1)监理单位应根据建设工程的规模、性质、建设单位对监理的要求,委派称职的人员担任项目总监理工程师。总监理工程师是一个建设工程监理工作的总负责人,他对内向监理单位负责,对外向建设单位负责。总监理工程师在组建项目监理机构时,应根据监理大纲内容和签订的委托监理合同内容组建,并在监理规划和具体实施计划执行中进行及时的调整。

(2)监理工作的规范化体现在以下几个方面:①工作的时序性;②职责分工的严密性;③工作目标的确定性。

(3)建设工程施工完成以后,监理单位应在正式验交前组织竣工预验收,并应参加建设单位组织的工程竣工验收,签署监理单位意见。

(4)监理单位向建设单位提交的监理档案资料应在委托监理合同文件中约定。

(5)项目监理机构应及时从两方面进行监理工作总结:①向建设单位提交监理工作总结,主要内容包括:监理合同履行情况概述,监理任务或监理项目完成情况的评价,由建设单位提供的设备、设施清单,表明监理工作终结的说明等。②向监理单位提交监理工作总结,主要内容包括:监理工作经验,监理工作存在的问题及建议等。

▶4.2.3 建立项目监理机构的步骤

建立项目监理机构的步骤如图4-3所示。

(1)建设工程监理目标是项目监理机构建立的前提,项目监理机构的建立应根据委托监理

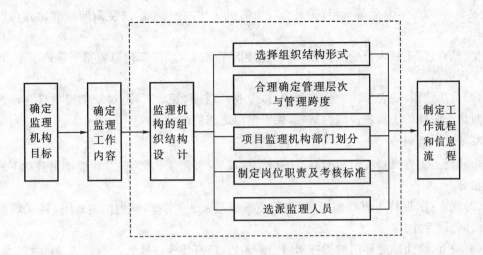

图4-3 监理机构建立步骤示意图

合同确定的监理目标,制定总目标并明确划分监理机构的分解目标。

(2)监理工作的归并及组合应便于监理目标控制,并综合考虑监理工程的组织管理模式、工程结构特点、合同工期要求、工程复杂程度、工程管理及技术特点;还应考虑监理单位自身组织管理水平、监理人员数量、技术业务特点等。

(3)组织结构形式选择的基本原则是:有利于工程合同管理,有利于监理目标控制,有利于决策指挥,有利于信息沟通。

(4)项目监理机构中一般应有三个层次:①决策层由总监理工程师和其他助手组成;②中间控制层(协调层和执行层),由各专业监理工程师组成;③作业层(操作层),主要由监理员、检查员等组成。

(5)项目监理机构中应按监理工作内容形成相应的管理部门。

(6)监理人员的选择除应考虑个人素质外,还应考虑人员总体构成的合理性与协调性。

▷ 4.2.4 项目监理机构的组织形式

常见的项目监理机构的组织形式有直线制、职能制、直线职能制、矩阵制,应根据监理合同规定的服务内容、期限、工程类别、规模、技术的复杂程度、工程环境等因素确定。

1. 直线制

(1)特征:①任何一下级只接受唯一上级命令;②不另设职能部门。

(2)优点:①组织结构简单,权力集中,命令统一,职责分明;②隶属关系明确,决策迅速。

(3)缺点:①实行无职能部门的"个人管理";②要求总监全能;③专业人员分散使用。

(4)适用范围:①能划分为若干个相对独立的子项目的大中型建设工程;②施工范围大,地理位置分散的工程;③小型工程,工程复杂程度不高,可采用按专业内容分解的直线制监理组织形式。

2. 职能制

(1)特征:①设立专业性职能部门;②各职能部门在职权范围内有权指挥下级。

(2)优点:①加强了监理目标控制的职能化分工;②能够发挥职能机构专业管理作用,提高管理效率;③减轻了总监的负担;④具有较大的机动性,有利于解决复杂问题和加强各部门之间合作。

(3)缺点:①下级人员受多头领导;②直接指挥部门与职能部门双重指令易产生矛盾,将使下级无所适从。

(4)适用范围:适合于大中型工程项目,专业性、技术复杂工程;对于工程项目在地理位置上相对集中一些的工程来说较为适宜,便于部门之间的配合。

3.直线职能制

(1)特征:①直线指挥部门拥有对下级指挥权,对部门工作负责;②职能部门只对下级业务进行指导。

(2)优点:①保持了直线制组织,实行直线领导、统一指挥,职责清楚;②保持了职能制组织,目标管理专业化。

(3)缺点:易使职能部门与指挥部门产生矛盾,信息传递路线长,不利于互通情报。

4.矩阵制

(1)特征:①纵向管理系统为职能系统;②横向是按职能划分的子项目系统。

(2)优点:①加强了各职能部门的横向联系,有较大的机动性和适应性;②使上下左右集权与分权实行了最优的结合,有利于解决复杂难题,有利于业务能力的培养。

(3)缺点:纵横向协调工作量大,处理不当会造成扯皮现象,产生矛盾。

(4)适用范围:复杂的大型工程,施工(监理)范围较集中。

4.3 建设工程组织管理的基本模式及相应的监理模式

建设工程监理委托方式的选择与建设工程组织管理模式密切相关。建设工程可采用平行承发包、施工总分包、工程总承包等组织管理模式,在不同建设工程组织管理模式下,可选择不同的建设工程监理委托方式。

▷ 4.3.1 平行承发包模式

1.特征

(1)将建设工程的设计、施工以及材料设备采购的任务经过分解分别发包给若干个设计单位、施工单位和材料设备供应单位,并分别与各方签订合同。

(2)分解任务与确定合同数量、内容时应考虑工程情况、市场情况、贷款协议要求等因素。

2.优点

(1)有利于缩短工期。设计阶段与施工阶段形成搭接关系,从而缩短了整个建设工程工期。

(2)有利于质量控制。

(3)有利于建设单位选择承建单位。合同内容比较单一、合同价值小、风险小,无论大型承建单位还是中小型承建单位都有机会竞争。

3.缺点

(1)合同关系复杂,组织协调工作量大。

(2)投资控制难度大。总合同价不易确定,工程招标任务量大,施工过程中设计变更和修改较多。

4.相应的监理委托模式

(1)建设单位委托一家监理单位。这种委托方式要求被委托的工程监理单位应具有较强的合同管理与组织协调能力,并能做好全面规划工作。工程监理单位的项目监理机构可以组建多个监理分支机构对各施工单位分别实施监理。在建设工程监理过程中,总监理工程师应重点做好总体协调工作,加强横向联系,保证建设工程监理工作的有效运行。该委托方式如图4-4所示。

(2)建设单位委托多家监理单位。建设单位委托多家工程监理单位针对不同施工单位实施监理,需要分别与多家工程监理单位签订工程监理合同,这样,各工程监理单位之间的相互协作与配合需要建设单位进行协调。采用这种委托方式,工程监理单位的监理对象相对单一,便于管理,但建设工程监理工作被肢解,各家工程监理单位各负其责,缺少一个对建设工程进行总体规划与协调控制的工程监理单位。该委托方式如图4-5所示。

为了克服上述不足,在某些大、中型建设工程监理实践中,建设单位首先委托一个“总监理工程师单位”,总体负责建设工程总规划和协调控制,再由建设单位与“总监理工程师单位”共同选择几家工程监理单位分别承担不同施工合同段监理任务。在建设工程监理工作中,由“总监理工程师单位”负责协调、管理各工程监理单位工作,从而可大大减轻建设单位的管理压力。

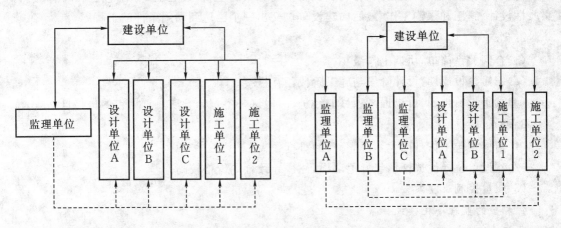

图4-4 建设单位委托一家监理单位进行监理的模式　图4-5 建设单位委托多家监理单位进行监理的模式

▷ 4.3.2 设计或施工总分包模式

1.特征

建设单位将全部设计或施工任务发包给一个设计单位或一个施工单位作为总包单位,总包单位可以将其部分任务再分包给其他承包单位。

2.优点

(1)有利于组织管理,有利于合同管理,协调工作量减少。

(2)有利于投资控制。总包合同价格可以较早确定,监理单位也易于控制。

(3)有利于质量控制。在质量方面,既有分包单位的自控,又有总包单位的监督,还有工程监理单位的检查。

（4）有利于工期控制。

3.缺点

（1）建设周期较长。不仅不能将设计阶段与施工阶段搭接，而且施工招标需要的时间也较长。

（2）竞争相对不甚激烈，总包单位都要在分包报价的基础上加收管理费向建设单位报价，报价可能较高。

4.相应的监理委托模式

（1）委托一家监理单位进行实施阶段全过程的监理。监理单位可以对设计阶段和施工阶段的工程投资、进度、质量控制统筹考虑，合理总体规划协调，更可使监理工程师掌握设计思路与设计意图，有利于施工阶段的监理工作。

（2）分别按照设计阶段和施工阶段委托监理单位。监理单位未能对设计阶段和施工阶段进行统筹考虑，很难使监理工程师掌握设计思路与设计意图。

4.3.3　项目总承包模式

1.特征

建设单位将工程设计、施工、材料和设备采购等工作全部发包给一家承包公司，由其进行实质性设计、施工和采购工作，最后向建设单位交出一个已达到动用条件的工程。

2.优点

（1）合同关系简单，协调工作量小。

（2）缩短建设周期，设计阶段与施工阶段相互搭接。

（3）利于投资控制，可以提高项目的经济性，但这并不意味着项目总承包的价格低。

3.缺点

（1）招标发包工作难度大，合同管理的难度较大。

（2）建设单位择优选择承包方范围小，往往导致合同价格较高。

（3）质量控制难度大。

4.相应的监理委托模式

一般宜委托一家监理单位。监理工程师需具备较全面的知识，做好合同管理工作。

4.3.4　项目总承包管理模式

1.特征

（1）将工程建设任务发包给专门从事项目管理的单位，再由它分包给若干设计、施工和材料设备供应单位，并在实施中进行项目管理。

（2）它不直接进行设计与施工，没有自己的设计和施工力量。

2.优点

合同管理、组织协调比较有利，进度控制也有利。

3.缺点

（1）监理工程师对分包的确认工作十分关键。

（2）项目总承包管理单位自身经济实力一般较弱，而承担的风险相对较大。

4.相应的监理委托模式

一般宜委托一家监理单位，便于监理工程师对项目总承包管理合同和项目总承包管理单位进行分包等活动的管理。

4.4 项目监理机构的人员配备

项目监理机构中配备监理人员的数量和专业应根据监理的任务范围、内容、工作期限以及工程的类别、规模、技术复杂程度、工程环境等因素综合考虑，并应符合建设工程监理合同中对监理工作深度及建设工程监理目标控制的要求，能体现项目监理机构的整体素质。

1.项目监理机构的人员结构

项目监理机构应具有合理的人员结构，包括以下两方面的内容：

（1）合理的专业结构。项目监理机构应由与所监理工程的性质（专业性强的生产项目或是民用项目）及建设单位对建设工程监理的要求（是否包含相关服务内容，是工程质量、造价、进度的多目标控制或是某一目标的控制）相适应的各专业人员组成，也即各专业人员要配套，以满足项目各专业监理工作要求。

通常，项目监理机构应具备与所承担的监理任务相适应的专业人员。但当监理的工程局部有特殊性或建设单位提出某些特殊监理要求而需要采用某种特殊监控手段时，如局部的钢结构、网架、球罐体等质量监控需采用无损探伤、X光及超声探测，水下及地下混凝土桩需要采用遥测仪器探测等，此时，可将这些局部专业性强的监控工作另行委托给具有相应资质的咨询机构来承担，这也应视为保证了监理人员合理的专业结构。

（2）合理的技术职称结构。为了提高管理效率和经济性，应根据建设工程的特点和建设工程监理工作需要，确定项目监理机构中监理人员的技术职称结构。合理的技术职称结构表现为监理人员的高级职称、中级职称和初级职称的比例与监理工作要求相适应。

通常，工程勘察设计阶段的服务，对人员职称要求更高些，具有高级职称及中级职称的人员在整个监理人员构成中应占绝大多数。施工阶段监理，可由较多的初级职称人员从事实际操作工作，如旁站、见证取样、检查工序施工结果、复核工程计量有关数据等。

这里所称的初级职称是指助理工程师、助理经济师、技术员等，也可包括具有相应能力的实践经验丰富的工人（应能看懂图纸、正确填报有关原始凭证）。

2.项目监理机构监理人员数量的确定

影响项目监理机构人员数量的主要因素，主要包括以下几个方面：

（1）工程建设强度。工程建设强度是指单位时间内投入的建设工程资金的数量，即：

$$工程建设强度＝投资/工期$$

其中，投资和工期是指监理单位所承担监理任务的工程的建设投资和工期。投资可按工程概算投资额或合同价计算，工期可根据进度总目标及其分目标计算。显然，工程建设强度越大，需投入的监理人数越多。

（2）建设工程复杂程度。通常，工程复杂程度涉及以下因素：设计活动、工程地点位置、气候条件、地形条件、工程地质、工程性质、工程结构类型、施工方法、工期要求、材料供应、工程分散程度等。

根据上述各项因素,可将工程分为若干工程复杂程度等级,不同等级的工程需要配备的监理人员数量有所不同。例如,可将工程复杂程度按五级划分:简单、一般、较复杂、复杂、很复杂。工程复杂程度定级可采用定量办法:对构成工程复杂程度的每一因素通过专家评估,根据工程实际情况给出相应权重,将各影响因素的评分加权平均后根据其值的大小确定该工程的复杂程度等级。例如,将工程复杂程度按10分制考虑,则平均分值1~3分、3~5分、5~7分、7~9分者依次为简单工程、一般工程、较复杂工程和复杂工程,9分以上为很复杂工程。

显然,简单工程需要的监理人员较少,而复杂工程需要的项目监理人员较多。

(3)工程监理单位的业务水平。每个工程监理单位的业务水平和对某类工程的熟悉程度不完全相同,在监理人员素质、管理水平和监理设备手段等方面也存在差异,这都会直接影响到监理效率的高低。高水平的监理单位可以投入较少的监理人力完成一个建设工程的监理工作,而一个经验不多或管理水平不高的监理单位则需投入较多的监理人力。因此,各监理单位应当根据自己的实际情况制定监理人员需要量定额。

(4)项目监理机构的组织结构和任务职能分工。项目监理机构的组织结构情况关系到具体的监理人员配备,务必使项目监理机构任务职能分工的要求得到满足。必要时,还需要根据项目监理机构的职能分工对监理人员的配备作进一步调整。

有时,监理工作需要委托专业咨询机构或专业监测、检验机构进行,当然,项目监理机构的监理人员数量可适当减少。

思考题

1. 简述项目监理机构设立的基本要求及步骤。
2. 工程项目建设监理机构组织的形式有哪些?
3. 建设工程组织管理的基本模式及相应的监理模式有哪些?

案例分析题

某工程施工总承包单位依据施工合同约定,与甲安装单位签订了安装分包合同。基础工程完成后,由于项目用途发生变化,建设单位要求设计单位编制设计变更文件,并授权项目监理机构就设计变更引起的有关问题与总承包单位进行协商。项目监理机构在收到经相关部门重新审查批准的设计变更文件后,经研究对其今后工作安排如下:

(1)由总监理工程师负责与总承包单位进行质量、费用和工期等问题的协商工作;

(2)要求总承包单位调整施工组织设计,并报建设单位同意后实施;

(3)由总监理工程师代表主持修订监理规划;

(4)由负责合同管理的专业监理工程师全权处理合同争议;

(5)安排一名监理员主持整理工程监理资料。

在协商变更单价过程中,项目监理机构未能与总承包单位达成一致意见,总监理工程师决定以双方提出的变更单价的均值作为最终的结算单价。

项目监理机构认为甲安装分包单位不能胜任变更后的安装工程,要求更换安装分包单位。总承包单位认为项目监理机构无权提出该要求,但仍表示愿意接受,随即提出由乙安装单位分包。

甲安装单位依据原定的安装分包合同已采购的材料,因设计变更需要退货,向项目监理机构提出了申请,要求补偿因材料退货造成的费用损失。

问题:

(1)逐项指出项目监理机构对其今后工作的安排是否妥当,有无不妥之处,写出正确做法。

(2)指出在协商变更单价过程中项目监理机构做法的不妥之处,并按《建设工程监理规范》写出正确做法。

(3)总承包单位认为项目监理机构无权提出更换甲安装分包单位的意见是否正确?为什么?写出项目监理机构对乙安装单位分包资格的审批程序。

(4)指出甲安装单位要求补偿材料退货造成费用损失申请程序的不妥之处,写出正确做法。该费用损失应由谁承担?

第5章
建设工程监理规划与监理实施细则

 学习要点

1. 建设工程监理工作文件的构成
2. 监理大纲
3. 监理规划
4. 监理实施细则

监理规划是项目监理机构全面开展建设工程监理工作的指导性文件。监理实施细则是在监理规划的基础上，针对工程项目中某一专业或某一方面监理工作编制的操作性文件。监理规划和监理实施细则的内容全面具体，而且需要按程序报批后才能实施。

5.1 建设工程监理工作文件的构成

监理单位开展监理工作有三份主要文件：监理单位投标时编制的监理大纲、监理合同签订以后编制的监理规划和专业监理工程师编制的监理实施细则。

1. 监理大纲

监理大纲又称监理方案，它是监理单位在建设单位开始委托监理的过程中，特别是在建设单位进行监理招标过程中，为承揽到监理业务而编写的监理方案性文件。

2. 监理规划

监理规划是监理单位接受建设单位委托并签订委托监理合同之后，在项目总监理工程师的主持下，根据委托监理合同，在监理大纲的基础上，结合工程的具体情况，广泛收集工程信息和资料的情况下制定，经监理单位技术负责人批准，用来指导项目监理机构全面开展监理工作的指导性文件。它针对已经中标的工程项目，属于指导性的实施方案。应明确：工作目标、工作班子、工作制度、工作程序、工作方法、工作措施。必须具有可操作性，要求整个监理工作就按这个计划去实施。

从内容范围上讲，监理大纲与监理规划都是围绕着整个项目监理机构所开展的监理工作来编写的，但监理规划的内容要比监理大纲更详实、更全面。

3. 监理实施细则

监理实施细则又简称监理细则，其与监理规划的关系可以比作施工图设计与初步设计的关系。也就是说，监理实施细则是在监理规划的基础上，由项目监理机构的专业监理工程师针对建设工程中某一专业或某一方面的监理工作编写，并经总监理工程师批准实施的操作性文件。对于大、中型项目，或专业性较强的项目而不论其规模，针对项目中的某些专业，或某一方面的监理工作,在管理上有些什么特别的要求,编写成可操作性的文件就是监理实施细则。

4.三者之间的关系

监理大纲、监理规划、监理实施细则是相互关联的,都是建设工程监理工作文件的组成部分,它们之间存在着明显的依据性关系:在编写监理规划时,一定要严格根据监理大纲的有关内容来编写;在制定监理实施细则时,一定要在监理规划的指导下进行。一般来说,监理单位开展监理活动应当编制以上工作文件,但并非一成不变,就像工程设计一样。对于简单的监理活动只编写监理实施细则就可以了,而有些建设工程也可以制定较详细的监理规划,而不再编写监理实施细则。

5.2 监理大纲

1.监理大纲的作用

(1)使建设单位认可监理大纲中的监理方案,从而承揽到监理业务。

(2)为项目监理机构今后开展监理工作制订基本方案。

2.编写人

在监理企业中,由参加投标工作的主要技术骨干来编写监理大纲,并报企业的监理技术负责人同意。编写时要按照一定的格式来写。

为使监理大纲的内容和监理实施过程紧密结合,监理大纲的编制人员应当是监理单位经营部门或技术管理部门人员,也应包括拟定的总监理工程师。总监理工程师参与编制监理大纲有利于监理规划的编制。

3.编写时间

确定要参加某项工程监理投标,拿到招标邀请书,看了有关资料和工地以后才写,写成后才能去参加投标。

4.监理大纲的内容

针对所投标工程的特点,初步拟定监理工作开展的指导思想,对这个项目实施监理准备采取哪些技术管理措施,拟投入的监理力量,对做好监理工作的原则性建议等。

(1)拟派往项目监理机构的监理人员情况介绍。在监理大纲中,监理单位需要介绍拟派往所承揽或投标工程的项目监理机构的主要监理人员,并对他们的资格情况进行说明。其中,应该重点介绍拟派往投标工程的项目总监理工程师的情况,这往往决定承揽监理业务的成败。

(2)拟采用的监理方案。监理单位应当根据建设单位所提供的工程信息,并结合自己为投标所初步掌握的工程资料,制订出拟采用的监理方案。

监理方案的具体内容包括项目监理机构的方案、建设工程三大目标的具体控制方案、工程建设各种合同的管理方案、项目监理机构在监理过程中进行组织协调方案等。

(3)将提供给建设单位的阶段性监理文件。在监理大纲中,监理单位还应该明确未来工程监理工作中向建设单位提供的阶段性的监理文件,这将有助于满足建设单位掌握工程建设过程的需要,有利于监理单位顺利承揽该建设工程的监理业务。

5.3 监理规划

➤ 5.3.1 建设工程监理规划的作用

1.指导项目监理机构全面开展监理工作

监理规划的基本作用就是指导项目监理机构全面开展监理工作。建设工程监理的中心目的是协助建设单位实现建设工程的总目标。实现建设工程总目标是一个系统的过程。它需要制订计划,建立组织,配备合适的监理人员,进行有效的领导,实施工程的目标控制。只有系统地做好上述工作,才能完成建设工程监理的任务,实施目标控制。

监理规划需要对项目监理机构开展的各项监理工作作出全面、系统的组织和安排。监理规划包括确定监理工作目标,制定监理工作程序,确定目标控制、合同管理、信息管理、组织协调等各项措施和确定各项工作的方法和手段。

2.监理规划是建设监理主管机构对监理单位监督管理的依据

政府建设监理主管机构对建设工程监理单位要实施监督、管理和指导,对其人员素质、专业配套和建设工程监理业绩要进行核查和考评以确认其资质和资质等级,以使我国整个建设工程监理行业能够达到应有的水平。要做到这一点,除了进行一般性的资质管理工作之外,更为重要的是通过监理单位的实际监理工作来认定它的水平。而监理单位的实际水平可从监理规划和它的实施中充分地表现出来。因此,政府建设监理主管机构对监理单位进行考核时,应当十分重视对监理规划的检查,也就是说,监理规划是政府建设监理主管机构监督、管理和指导监理单位开展监理活动的重要依据。

3.监理规划是建设单位确认监理单位履行合同的主要依据

监理单位如何履行监理合同,如何落实建设单位委托监理单位所承担的各项监理服务工作,作为监理的委托方,建设单位需要了解和确认监理单位的工作。同时,建设单位有权监督监理单位全面、认真执行监理合同。监理规划是建设单位了解和确认这些问题的最好资料,是建设单位确认监理单位是否履行监理合同的主要说明性文件。监理规划应当能够全面而详细地为建设单位监督监理合同的履行提供依据。实际上,监理规划的前期文件,即监理大纲,是监理规划的框架性文件。而且,经由谈判确定的监理大纲应当纳入监理合同的附件之中,成为监理合同文件的组成部分。

4.监理规划是监理单位内部考核的依据和重要的存档资料

从监理单位内部管理制度化、规范化、科学化的要求出发,需要对各项目监理机构(包括总监理工程师和专业监理工程师)的工作进行考核,其主要依据就是经过内部主管负责人审批的监理规划。通过考核,可以对有关监理人员的监理工作水平和能力作出客观、正确的评价,从而有利于今后在其他工程上更加合理地安排监理人员,提高监理工作效率。从建设工程监理控制的过程可知,监理规划的内容必然随着工程的进展而逐步调整、补充和完善。它在一定程度上真实地反映了一个建设工程监理工作的全貌,是最好的监理工作过程记录。因此,它是每一家工程监理单位的重要存档资料。

➢ 5.3.2 建设工程监理规划的编制

监理规划是在项目总监理工程师和项目监理机构充分分析和研究建设工程的目标、技术、管理、环境以及参与工程建设的各方等情况后制订的。监理规划要真正起到指导项目监理机构进行监理工作的作用,监理规划中就应当有明确具体的、符合该工程要求的工作内容、工作方法、监理措施、工作程序和工作制度,并应具有可操作性。

《建设工程监理规范》明确规定,监理规划的内容包括:工程概况;监理工作的范围、内容、目标;监理工作依据;监理组织形式、人员配备及进退场计划、监理人员岗位职责;监理工作制度;工程质量控制;工程造价控制;工程进度控制;安全生产管理的监理工作;合同与信息管理;组织协调;监理工作设施。

《建设工程监理规范》明确规定,总监理工程师应组织编制监理规划。当然,真正要编制一份合格的监理规划,还要充分调动整个项目监理机构中专业监理工程师的积极性,广泛征求各专业监理工程师和其他监理人员的意见,并吸收水平较高的专业监理工程师共同参与编写。

依据《建设工程监理规范》,监理规划应在签订建设工程监理合同及收到工程设计文件后编制,在召开第一次工地会议前报监理单位技术负责人审核批准,并在此次会议之前报送建设单位。在项目监理实施过程中,只有在"实际情况和条件发生了重大变化"时,才能调整,调整后,仍按原来的审批程序经过审批后再报建设单位。此项工作应及时进行。"重大变化"是指:设计方案有了重大修改;承包方式发生了变化;建设单位出资的方式改变了;工期、质量发生了重大变化等,原来的规划显然已不适应时。

1. 建设工程监理规划编写的依据

(1)工程建设法律法规和标准。

①国家层面工程建设有关法律、法规及政策。无论在任何地区或任何部门进行工程建设,都必须遵守国家层面工程建设相关法律法规及政策。

②工程所在地或所属部门颁布的工程建设相关法规、规章及政策。建设工程必然是在某一地区实施的,有时也由某一部门归口管理,这就要求工程建设必须遵守工程所在地或所属部门颁布的工程建设相关法规、规章及政策。

③工程建设标准。工程建设必须遵守相关标准、规范及规程等工程建设技术标准和管理标准。

(2)建设工程外部环境调查研究资料。

①自然条件方面的资料。包括:建设工程所在地的地质、水文、气象、地形以及自然灾害发生情况等方面的资料。

②社会和经济条件方面的资料。包括:建设工程所在地人文环境、社会治安、建筑市场状况、相关单位(政府主管部门、勘察和设计单位、施工单位、材料设备供应单位、工程咨询和工程监理单位)、基础设施(交通设施、通信设施、公用设施、能源设施)、金融市场情况等方面的资料。

(3)政府批准的工程建设文件。包括:政府发展改革部门批准的可行性研究报告、立项批文;政府规划土地、环保等部门确定的规划条件、土地使用条件、环境保护要求、市政管理规定。

(4)建设工程监理合同文件。建设工程监理合同的相关条款和内容是编写监理规划的重要依据,主要包括:监理工作范围和内容,监理与相关服务依据,工程监理单位的义务和责任,建设单位的义务和责任等。

建设工程监理投标书是建设工程监理合同文件的重要组成部分,工程监理单位在监理大纲中明确的内容,主要包括项目监理组织计划,拟投入主要监理人员,工程质量、造价、进度控制方案,安全生产管理的监理工作,信息管理和合同管理方案,与工程建设相关单位之间关系的协调方法等,均是监理规划的编制依据。

(5)建设工程合同。在编写监理规划时,也要考虑建设工程合同(特别是施工合同)中关于建设单位和施工单位义务和责任的内容,以及建设单位对于工程监理单位的授权。

(6)建设单位的合理要求。工程监理单位应竭诚为客户服务,在不超出合同职责范围的前提下,工程监理单位应最大限度地满足建设单位的合理要求。

(7)工程实施过程中输出的有关工程信息。主要包括:方案设计、初步设计、施工图设计、工程实施状况、工程招标投标情况、重大工程变更、外部环境变化等。

2.建设工程监理规划编写的要求

(1)基本构成内容应当力求统一。监理规划在总体内容组成上应力求做到统一。这是监理工作规范化、制度化、科学化的要求。监理规划基本构成内容的确定,首先应考虑整个建设监理制度对建设工程监理的内容要求。建设工程监理的主要内容是控制建设工程的投资、工期和质量,进行建设工程合同管理,协调有关单位间的工作关系。监理规划的基本作用是指导项目监理机构全面开展监理工作。因此,对整个监理工作的组织、控制、方法、措施等将成为监理规划必不可少的内容。至于某一具体工程的监理规划,则要根据监理单位与建设单位签订的监理合同所确定的监理实际范围和深度来加以取舍。监理规划基本构成内容应包括目标规划、监理组织、目标控制、合同管理和信息管理。施工阶段监理规划统一的内容要求应当在建设监理法规文件或监理合同中明确下来。

(2)具体内容应具有针对性。监理规划基本构成内容应当统一,但各项具体的内容则要有针对性。这是因为:监理规划是指导某一个特定建设工程监理工作的技术组织文件,它的具体内容应与这个建设工程相适应。由于所有建设工程都具有单件性和一次性的特点(每个建设工程都有自身特点),而且,每一个监理单位和每一位总监理工程师对某一个具体工程在监理思想、监理方法和手段等方面都会有自己的独到之处。因此,不同的监理单位和不同的总监理工程师在编写监理规划的具体内容时,必然会体现出自己鲜明的特色。或许有人会认为这样难以有效辨别建设工程监理规划编写的质量。实际上,由于建设工程监理的目的就是协助建设单位实现其投资目的,因此,某一个建设工程监理规划只要能够对有效实施该工程监理做好指导工作,能够圆满地完成所承担的建设工程监理业务,就是一个合格的建设工程监理规划。每一个监理规划都是针对某一个具体建设工程的监理工作计划,都必然有它自己的投资目标、进度目标、质量目标,有它自己的项目组织形式,有它自己的监理组织机构,有它自己的目标控制措施、方法和手段,有它自己的信息管理制度,有它自己的合同管理措施。只有具有针对性,建设工程监理规划才能真正起到指导具体监理工作的作用。

(3)监理规划应遵循建设工程的运行规律。监理规划是针对一个具体建设工程编写的,而不同的建设工程具有不同的工程特点、工程条件和运行方式。这也决定了建设工程监理规划必然与工程运行客观规律具有一致性,必须把握、遵循建设工程运行的规律。只有把握建设工程运行的客观规律,监理规划的运行才是有效的,才能实施对这项工程的有效监理。此外,监理规划要随着建设工程的展开进行不断的补充、修改和完善。它由开始的"粗线条"或"近细远粗"逐步变得完整、完善起来。在建设工程的运行过程中,内外因素和条件不可避免地要发生变化,造成工程的实施情况偏离计划,往往需要调整计划乃至目标,这就必然造成监理规划在内容上也要相应地调整。监理规划在内容上作出相应调整,其目的是使建设工程能够在监理规划的有效控制之下,不能让它成为脱缰的野马,变得无法驾驭。监理规划要把握建设工程运行的客观规律,就需要不断地收集大量的编写信息。如果掌握的工程信息很少,就不可能对监理工作进行详尽的规划。

(4)项目总监是监理规划编写的主持人。监理规划应在项目总监主持下编写制定。编制好工程监理规划,还要调动整个项目监理机构中专业监理工程师的积极性,广泛征求各专业监理工程师的意见和建议,吸收其中水平比较高的专业监理工程师共同参与编写。在监理规划编写的过程中,应当充分听取建设单位的意见,最大限度地满足他们的合理要求,为进一步搞好监理服务奠定基础。作为监理单位的业务工作,在编写监理规划时还应当按照本单位的要求进行编写。

(5)监理规划一般要分阶段编写。监理规划的内容与工程进展密切相关,没有规划信息也就没有规划内容。因此,监理规划的编写需要有一个过程,需要将编写的整个过程划分为若干个阶段。监理规划编写阶段可按工程实施的各阶段来划分,这样,工程实施各阶段所输出的工程信息就成为相应的监理规划信息。例如,可划分为设计阶段、施工招标阶段和施工阶段。设计的前期阶段,即设计准备阶段应完成规划的总框架并将设计阶段的监理工作进行"近细远粗"的规划,使监理规划内容与已经掌握的工程信息紧密结合;设计阶段结束,大量的工程信息能够提供出来,所以施工招标阶段监理规划的大部分内容能够落实;随着施工招标的进展,各承包单位逐步确定下来,工程施工合同逐步签订,施工阶段监理规划所需的工程信息基本齐备,足以编写出完整的施工阶段监理规划。在施工阶段,有关监理规划的主要工作是根据工程进展情况进行调整、修改,使监理规划能够动态地控制整个建设工程的正常进行。在监理规划的编写过程中需要进行审查和修改,因此,监理规划的编写还要留出必要的审查和修改的时间。为此,应当对监理规划的编写时间事先作出明确的规定,以免编写时间过长,耽误了监理规划对监理工作的指导,使监理工作陷于被动和无序。

(6)监理规划的表达方式应当格式化、标准化。现代科学管理应当讲究效率、效能和效益,其表现之一就是使控制活动的表达方式格式化、标准化,从而使控制的规划显得更明确、更简洁、更直观。需要选择最有效的方式和方法来表示监理规划的各项内容。采用的基本方法是图、表和简单的文字说明。

(7)监理规划应该经过审核。监理规划在编写完成后需进行审核并经批准。监理单位的技术主管部门是内部审核单位,其负责人应当签认。监理规划是否要经过建设单位的认可,由委托监理合同或双方协商确定。

从监理规划编写的上述要求来看,它的编写既需要由主要负责者(项目总监)主持,又需要形成编写班子。同时,项目监理机构的各部门负责人也有相关的任务和责任。监理规划涉及建设工程监理工作的各方面,所以,有关部门和人员都应当关注它,使监理规划编制得科学、完备,真正发挥全面指导监理工作的作用。

3. 建设工程监理规划的内容

(1)工程概况。工程概况包括:工程项目名称;工程项目建设地点;工程项目组成及建设规模;主要建筑结构类型;工程概算投资额或建安工程造价;工程项目计划工期,包括开竣工日期;工程质量目标;设计单位及施工单位名称、项目负责人;工程项目结构图、组织关系图和合同结构图;工程项目特点;其他说明。

(2)监理工作的范围、内容和目标。

①监理工作范围。监理工作范围是指监理单位所承担的监理任务的工程范围。如果监理单位承担全部建设工程的监理任务,监理范围为全部建设工程,否则应按监理单位所承担的建设工程的建设标段或子项目划分确定建设工程监理范围。监理工作范围虽然已在建设工程监理合同中明确,但需要在监理规划中列明并作进一步说明。

②监理工作内容。建设工程监理基本工作内容包括:工程质量、造价、进度三大目标控制,合同管理和信息管理,组织协调,以及履行建设工程安全生产管理的法定职责。监理规划中要根据建设工程监理合同约定进一步细化监理工作内容。

③监理工作目标。监理工作目标是指工程监理单位预期达到的工作目标。通常以建设工程质量、造价、进度三大目标的控制值来表示。

A. 工程质量控制目标:建设工程质量合格及建设单位的其他要求。

B. 工程造价控制目标:以×年预算为基价,静态投资为×万元(或合同价为×万元)。

C. 工期控制目标:×个月或自×年×月×日至×年×月×日。

(3)监理工作依据。依据《建设工程监理规范》,实施工程监理的依据主要包括法律法规及工程建设标准、建设工程勘察设计文件、建设工程监理合同及其他合同文件等。

(4)监理组织形式、人员配备及进退场计划、监理人员岗位职责。

①项目监理机构组织形式。项目监理机构的组织形式应根据建设工程监理要求选择。项目监理机构可用组织结构图表示。

②项目监理机构的人员配备计划。项目监理机构监理人员应由总监理工程师、专业监理工程师和监理员组成,且专业配套、数量应满足建设工程监理工作需要,必要时可设总监理工程师代表。

项目监理机构配备的监理人员应与监理投标文件或监理项目建议书的内容一致,并详细注明职称及专业等,可按表5-1格式填报。要求填入真实到位人数。对于某些兼职监理人员,要说明参加本建设工程监理的确切时间,以便核查,以免名单开列数与实际数不相符而发生纠纷,这是监理工作中易出现的问题,必须避免。

表5-1 项目监理机构人员配备计划表

序号	姓名	性别	年龄	职称或职务	本工程拟担任岗位	专业特长	以往承担过的主要工作及岗位	进场时间	退场时间

③项目监理机构的人员岗位职责。项目监理机构监理人员分工及岗位职责应根据监理合同约定的监理工作范围和内容以及《建设工程监理规范》规定,由总监理工程师安排和明确。总监理工程师应督促和考核监理人员职责的履行。必要时,可设总监理工程师代表,行使部分总监理工程师的岗位职责。

总监理工程师应根据项目监理机构监理人员的专业、技术水平、工作能力、实践经验等细化和落实相应的岗位职责。

(5)监理工作制度。为全面履行建设工程监理职责,确保建设工程监理服务质量,监理规划中应根据工程特点和工作重点明确相应的监理工作制度。主要包括:项目监理机构现场监理工作制度、项目监理机构内部工作制度及相关服务工作制度(必要时)。

①项目监理机构现场监理工作制度。

A. 图纸会审及设计交底制度;

B. 施工组织设计审核制度;

C. 工程开工、复工审批制度;

D. 整改制度,包括签发监理通知单和工程暂停令等;

E. 平行检验、见证取样、巡视检查和旁站制度;

F. 工程材料、半成品质量检验制度;

G. 隐蔽工程验收、分项(部)工程质量验收制度;

H. 单位工程验收、单项工程验收制度;

I. 监理工作报告制度;

J. 安全生产监督检查制度;

K. 质量安全事故报告和处理制度;

L. 技术经济签证制度;

M. 工程变更处理制度;

N. 现场协调会及会议纪要签发制度;

O. 施工备忘录签发制度;

P. 工程款支付审核、签认制度;

Q. 工程索赔审核、签认制度等。

②项目监理机构内部工作制度。

A. 项目监理机构工作会议制度,包括监理交底会议,监理例会、监理专题会,监理工作会议等;

B. 项目监理机构人员岗位职责制度;

C. 对外行文审批制度;

D. 监理工作日志制度;

E. 监理周报、月报制度;

F. 技术、经济资料及档案管理制度;

G. 监理人员教育培训制度;

H. 监理人员考勤、业绩考核及奖惩制度。

③相关服务工作制度。如果提供相关服务时,还需要建立以下制度:

A. 项目立项阶段:包括可行性研究报告评审制度和工程估算审核制度等。

B. 设计阶段:包括设计大纲、设计要求编写及审核制度,设计合同管理制度,设计方案评审办法,工程概算审核制度,施工图纸审核制度,设计费用支付签认制度,设计协调会制度等。

C. 施工招标阶段:包括招标管理制度,标底或招标控制价编制及审核制度,合同条件拟订及审核制度,组织招标实务有关规定等。

(6)工程质量控制。工程质量控制重点在于预防,即在既定目标的前提下,遵循质量控制原则,制定质量控制措施、专项工程预控方案以及质量事故处理方案。

①工程质量控制目标描述:施工质量控制目标;材料质量控制目标;设备质量控制目标;设备安装质量控制目标;质量目标实现的风险分析。

②工程质量控制的工作流程与措施。

A.工程质量控制的工作流程。依据分解的目标编制质量控制工作流程图。

B.工程质量控制的具体措施。

a.组织措施:建立健全项目监理机构,完善职责分工,制定有关质量监督制度,落实质量控制责任。

b.技术措施:协助完善质量保证体系;严格事前、事中和事后的质量检查监督。

c.经济措施及合同措施:严格质量检查和验收,不符合合同规定质量要求的,拒付工程款;达到建设单位特定质量目标要求的,按合同支付质量补偿金或奖金。

(7)工程造价控制。项目监理机构应全面了解工程施工合同文件、工程设计文件、施工进度计划等内容,熟悉合同价款的计价方式、施工投标报价及组成、工程预算等情况,明确工程造价控制的目标和要求,制定工程造价控制工作流程、方法和措施,以及针对工程特点确定工程造价控制的重点和目标值,将工程实际造价控制在计划造价范围内。

①工程造价控制的目标分解:按建设工程费用组成分解;按年度、季度分解;按建设工程实施阶段分解。

②工程造价控制的工作流程与措施。

A.工程造价控制的工作流程。依据工程造价目标分解编制工程造价控制工作流程图。

B.工程造价控制的具体措施。

a.组织措施:建立健全项目监理机构,完善职责分工及有关制度,落实投资控制的责任。

b.技术措施:对材料、设备采购,通过质量价格比选,合理确定生产供应单位;通过审核施工组织设计和施工方案,使组织施工合理化。

c.经济措施:及时进行计划费用与实际费用的分析比较;对原设计或施工方案提出合理化建议并被采用,由此产生的投资节约按合同规定予以奖励。

d.合同措施。按合同条款支付工程款,防止过早、过量的支付。减少施工单位的索赔,正确处理索赔事宜等。

(8)工程进度控制。项目监理机构应全面了解工程施工合同文件、施工进度计划等内容,明确施工进度控制的目标和要求,制定施工进度控制工作流程、方法和措施,以及针对工程特点确定工程进度控制的重点和目标值,将工程实际进度控制在计划工期范围内。

①工程总进度目标分解:年度、季度进度目标;各阶段进度目标;各子项目进度目标。

②工程进度控制工作流程与措施。

A.工程进度控制工作流程图。

B.工程进度控制的具体措施。

a.组织措施:落实进度控制责任,建立进度控制协调制度。

b.技术措施:建立多级网络计划体系,监控承建单位的作业实施计划。

c.经济措施:对工期提前者实行奖励;对应急工程实行较高的计件单价;确保资金的及时供应等。

d.合同措施:按合同要求及时协调有关各方的进度,以确保建设工程的形象进度。

(9)安全生产管理的监理工作。项目监理机构应根据法律法规、工程建设强制性标准,履行建设工程安全生产管理的监理职责。项目监理机构应根据工程项目的实际情况,加强对施工组织设计中涉及安全技术措施的审核,加强对专项施工方案的审查和监督,加强对现场安全事故隐患的检查,发现问题及时处理,防止和避免安全事故的发生。

①安全生产管理的监理工作目标。履行法律法规赋予工程监理单位的法定职责,尽可能防止和避免施工安全事故的发生。

②安全生产管理的监理工作内容。

A.编制建设工程监理实施细则,落实相关监理人员;

B.审查施工单位现场安全生产规章制度的建立和实施情况;

C.审查施工单位安全生产许可证及施工单位项目经理、专职安全生产管理人员和特种作业人员的资格,核查施工机械和设施的安全许可验收手续;

D.审查施工承包人提交的施工组织设计,重点审查其中的质量安全技术措施、专项施工方案与工程建设强制性标准的符合性;

E.审查包括施工起重机械和整体提升脚手架、模板等自升式架设设施等在内的施工机械和设施的安全许可验收手续情况;

F.巡视检查危险性较大的分部分项工程专项施工方案实施情况;

G.对施工单位拒不整改或不停止施工时,应及时向有关主管部门报送监理报告。

③专项施工方案的编制、审查和实施的监理要求。

A.专项施工方案编制要求。实行施工总承包的,专项施工方案应当由总承包施工单位组织编制,其中,起重机械安装拆卸工程、深基坑工程、附着式升降脚手架等专业工程实行分包的,其专项施工方案可由专业分包单位组织编制。实行施工总承包的,专项施工方案应当由总承包施工单位技术负责人及相关专业分包单位技术负责人签字。对于超过一定规模的危险性较大的分部分项工程专项方案应当由施工单位组织召开专家论证会。

B.专项施工方案监理审查要求。对编制的程序进行符合性审查,对实质性内容进行符合性审查。

C.专项施工方案实施要求。施工单位应当严格按照专项方案组织施工,安排专职安全管理人员实施管理,不得擅自修改、调整专项施工方案。如因设计、结构、外部环境等因素发生变化确需修改的,应及时报告项目监理机构,修改后的专项施工方案应当按相关规定重新审核。

④安全生产管理的监理方法和措施。

第一,通过审查施工单位现场安全生产规章制度的建立和实施情况,督促施工单位落实安全技术措施和应急救援预案,加强风险防范意识,预防和避免安全事故发生。

第二,通过项目监理机构安全管理责任风险分析,制定监理实施细则,落实监理人员,加强日常巡视和安全检查,发现安全事故隐患时,项目监理机构应当履行监理职责,采取会议、告知、通知、停工、报告等措施向施工单位管理人员指出,预防和避免安全事故发生。

(10)合同管理与信息管理。

①合同管理。合同管理主要是对建设单位与施工单位、材料设备供应单位等签订的合同进行管理,从合同执行等各个环节进行管理,督促合同双方履行合同,并维护合同订立双方的正当权益。合同管理的主要内容包括:处理工程暂停工及复工、工程变更、索赔及施工合同争

议、解除等事宜;处理施工合同终止的有关事宜。

②信息管理是建设工程监理的基础性工作,通过对建设工程形成的信息进行收集、整理、处理、存储、传递与运用,保证能够及时、准确地获取所需要的信息。具体内容包括监理文件资料的管理内容,监理文件资料的管理原则和要求,监理文件资料的管理制度和程序,监理文件资料的主要内容,监理文件资料的归档和移交。

(11)组织协调。组织协调工作是指监理人员通过对项目监理机构内部人与人之间、机构与机构之间,以及监理组织与外部环境之间的工作进行协调与沟通,从而使工程参建各方相互理解、步调一致。具体包括编制工程项目组织管理框架、明确组织协调的范围和层次,制定项目监理机构内、外协调的范围、对象和内容,制定监理组织协调的原则、方法和措施,明确处理危机关系的基本要求等。

(12)监理设施。建设单位提供满足监理工作需要的如下设施:①办公设施;②交通设施;③通信设施;④生活设施。

根据建设工程类别、规模、技术复杂程度、建设工程所在地的环境条件,按委托监理合同的约定,配备满足监理工作需要的常规检测设备和工具。

5.3.3 建设工程监理规划的审核

建设工程监理规划在编写完成后需要进行审核并经批准。监理单位的技术主管部门是内部审核单位,其负责人应当签认。监理规划审核的内容主要包括以下几个方面:

1. 监理范围、工作内容及监理目标的审核

依据监理招标文件和委托监理合同,看其是否理解了建设单位对该工程的建设意图,监理范围、监理工作内容是否包括全部委托的工作任务,监理目标是否与合同要求和建设意图相一致。

2. 项目监理机构结构的审核

(1)组织机构。在组织形式、管理模式等方面是否合理,是否结合了工程实施的具体特点,是否能够与建设单位的组织关系和承包方的组织关系相协调等。

(2)人员配备。人员配备方案应从以下几个方面审查:

①派驻监理人员的专业满足程度。应根据工程特点和委托监理任务的工作范围审查,不仅考虑专业监理工程师如土建监理工程师、机械监理工程师等能否满足开展监理工作的需要,而且还要看其专业监理人员是否覆盖工程实施过程中的各种专业要求,以及高、中级职称和年龄结构的组成。

②人员数量的满足程度。主要审核从事监理工作人员在数量和结构上的合理性。在施工阶段,专业监理工程师约占 20%~30%。

③专业人员不足时采取的措施是否恰当。大中型建设工程技术复杂、涉及的专业面宽,当监理单位的技术人员不足以满足全部监理工作要求时,对拟临时聘用的监理人员的综合素质应认真审核。

④派驻现场人员计划表。对于大中型建设工程,不同阶段对监理人员人数和专业等方面的要求不同,应对各阶段派驻现场监理人员的专业、数量计划是否与建设工程的进度计划相适应进行审核,还应平衡正在其他工程上执行监理业务的人员,是否能按照预定计划进入本工程参加监理工作。

3. 工作计划审核

在工程进展中各个阶段的工作实施计划是否合理、可行,审查其在每个阶段中如何控制建设工程目标以及组织协调的方法。

4. 造价、进度、质量控制方法和措施的审核

对三大目标的控制方法和措施应重点审查,看其如何应用组织、技术、经济、合同措施保证目标的实现,方法是否科学、合理、有效。

5. 监理工作制度审核

审查监理的内、外工作制度是否健全。

5.4 监理实施细则

▷ 5.4.1 监理实施细则的编写依据和要求

监理实施细则是在监理规划的基础上,当落实了各专业监理责任和工作内容后,由专业监理工程师针对工程具体情况制定出更具实施性和操作性的业务文件,其作用是具体指导监理业务的实施。

1. 监理实施细则编写依据

《建设工程监理规范》规定了监理实施细则编写的依据:

(1)已批准的建设工程监理规划;

(2)工程建设标准、工程设计文件;

(3)施工组织设计、(专项)施工方案。

除了《建设工程监理规范》中规定的相关依据,监理实施细则在编制过程中,还可以融入工程监理单位的规章制度和经认证发布的质量体系,以达到监理内容的全面、完整,有效提高建设工程监理自身的工作质量。

2. 监理实施细则编写要求

《建设工程监理规范》规定,采用新材料、新工艺、新技术、新设备的工程,以及专业性较强、危险性较大的分部分项工程,应编制监理实施细则。对于工程规模较小、技术较为简单且有成熟监理经验和施工技术措施落实的情况下,可以不必编制监理实施细则。

监理实施细则应符合监理规划的要求,并应结合工程专业特点,做到详细具体、具有可操作性。监理实施细则可随工程进展编制,但应在相应工程开始由专业监理工程师编制完成,并经总监理工程师审批后实施。可根据建设工程实际情况及项目监理机构工作需要增加其他内容。当工程发生变化导致监理实施细则所确定的工作流程、方法和措施需要调整时,专业监理工程师应对监理实施细则进行补充、修改。

从监理实施细则目的角度,监理实施细则应满足以下三方面要求:

(1)内容全面。监理工作包括"三控两管一协调"与安全生产管理的监理工作,监理实施细则作为指导监理工作的操作性文件应涵盖这些内容。在编制监理实施细则前,专业监理工程师应依据建设工程监理合同和监理规划确定的监理范围和内容,结合需要编制监理实施细则的专业工程特点,对工程质量、造价、进度主要影响因素以及安全生产管理的监理工作的要求,

制定内容细致、翔实的监理实施细则,确保监理目标的实现。

（2）针对性强。独特性是工程项目的本质特征之一,没有两个完全一样的项目。因此,监理实施细则应在相关依据的基础上,结合工程项目实际建设条件、环境、技术、设计、功能等进行编制,确保监理实施细则的针对性。为此,在编制监理实施细则前,各专业监理工程师应组织本专业监理人员熟悉本专业的设计文件、施工图纸和施工方案,应结合工程特点,分析本专业监理工作的难点、重点及其主要影响因素,制定有针对性的组织、技术、经济和合同措施。同时,在监理工作实施过程中,监理实施细则要根据实际情况进行补充、修改和完善。

（3）可操作性强。监理实施细则应有可行的操作方法、措施,详细、明确的控制目标值和全面的监理工作计划。

▶ 5.4.2 监理实施细则的主要内容

《建设工程监理规范》明确规定了监理实施细则应包含的内容,即:专业工程特点、监理工作流程、监理工作控制要点,以及监理工作方法及措施。

1. 专业工程特点

专业工程特点是指需要编制监理实施细则的工程专业特点,而不是简单的工程概述。专业工程特点应从专业工程施工的重点和难点、施工范围和施工顺序、施工工艺、施工工序等内容进行有针对性的阐述,体现为工程施工的特殊性、技术的复杂性,与其他专业的交叉和衔接以及各种环境约束条件。

除了专业工程外,新材料、新工艺、新技术以及对工程质量、造价、进度应加以重点控制等特殊要求也需要在监理实施细则中体现。

2. 监理工作流程

监理工作流程是结合工程相应专业制定的具有可操作性和可实施性的流程图。不仅涉及最终产品的检查验收,更多地涉及施工中各个环节及中间产品的监督检查与验收。

监理工作涉及的流程包括:开工审核工作流程、施工质量控制流程、进度控制流程、造价（工程量计量）控制流程、安全生产和文明施工监理流程、测量监理流程、施工组织设计审核工作流程、分包单位资格审核流程、建筑材料审核流程、技术审核流程、工程质量问题处理审核流程、旁站检查工作流程、隐蔽工程验收流程、工程变更处理流程、信息资料管理流程等。

3. 监理工作要点

监理工作控制要点及目标值是对监理工作流程中工作内容的增加和补充,应将流程图设置的相关监理控制点和判断点进行详细而全面的描述。将监理工作目标和检查点的控制指标、数据和频率等阐明清楚。

例如,某建筑工程预制混凝土空心管桩分项工程监理工作要点如下:

（1）预制桩进场检验:保证资料、外观检查（管桩壁厚,内外平整）。

（2）压桩顺序:压桩宜按中间向四周,中间向两端,先长后短,先高后低的原则确定压桩顺序。

（3）桩机就位:桩架龙口必须垂直。确保桩机桩架、桩身在同一轴线上,桩架要坚固、稳定,并有足够刚度。

（4）桩位:放样后认真复核,控制吊桩就位准确。

（5）桩垂直度：第一节管桩起吊就位插入地面时的垂直度用长条水准尺或两台经纬仪随时校正，垂直度偏差不得大于桩长的 0.5％，必要时拔出重插，每次接桩应用长条水准尺测垂直度，偏差控制在 0.5％内。在静压过程中，桩机桩架、桩身的中心线应重合，当桩身倾斜超过 0.8％时，应找出原因并设法校正，当桩尖进入硬土层后，严禁用移动桩架等强行回扳的方法纠偏。

（6）沉桩前，施工单位应提交沉桩先后顺序和每日班沉桩数量。

（7）管桩接头焊接：管桩入土部分桩头高出地面 0.5～1.0m 时接桩。接桩时，上节桩应对直，轴向错位不得大于 2mm。采用焊接接桩时，上下节桩之间的空隙用铁片填实焊牢，结合面的间隙不得大于 2mm。焊接坡口表面用铁刷子刷干净，露出金属光泽。焊接时宜先在坡口圆周上对称点焊 6 点，待上下桩节固定后拆除导向箍再分层施焊。施焊宜由 2～3 名焊工对称进行，焊缝应连续饱满，焊接层数不少于三层，内层焊渣必须清理干净以后方能施焊外一层，焊好后的桩必须自然冷却 8min 方可施打，严禁用水冷却后立即施压。

（8）送桩：当桩顶压至地面需要送桩时，应测出桩垂直度并检查桩顶质量，合格后立即送桩，用送桩器将桩送入设计桩顶位置。送桩时，送桩器应保证与压入的桩垂直一致，送桩器下端与桩顶断面应平整接触，以免桩顶面受力不均匀而发生偏位或桩顶破碎。

（9）截桩头：桩头截除应采用锯桩器截割，严禁用大锤横向敲击或强行扳拉截桩，截桩后桩顶标高偏差不得大于 10cm。

4. 监理工作方法及措施

监理规划中的方法是针对工程总体概括要求的方法和措施，监理实施细则中的监理工作方法和措施是针对专业工程而言，应更具体、更具有可操作性和可实施性。

（1）监理工作方法。监理工程师通过旁站、巡视、见证取样、平行检测等监理方法，对专业工程作全面监控，对每一个专业工程的监理实施细则而言，其工作方法必须加以详尽阐明。

除上述四种常规方法外，监理工程师还可采用指令文件、监理通知、支付控制手段等方法实施监理。

（2）监理工作措施。各专业工程的控制目标要有相应的监理措施以保证控制目标的实现。制定监理工作措施通常有两种方式。

一是根据措施实施内容不同，可将监理工作措施分为技术措施、经济措施、组织措施和合同措施。例如，某建筑工程钻孔灌注桩分项工程监理工作组织措施和技术措施如下：

A. 组织措施：根据钻孔桩工艺和施工特点，对项目监理机构人员进行合理分工，现场专业监理人员分 2 班（（8:00—20:00 和 20:00—次日 8:00，每班 1 人），进行全程巡视、旁站、检查和验收。

B. 技术措施：

a. 组织所有监理人员全面阅读图纸等技术文件，提出书面意见，参加设计交底，制定详细的监理实施细则。

b. 详细审核施工单位提交的施工组织设计；严格审查施工单位现场质量管理体系的建立和实施。

c. 研究分析钻孔桩施工质量风险点，合理确定质量控制关键点，包括：桩位控制、桩长控制、桩径控制、桩身质量控制和桩端施工质量控制。

二是根据措施实施时间不同，可将监理工作措施分为事前控制措施、事中控制措施及事后控制措施。

事前控制措施是指为预防发生差错或问题而提前采取的措施;事中控制措施是指监理工作过程中,及时获取工程实际状况信息,以供及时发现问题、解决问题而采取的措施;事后控制措施是指发现工程相关指标与控制目标或标准之间出现差异后而采取的纠偏措施。

例如,某建筑工程预制混凝土空心管桩分项工程监理工作措施包括:

A. 工程质量事前控制。

a. 认真学习和审查工程地质勘察报告,掌握工程地质情况。

b. 认真学习和审查桩基设计施工图纸,并进行图纸会审,组织或协助建设单位组织技术交底(技术交底主要内容为地质情况、设计要求、操作规程、安全措施和监理工作程序及要求等)。

c. 审查施工单位的施工组织设计、技术保障措施、施工机械配置的合理性及完好率、施工人员到位情况、施工前期情况、材料供应情况并提出整改意见。

d. 审查预制桩生产厂家的资质情况、生产工艺、质量保证体系、生产能力产品合格证、各种原材料的试验报告、企业信誉,并提出审查意见(若条件许可,监理人员应到生产厂家进行实地考察)。

e. 审查桩机备案情况,检查桩机的显著位置标注单位名称、机械备案编号。进入施工现场时机长及操作人员必须备齐基础施工机械备案卡及上岗证,供项目监理机构、安全监管机构、质量监督机构检查。未经备案的桩机不得进入施工现场施工。

f. 要求施工单位在桩基平面布置图上对每根桩进行编号。

g. 要求施工单位设专职测量人员,按桩基平面布置图测放轴线及桩位,其尺寸允许偏差应符合《建筑地基基础工程施工质量验收规范》(GB 50202—2002)要求。

h. 建筑物四大角轴线必须引测到建筑物外并设置龙门桩或采用其他固定措施,压桩前应复核测量轴线、桩位及水准点,确保无误,且须经签认验收后方可压桩。

i. 要求施工单位提出书面技术交底资料,出具预制桩的配合比、钢筋、水泥出厂合格证及试验报告,提供现场相关人员操作上岗证资料供监理审查,并留复印件备案,各种操作人员均须持证上岗。

j. 检查预制桩的标志、产品合格证书等。

k. 施工现场准备情况的检查:施工场地的平整情况;场区测量检查;检查压桩设备及起重工具;铺设水电管网,进行设备架立组装、调试和试压;在桩架上设置标尺,以便观测桩身入土深度;检查桩质量。

B. 工程质量事中控制。

a. 确定合理的压桩程序。按尽量避免各工程桩相互挤压而造成桩位偏差的原则,根据地基土质情况、桩基平面布置、桩的尺寸、密集程度、深度、桩机移动方向以及施工现场情况等因素确定合理的压桩程序。定期复查轴线控制桩、水准点是否有变化,应使其不受压桩及运输的影响。复查周期每 10 天不少于 1 次。

b. 管桩数量及位置应严格按照设计图纸要求确定,施工单位应详细记录试桩施工过程中沉降速度及最后压桩力等重要数据,作为工程桩施工过程中的重要数据,并借此校验压桩设备、施工工艺以及技术措施是否适宜。

c. 经常检查各工程桩定位是否准确。

d.开始沉桩时应注意观察桩身、桩架等是否垂直一致,确认垂直后,方可转入正常压桩。桩插入时的垂直度偏差不得超过 0.5%。在施工过程中,应密切注意桩身的垂直度,如发现桩身不垂直要督促施工方设法纠正,但不得采用移动桩架的方法纠正(因为这样做会造成桩身弯曲,继续施压会发生桩身断裂)。

e.按设计图纸要求,进行工程桩标高和压力桩的控制。

f.在沉桩过程中,若遇桩身突然下沉且速度较快及桩身回弹时,应立即通知设计人员及有关各方人员到场,确定处理方案。

g.当桩顶标高较低,须送桩入土时应用钢制送桩器放于桩头上,将桩送入土中。

h.若需接桩时,常用接头方式有焊接、法兰盘连接及硫磺胶泥锚接。前两种可用于各类土层,硫磺胶泥锚接适用于软土层。

i.接桩用焊条或半成品硫磺胶泥应有产品质量合格证书,或送有关部门检验,半成品硫磺胶泥应每 100kg 做一组试件((3 件);重要工程应对焊接接头做 10% 的探伤检查。

j.应经常检查压力、桩垂直度、接桩间歇时间、桩的连接质量及压入深度;检查已施压的工程桩有无异常情况,如桩顶水平位移或桩身上升等,如有异常情况应通知有关各方人员到现场确定处理意见。

k.工程桩应按设计要求和《建筑地基基础工程施工质量验收规范》进行承载力和桩身质量检验,检验标准应按《建筑工程基桩检测技术规范》(JGJ 106—2014)的规定执行。

l.预制桩的质量检验标准应符合《建筑地基基础工程施工质量验收规范》要求。

m.认真做好压桩记录。

C.工程质量事后控制(验收)。工程质量验收,均应在施工单位自检合格的基础上进行。施工单位确认自检合格后提出工程验收申请,由项目监理机构进行验收。

▷ 5.4.3 监理实施细则报审

1.监理实施细则报审程序

《建设工程监理规范》规定,监理实施细则可随工程进展编制,但必须在相应工程施工前完成,并经总监理工程师审批后实施。监理实施细则报审程序见表 5－2。

表 5－2 监理实施细则报审程序

序号	节点	工作内容	负责人
1	相应工程施工前	编制监理实施细则	专业监理工程师编制
2	相应工程施工前	监理实施细则审批、批准	专业监理工程师送审,总监理工程师批准
3	工程施工过程中	若发生变化,监理实施细则中工作流程与方法措施调整	专业监理工程师调整,总监理工程师批准

2.监理实施细则的审核内容

监理实施细则由专业监理工程师编制完成后,需要报总监理工程师批准后方能实施。监理实施细则审核的内容主要包括以下几个方面:

(1)编制依据、内容的审核。监理实施细则的编制是否符合监理规划的要求,是否符合专业工程相关的标准,是否符合设计文件的内容,与提供的技术资料是否相符合,是否与施工组织设计、(专项)施工方案使用的规范、标准、技术要求相一致。监理的目标、范围和内容是否与监理合同和监理规划相一致,编制的内容是否涵盖专业工程的特点、重点和难点,内容是否全面、详实、可行,是否能确保监理工作质量等。

(2)项目监理人员的审核。

①组织方面。组织方式、管理模式是否合理,是否结合了专业工程的具体特点,是否便于监理工作的实施,制度、流程上是否能保证监理工作,是否与建设单位和施工单位相协调等。

②人员配备方面。人员配备的专业满足程度、数量等是否满足监理工作的需要、专业人员不足时采取的措施是否恰当、是否有操作性较强的现场人员计划安排表等。

(3)监理工作流程、监理工作要点的审核。监理工作流程是否完整、翔实,节点检查验收的内容和要求是否明确,监理工作流程是否与施工流程相衔接,监理工作要点是否明确、清晰,目标值控制点设置是否合理、可控等。

(4)监理工作方法和措施的审核。监理工作方法是否科学、合理、有效,监理工作措施是否具有针对性、可操作性、安全可靠,是否能确保监理目标的实现等。

(5)监理工作制度的审核。针对专业建设工程监理,其内、外监理工作制度是否能有效保证监理工作的实施,监理记录、检查表格是否完备等。

思考题

1.简述建设工程监理大纲、监理规划、监理实施细则三者的关系。

2.建设工程监理规划的作用是什么?

3.建设工程监理规划编写的依据是什么?

4.建设工程监理规划一般包括哪些主要内容?

5.监理实施细则的主要内容有哪些?

案例分析题

某监理公司通过公平投标的方式承担了某项一般房屋工程施工阶段的全方位监理工作,现已办理了中标手续,并签订了委托监理合同,任命了总监理工程师,并按照以下监理实施程序开展了工作:

1.建立项目监理机构

(1)确定了本工程的质量控制目标为监理机构工作的目标。

(2)确定监理工作范围和内容,包括设计阶段和施工阶段。

(3)进行项目监理机构的组织结构设计。

(4)由总监代表组织专业监理工程师编制了建设工程监理规划。

2.制定各专业监理实施细则

(1)各专业监理工程师仅以监理规划为依据编制了监理实施细则。

(2)总监代表批准了各专业的监理实施细则。

(3)各监理实施细则仅包括了监理工作的流程、监理工作的方法和措施。

3.规范化地开展监理工作

4.参与验收、签署建设工程监理意见

5.向建设单位提交建设工程档案资料

6.进行监理工作总结

问题：

（1）请指出在建立项目监理机构的过程中"确定工作目标、工作内容和制定监理规划"三项工作中的不妥之处，并写出正确的做法。

（2）请指出在制定各专业监理实施细则的三项工作中是否存在不妥之处，并写出正确做法。

第6章

建设工程监理目标控制

 学习要点

1. 建设工程目标系统
2. 建设工程质量控制
3. 建设工程进度控制
4. 建设工程投资控制
5. 建设工程安全监理

6.1 目标控制概述

控制是建设工程监理的重要管理活动。在管理学中,控制通常指管理人员按计划标准来衡量所取得的成果,预防和纠正可能发生和已经发生的偏差,使目标和计划能得以实现的管理活动。为了能够进行有效的目标控制,需要了解控制流程及其基本环节、控制类型、控制的前提工作、建设工程目标系统及目标控制的任务和措施等相关知识。

▷ 6.1.1 控制流程及其基本环节

1. 控制流程

建设工程目标控制的流程是一个如图 6-1 所示的有限循环过程,从工程开始直至建成交付使用。

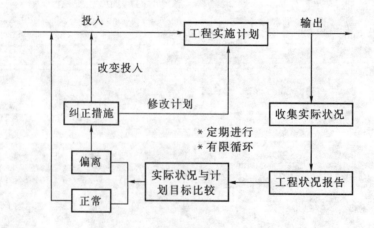

图 6-1 建设工程目标控制流程

由于建设工程的周期长、风险因素多,所以实施状况偏离目标和计划的情况经常发生,如投资增加、工期拖延、工程质量和功能未达到预定的标准等。通过对目标、过程和活动的跟踪,全面、及时、准确地掌握有关信息,将工程实施状况与目标和计划进行比较,若偏离了目标和计划,就应该采取纠正措施,改变投入或修改计划,使工程能在新的计划状态下进行。在建设工程监理的实践中,投资控制、进度控制和常规质量控制周期按周或月计,而严重的工程质量问题和事故,则需要及时加以控制。

2.控制流程的基本环节

图6-1所示的控制流程可以进一步抽象为投入、转换、反馈、对比、纠正五个基本环节(如图6-2所示)。对于每个控制循环来说,若缺少某一环节或某一环节出现问题,都会导致循环障碍,降低控制的有效性,甚至不能发挥循环控制的整体作用。因此,必须明确控制流程各基本环节的有关内容并做好相应的控制工作。

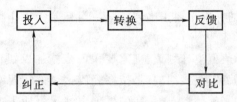

图6-2 控制流程的基本环节

(1)投入。投入是控制流程循环过程的开始。对于建设工程的目标控制流程来说,投入首先涉及传统的生产要素,例如人力(管理人员、技术人员、工人)、建筑材料、施工工具、工程设备、资金,也包括施工方法、工程信息等。为了使计划能够正常实施并达到预定目标,就应当保证将质量、数量符合计划要求的资源按规定的时间和地点投入到建设工程中去。

(2)转换。转换指由投入到产出的整个过程,通常表现为劳动力(管理人员、技术人员、工人)运用劳动资料(如施工工具)将劳动对象(如工程设备、建筑材料等)转变为预定产出品的过程,如从设计图纸、分项工程、分部工程、单位工程、单项工程,直至最终输出完整的建设工程。在转换过程中,计划的运行常受到来自外部环境或内部系统的多种干扰,或者计划本身存在一定问题,从而造成实际输出与计划输出之间发生偏差。因此,转换过程中的控制工作就显得相当重要。

(3)反馈。在计划实施过程中,实际情况是变化的,每个变化都会对目标和计划的实现带来一定的影响。即使计划制订得相当完善,其运行结果也未必与计划一致。因此,控制人员需要全面、及时、准确地了解计划的执行情况及结果,这就需要通过反馈信息来实现。反馈信息往往包括工程实际状况、环境变化等信息,如投资、进度、质量的实际状况,现场条件,合同履行条件,经济、法律环境等。为了使信息反馈能够有效地配合控制的各项工作,使整个控制过程顺利进行,需要设计信息反馈系统,提前确定反馈信息的内容、形式、来源等,使每个控制部门和人员都能及时获得所需要的信息。

信息反馈方式分为正式和非正式两种。正式信息反馈是控制过程中常用的反馈方式,指书面的工程状况报告之类的信息;非正式信息反馈主要指口头反馈方式。如果非正式信息反馈能适时转化为正式信息反馈,会更好地发挥其对控制的作用。

（4）对比。对比是将目标的实际值和计划值进行比较，以确定是否偏离。目标的实际值来源于反馈信息。在对比工作中，要注意以下几点：

①明确目标实际值与计划值的内涵调整。目标的实际值与计划值是两个相对的概念。随着建设工程实施过程的进展，其实施计划和目标一般都将逐渐深化、细化，往往还要作适当的调整。

②合理选择比较的对象。在实际工作中，最为常见的是相邻两种目标值之间的比较。我国建设单位往往以批准的设计概算作为投资控制的总目标，这时，合同价与设计概算、结算价与设计概算的比较也是必要的。

③建立目标实际值与计划值之间的对应关系。建设工程的各项目标都要进行适当的分解，通常，目标的计划值分解较粗，目标的实际值分解较细。这就要求目标的分解深度、细度可以不同，但分解的原则、方法必须相同，从而可以在较粗的层次上进行目标实际值与计划值的比较。

④确定衡量目标偏离的标准。要正确判断某一目标是否发生偏差，就要预先确定衡量目标偏离的标准。

（5）纠正。若目标实际值偏离计划值，则需要采取措施加以纠正。根据偏差的程度，可以分为以下三种情况进行纠偏：①直接纠偏，是指在轻度偏离的情况下所采取的对策；②不改变总目标的计划值，调整后期实施计划，这是在中度偏离情况下所采取的对策；③重新确定目标的计划值，并据此重新制订实施计划，这是在重度偏离情况下所采取的对策。

需要特别说明的是，对于建设工程目标控制来说，纠偏一般是针对正偏差（实际值大于计划值）而言的，如投资增加、工期拖延。而如果出现负偏差，如投资节约、工期提前，并不会采取"纠偏"措施，如故意增加投资、放慢进度，使投资和进度恢复到计划状态。不过，对于负偏差的情况，要仔细分析其原因，排除假象。

▷ 6.1.2 控制类型

根据不同的划分依据，可将控制分为不同的类型。按照控制措施作用于控制对象的时间，控制可分为事前控制、事中控制和事后控制；按照控制信息的来源，控制可分为前馈控制和反馈控制；按照控制措施制订的出发点，控制可分为主动控制和被动控制。实际上，根据不同划分依据划分的不同控制类型之间存在内在的同一性。

1. 主动控制

主动控制是在预先分析各种风险因素及其导致目标偏离的可能性和程度的基础上，拟订和采取针对性的预防措施，从而减少乃至避免目标偏离的方法（如图6-3中下半部分所示）。

主动控制同时是一种事前控制、前馈控制和开工控制，可以解决传统控制过程中的时滞影响，最大可能避免降低偏差发生的概

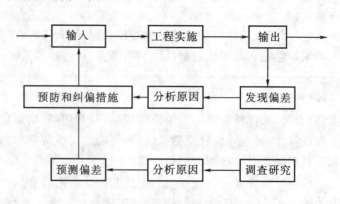

图6-3 主动控制与被动控制

率及其严重程度,从而使目标得到有效控制。

2.被动控制

被动控制是指从一计划的实际输出中发现偏差,分析原因,研究制定纠偏措施,以使工程实施恢复到原来的计划状态,或即使不能恢复到计划状态但至少可以减少偏差的严重程度。

被动控制是一种面对现实的控制,它同时是一种事中控制、事后控制、反馈控制和闭环控制(如图6-3中上半部分所示)。

3.主动控制与被动控制的关系

在建设工程实施过程中,若仅仅采取被动控制措施,常难以实现预定的目标;主动控制的效果虽然比被动控制好,但若仅仅采取主动控制措施,却是不现实或是不经济的。因此,对于建设工程目标控制来说,主动控制和被动控制两者缺一不可,它们都是实现建设工程目标所必须采取的控制方式,应将其紧密结合起来。

▷6.1.3 目标控制的前提工作

为了进行有效的目标控制,必须做好两项重要的前提工作:一是目标规划和计划;二是目标控制的组织。

1.目标规划和计划

若没有目标,就无所谓控制;而若没有计划,就无法实施控制。因此,要进行目标控制,必须对目标进行合理的规划并制订相应的计划。

(1)目标规划和计划与目标控制的关系。建设一项工程,首先要根据建设单位的意图进行可行性研究并制订目标规划,这项工作需要反复进行多次(如图6-4所示)。

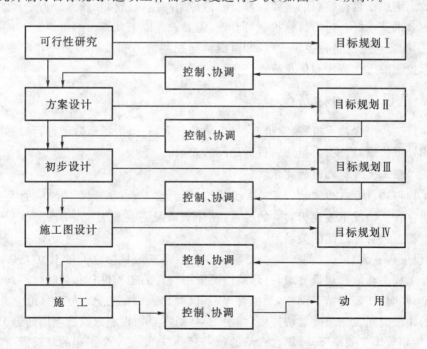

图6-4 目标规划与目标控制的关系

建设工程的实施要根据目标规划和计划进行控制,力求使之符合目标规划和计划的要求。另外,随着建设工程的进行,工程的内容、功能要求、外界条件等都可能发生变化,因而工程实施过程中的反馈信息可能表明目标和计划出现偏差,这都要求目标规划与之相适应,需要在新的条件下不断深入、细化,或者需要对前一阶段的目标规划作出必要的修正和调整,真正成为目标控制的依据。可以看出,目标规划和计划与目标控制的动态性基本一致,目标规划和计划与目标控制之间表现出一种交替出现的循环关系,而这种循环不是简单的重复,是在新的基础上不断前进的循环,每一次循环都有新的内容、新的发展。

(2)目标控制的效果在很大程度上取决于目标规划和计划的质量。目标控制的效果,直接取决于目标控制的措施是否得力,是否将主动控制与被动控制有效地结合起来,以及采取控制措施的时间是否及时等。目标控制的效果是客观的,但人们对目标控制效果的评价却是主观的,通常是将实际结果与预定的目标和计划进行比较。若偏差较大,一般认为控制效果较差;反之,则认为控制效果较好。因此目标控制的效果在很大程度上取决于目标规划和计划的质量。为了提高客观评价目标控制的效果,提高目标规划和计划的质量,一方面必须合理确定并分解目标,另一方面要制订可行且优化的计划。

制订计划首先要保证计划的可行性,即保证计划的技术、资源、经济和财务的可行性,保证建设工程的实施能够有足够的时间、空间、人力、物力和财力。在确保计划可行的基础上,还应根据一定的方法和原则力求使计划优化。对计划的优化实际上是对多方案的技术经济分析和比较。计划制订得越明确、越完善,目标控制的效果就越好。

2.组织

由于建设工程目标控制的所有活动以及计划的实施都是由目标控制人员来实现的,因此,合理而有效地组织是目标控制的重要保障。目标控制的组织结构和任务分工越具体、越明确,目标控制的效果就越好。为了目标控制更有效,需要做好以下几方面的组织工作:①设置目标控制机构;②配备合适的目标控制人员;③落实目标控制机构和人员的任务和职能分工;④合理组织目标控制的工作流程和信息流程。

➤ **6.1.4 建设工程目标系统**

任何建设工程至少都有投资(造价)、进度、质量三大目标,为了有效地进行目标控制,必须正确认识和处理投资、进度、质量三大目标之间的关系。

1.建设工程三大目标之间的关系

建设工程投资、进度(或工期)、质量三大目标两两之间存在既对立又统一的关系。对此,首先要弄清在什么情况下表现为对立的关系,在什么情况下表现为统一的关系。下面就具体分析建设工程三大目标之间的关系。

(1)建设工程三大目标之间的对立关系。建设工程三大目标之间的对立关系比较直观。如果对建设工程的功能和质量要求较高,就需要采用较好的工程设备和建筑材料,就需要投入较多的资金;同时,还需要精工细作,严格管理,不仅增加人力的投入(人工费相应增加),而且需要较长的建设时间。如果要加快进度,缩短工期,则需要加班加点或适当增加施工机械和人力,这会直接导致施工效率下降,单位产品的费用上升,从而使整个工程的总投资增加;另一方面,加快进度会打乱原有的计划,使建设工程实施的各个环节之间产生脱节现象,增加控制和协调的难度,不仅可能"欲速不达",而且会留下工程质量隐患。如果要降低投资,就需要考虑降低功能和质量要求,采用较普通的工程设备和建筑材料;同时,只能按费用最低的原则安排进度计划,整个工程需要的建设时间就较长。

以上分析表明,建设工程三大目标之间存在对立的关系。因此,不能奢望投资、进度、质量三大目标同时达到"最优",即既要投资少,又要工期短,还要质量好。在确定建设工程目标时,不能将投资、进度、质量三大目标割裂开来,而必须将投资、进度、质量三大目标作为一个系统统筹考虑。

(2)建设工程三大目标之间的统一关系。对于建设工程三大目标之间的统一关系,需要从不同的角度分析和理解。例如,加快进度、缩短工期虽然需要增加一定的投资,但是可以使整个建设工程提前投入使用,从而提早发挥投资效益,还能在一定程度上减少利息支出,如果提早发挥的投资效益超过因加快进度所增加的投资额度,则加快进度从经济角度来说就是可行的。如果提高功能和质量要求,虽然需要增加一次性投资,但是可能降低工程投入使用后的运行费用和维修费用,从全寿命费用分析的角度则是节约投资的;另外,在不少情况下,功能好、质量优的工程,投入使用后的收益往往较高。而且,从质量控制的角度,如果在实施过程中进行严格的质量控制,保证实现工程预定的功能和质量要求,则不仅可减少实施过程中的返工费用,而且可以大大减少投入使用后的维修费用;另一方面,严格控制质量还能起到保证进度的作用。

总之,应该用对立统一的观点,将建设工程的投资、进度、质量三大目标作为一个系统统筹考虑,反复协调和平衡,力求实现整个目标系统最优。

2. 建设工程目标的确定

(1)建设工程目标确定的依据。目标规划是一项动态性工作,贯穿于建设工程的不同阶段,因而建设工程的目标并不是一经确定就不再改变的。由于建设工程不同阶段所具备的条件不同,目标确定的依据自然也就不同。一般来说,在施工图设计完成之后,目标规划的依据比较充分,目标规划的结果也比较准确和可靠。但是,对于施工图设计完成以前的各个阶段来说,建设工程数据库具有十分重要的作用,应予以足够的重视。建立建设工程数据库,至少要做好以下几方面工作:

①按照一定的标准对建设工程进行分类。通常按使用功能分类较为直观,也易于被接受和记忆。

②对各类建设工程所可能采用的结构体系进行统一分类。

③数据既要有一定的综合性又要能足以反映建设工程的基本情况和特征。建设工程数据库对建设工程目标确定的作用,在很大程度上取决于数据库中与拟建工程相似的同类工程的数量。因此,建立和完善建设工程数据库需要经历较长的时间,在确定数据库的结构之后,数据的积累、分析就成为主要任务,也可能在应用过程中对已确定的数据库结构和内容还要作适当的调整、修正和补充。

(2)建设工程数据库的应用。要确定某一拟建工程的目标,首先必须明确该工程的基本技术要求,如工程类型、结构体系、基础形式、建筑高度、主要设备、主要装饰要求等;然后,在建设工程数据库中检索并选择尽可能相近的建设工程(可能有多个),将其作为确定该拟建工程目标的参考对象。

同时,要认真分析拟建工程的特点,找出拟建工程与已建类似工程之间的差异,并定量分析这些差异对拟建工程目标的影响,从而确定拟建工程的各项目标。

另外,建设工程数据库中的数据都是历史数据,由于拟建工程与已建工程之间存在"时间差",因而对建设工程数据库中的有些数据不能直接应用,而必须考虑时间因素和外部条件的变化,采取适当的方式加以调整。

3.建设工程目标的分解

为了在建设工程实施过程中有效地进行目标控制,仅有总目标是不够的,还应将其进行适当的分解。

(1)目标分解的原则。建设工程目标分解应遵循以下几个原则:

①能分能合。这要求建设工程的总目标不仅能够自上而下逐层分解,而且能够根据需要自下而上逐层综合。

②按工程部位分解,而不按工种分解。这是因为建设工程的建造过程也是工程实体的形成过程,这样分解比较直观,而且可以将投资、进度、质量三大目标联系起来,也便于对偏差原因进行分析。

③区别对待,有粗有细。根据建设工程目标的具体内容、作用和所具备的数据,目标分解的粗细程度应当有所区别。

④有可靠的数据来源,并以此作为界定目标分解深度的标准。

⑤目标分解结构应与组织分解结构相对应。目标控制必须要有组织加以保障,要落实到具体的机构和人员,进而形成组织。

(2)目标分解的方式。建设工程的总目标可以按照不同的方式进行分解。对于建设工程投资、进度、质量三个目标来说,目标分解的方式并不完全相同,其中,进度目标和质量目标的分解方式较为单一,而投资目标的分解方式较多。

按工程内容分解是建设工程目标分解最基本的方式,适用于投资、进度、质量三个目标的分解,但是,三个目标分解的深度不一定完全一致。一般来说,将投资、进度、质量三个目标分解到单项工程和单位工程是比较容易办到的,其结果也是比较合理和可靠的。在施工图设计完成之前,目标分解至少都应当达到这个层次。至于是否分解到分部工程和分项工程,一方面取决于工程进度所处的阶段、资料的详细程度、设计所达到的深度等,另一方面还取决于目标控制工作的需要。

▶ 6.1.5 建设工程目标控制的含义

1.建设工程投资控制的含义

(1)建设工程投资的目标(图6-5)。建设工程投资控制的目标,就是通过有效的投资控制工作和具体的投资控制措施,在满足进度和质量要求的条件下,力求使工程实际投资不超过计划投资。

"实际投资不超过计划投资"可能表现为以下几种情况:

①在投资目标分解的各个层次上,实际投资均不超过计划投资。这是最理想的情况,是投资控制追求的最高目标。

②在投资目标分解的较低层次上,实际投资在

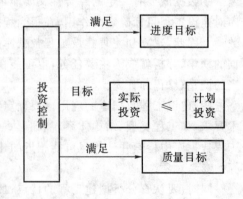

图6-5 投资控制的目标

有些情况下超过计划投资,在大多数情况下不超过计划投资,因而在投资目标分解的较高层次上,实际投资不超过计划投资。

③实际总投资未超过计划总投资,但在投资目标分解的各个层次上,都出现实际投资超过计划投资的情况。

后两种情况虽然存在局部的超投资现象,但建设工程的实际总投资未超过计划总投资,因而仍然是令人满意的结果。何况,出现这种现象,除了投资控制工作和措施存在一定的问题、有待改进和完善之外,还可能是由于投资目标分解不尽合理所造成的,而投资目标分解绝对合理又是很难做到的。

(2)系统控制。从上述建设工程投资控制的目标可以看出,投资控制是与进度控制和质量控制同时进行的,它是针对整个建设工程目标系统所实施的控制活动的一个组成部分,在实施投资控制的同时需要满足预定的进度目标和质量目标。因此,在投资控制的过程中,要协调好它与进度控制和质量控制的关系,做到三大目标控制的有效配合和相互平衡,而不能片面强调投资控制。

(3)全过程控制。所谓全过程,主要是指建设工程实施的全过程,也可以是工程建设全过程:一方面表现为实物形成过程,即其生产能力和使用功能的形成过程,这是看得见的;另一方面则表现为价值形成过程,即其投资的不断累加过程,这是算得出的。这两种过程对建设工程的实施来说都是很重要的,而从投资控制的角度来看,较为关心的则是后一种过程。

建设工程的实施阶段包括设计阶段(含设计准备)、招标阶段、施工阶段以及竣工验收和保修阶段。累计投资和节约投资可能性曲线如图6-6所示。一方面,累计投资在设计阶段和招标阶段缓慢增加,进入施工阶段后则迅速增加,到施工后期,累计投资的增加又趋于平缓。另一方面,节约投资的可能性(或影响投资的程度)从设计阶段到施工开始前迅速降低,其后的变化就相当平缓了。

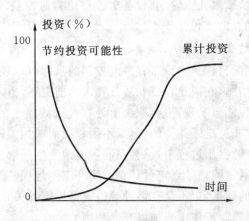

图6-6 累计投资和节约投资可能性曲线

图6-6表明,虽然建设工程的实际投资主要发生在施工阶段,但节约投资的可能性却主要在施工以前的阶段,尤其是在设计阶段。当然,所谓节约投资的可能性,是以进行有效的投资控制为前提的,如果投资控制的措施不得力,就会浪费投资。

因此,所谓全过程控制,要求从设计阶段就开始进行投资控制,并将投资控制工作贯穿于建设工程实施的全过程,直至整个工程建成且延续到保修期结束。在明确全过程控制的前提下,还要特别强调早期控制的重要性,越早进行控制,投资控制的效果越好,节约投资的可能性越大。

(4)全方位控制。对投资目标进行全方位控制,包括两种含义:一是对按工程内容分解的各项投资进行控制,即对单项工程、单位工程,乃至分部分项工程的投资进行控制;二是对按总投资构成内容分解的各项费用进行控制,即对建筑安装工程费用、设备和工器具购置费用以及工程建设其他费用等都要进行控制。通常,投资目标的全方位控制主要是指上述第二种含义。

在对建设工程投资进行全方位控制时,应注意以下几个问题:

①要认真分析建设工程及其投资构成的特点,了解各项费用的变化趋势和影响因素。例如,根据我国的统计资料,工程建设其他费用一般不超过总投资的10%。但这只是平均水平,对于具体的建设工程项目来说,可能远远超过这个比例,如上海南浦大桥的拆迁费用高达4亿元人民币,约占总投资的一半。又如一些高档宾馆、智能化办公楼的装饰工程费用或设备购置费用超过结构工程费等。这些变化应值得投资控制人员的重视,而且这些费用相对于结构工程费用而言,有较大的节约投资的"空间"。只要思想上重视且方法适当,往往能取得较为满意的投资控制效果。

②要抓主要矛盾、有所侧重。不同建设工程的各项费用占总投资的比例不同,例如,普通民用建设项目的建筑工程费用占总投资的大部分,工艺复杂的工业项目则以设备购置费用为主,智能化大厦的装饰工程费用和设备购置费用占主导地位,这些都应分别作为相应类型的建设工程项目投资控制的重点。

③要根据各项费用的特点选择适当的控制方式。例如,建筑工程费用可以按照工程内容分解得很细,其计划值一般较为准确,而其实际投资是连续发生的,因而需要定期地进行实际投资与计划投资的比较;安装工程费用有时并不独立计算,或与建筑工程费用合并,或与设备购置费用合并,或兼而有之,需要注意鉴别;设备购置费用有时需要较长的订货周期和一定数额的定金,必须充分考虑利息的支付等。

2.建设工程进度控制的含义

(1)建设工程进度控制的目标。建设工程进度控制的目标可以表达为:通过有效的进度控制工作和具体的进度控制措施,在满足投资和质量要求的前提下,力求使工程实际工期不超过计划工期。进度控制的目标能否实现,主要取决于处在关键线路上的工程内容能否按预定的时间完成。当然,同时要求非关键线路上的工作,不因延误而成为关键线路。

在大型、复杂建设工程的实施过程中,总会不同程度地发生局部工期延误的情况。这些延误对进度目标的影响应当通过网络计划定量计算。局部工期延误的严重程度与其对进度目标的影响程度之间并无直接的联系,更不存在某种等值或等比例的关系,这是进度控制与投资控制的重要区别,也是在进度控制工作中要加以充分利用的特点。

(2)系统控制。进度控制的系统控制思想与投资控制基本相同,但其具体内容和表现有所不同。在采取进度控制措施时,要尽可能采取可对投资目标和质量目标产生有利影响的进度控制措施,例如,完善的施工组织设计、优化的进度计划等。相对于投资控制和质量控制而言,进度控制措施可能对其他两个目标产生直接的有利作用,这一点显得尤为突出,应当予以足够的重视并加以充分利用,以提高目标控制的总体效果。

当然,采取进度控制措施也可能对投资目标和质量目标产生不利影响。一般来说,局部关键工作发生工期延误但延误程度尚不严重时,通过调整进度计划来保证进度目标是比较容易做到的,例如可以采取加班加点的方式,或适当增加施工机械和人力的投入。这时,就会对投资目标产生不利影响,而且由于夜间施工或施工速度过快,也可能对质量目标产生不利影响。因此,当采取进度控制措施时,不能仅仅保证进度目标的实现而不顾投资目标和质量目标,应当综合考虑三大目标。

(3)全过程控制。关于进度控制的全过程控制,要注意以下三方面问题:

①在工程建设的早期就应当编制进度计划。首先要澄清将进度计划狭隘地理解为施工进度计划的模糊认识;其次要纠正工程建设早期由于资料详细程度不够且可变因素很多而无法编制进度计划的错误观念。

建设单位整个建设工程的总进度计划包括的内容很多,除了施工之外,还包括前期工作(如征地、拆迁、施工场地准备等)、勘察、设计、材料和设备采购、动用前准备等。由此可见,建设单位的总进度计划对整个建设工程进度控制的作用是何等重要。工程建设早期所编制的建设单位总进度计划不可能也没有必要达到承包商施工进度计划的详细程度,但也应达到一定的深度和细度,而且应当掌握“远粗近细”的原则,即对于远期工作,如工程施工、设备采购等,在进度计划中显得比较粗略,可能只反映到分部工程,甚至只反映到单位工程或单项工程;而对于近期工作,如征地、拆迁、勘察设计等,在进度计划中就显得具体。而所谓“远”和“近”是相对概念,随着工程的进展,最初的远期工作就变成了近期工作,进度计划也应当相应地深化和细化。

在工程建设早期编制进度计划,是早期控制思想在进度控制中的反映。越早进行控制,进度控制的效果越好。

②在编制进度计划时要充分考虑各阶段工作之间的合理搭接。建设工程实施各阶段的工作是相对独立的,但不是截然分开的,在内容上有一定的联系,在时间上有一定的搭接。例如,设计工作与征地、拆迁工作搭接,设备采购和工程施工与设计搭接等。搭接时间越长,建设工程的总工期就越短。但是,搭接时间与各阶段工作之间的逻辑关系有关,都有其合理的限度。因此,合理确定具体的搭接工作内容和搭接时间,也是进度计划优化的重要内容。

③抓好关键线路的进度控制。进度控制的重点对象是关键线路上的各项工作,包括关键线路变化后的各项关键工作,这样可取得事半功倍的效果。

(4)全方位控制。对进度目标进行全方位控制要从以下几个方面考虑:

①对整个建设工程所有工程内容的进度都要进行控制。除了单项工程、单位工程之外,还包括区内道路、绿化、配套工程等的进度。这些工程内容都有相应的进度目标,应尽可能将它们的实际进度控制在进度目标之内。

②对整个建设工程所有工作内容都要进行控制。建设工程的各项工作,诸如征地、拆迁、勘察、设计、施工招标、材料和设备采购、施工、动用前准备等,都有进度控制的任务。这里,要注意与全过程控制的有关内容相区别。在全过程控制的分析中,对这些工作内容侧重从各阶段工作关系和总进度计划编制的角度进行阐述。而在全方位控制的分析中,则是侧重从这些工作本身的进度控制进行阐述,可以说是同一问题的两个方面。实际的进度控制,往往既表现为对工程内容进度的控制,又表现为对工作内容进度的控制。

③对影响进度的各种因素都要进行控制。建设工程的实际进度受到很多因素的影响,例如,施工机械数量不足或出现故障;技术人员和工人的素质和能力低下;建设资金缺乏,不能按

时到位；材料和设备不能按时、按质、按量供应；施工现场组织管理混乱，多个承包商之间施工进度不够协调；出现异常的工程地质、水文、气候条件等。要实现有效的进度控制，必须对上述影响进度的各种因素都进行控制，采取措施减少或避免这些因素对进度的影响。

④注意各方面工作进度对施工进度的影响。任何建设工程最终都是通过施工将其建造起来的。从这个意义上讲，施工进度作为一个整体，肯定在总进度计划中的关键线路上，任何导致施工进度拖延的情况，都将导致总进度的拖延。而施工进度的拖延往往是其他方面工作进度的拖延引起的。因此，要考虑围绕施工进度的需要来安排其他方面的工作进度。

（5）进度控制的特殊问题。组织协调与控制是密切相关的，都是为实现建设工程目标服务的。在建设工程三大目标控制中，组织协调对进度控制的作用最为突出且最为直接，有时甚至能取得常规控制措施所难以达到的效果。因此，为了有效地进行进度控制，必须做好与有关单位的协调工作。

3.建设工程质量控制的含义

（1）建设工程质量控制的目标。建设工程质量控制的目标，就是通过有效的质量控制工作和具体的质量控制措施，在满足投资和进度要求的前提下，实现工程预定的质量目标。

建设工程的质量首先必须符合国家现行的关于工程质量的法律、法规、技术标准和规范等的有关规定，尤其是强制性标准的规定。这实际上也就明确了对设计、施工质量的基本要求。从这个角度讲，同类建设工程的质量目标具有共性，不因其建设单位、建造地点以及其他建设条件的不同而不同。

建设工程的质量目标又是通过合同加以约定的，其范围更广、内容更具体。任何建设工程都有其特定的功能和使用价值。由于建设工程都是根据建设单位的要求而兴建，不同的建设单位有不同的功能和使用价值要求，即使是同类建设工程，具体的要求也不同。因此，建设工程的功能与使用价值的质量目标是相对于建设单位的需要而言的，并无固定和统一的标准。从这个角度讲，建设工程的质量目标又具有个性。

因此，建设工程质量控制的目标就要实现以上两方面的工程质量目标。由于工程共性质量目标一般都有严格、明确的规定，因而质量控制工作的对象和内容都比较明确，也可以比较准确、客观地评价质量控制的效果。而工程个性质量目标具有一定的主观性，有时没有明确、统一的标准，因而质量控制工作的对象和内容较难把握，对质量控制效果的评价与评价方法和标准密切相关。因此，在建设工程的质量控制工作中，要注意对工程个性质量目标的控制，最好能预先明确控制效果定量评价的方法和标准。另外，对于合同约定的质量目标，必须保证其不得低于国家强制性质量标准的要求。

（2）系统控制。建设工程质量控制的系统控制应从以下几方面考虑：

①避免不断提高质量目标的倾向。建设工程的建设周期较长，随着技术、经济水平的发展，会不断出现新设备、新工艺、新材料、新理念等，在工程建设早期（如可行性研究阶段）所确定的质量目标，到设计阶段和施工阶段有时就显得相对滞后。不少建设单位往往要求相应地提高质量标准，这样势必要增加投资，而且由于要修改设计、重新制订材料和设备采购计划，甚至将已经施工完毕的部分工程拆毁重建等，都会影响进度目标的实现。因此，要避免这种倾向。首先，在工程建设早期确定质量目标时要有一定的前瞻性；其次，对质量目标要有一个理性的认识，不要盲目追求"最新""最高""最好"等目标；再次，要定量分析提高质量目标后对投资目标和进度目标的影响。在这一前提下，即使确实有必要适当提高质量标准，也要把对投资

目标和进度目标的不利影响减少到最低程度。

②确保基本质量目标的实现。建设工程的质量目标关系到生命安全、环境保护等社会问题,国家有相应的强制性标准。因此,不论发生什么情况,也不论在投资和进度方面要付出多大的代价,都必须保证实现建设工程安全可靠、质量合格的目标。当然,如果投资代价太大而无法承受,可以放弃不建。另外,建设工程都有预定的功能,若无特殊原因,也应确保实现其预定的功能。

③尽可能发挥质量控制对投资目标和进度目标的积极作用。

(3)全过程控制。建设工程总体质量目标的实现与工程质量的形成过程息息相关,因而必须对工程质量实行全过程控制。

建设工程的每个阶段都对工程质量的形成起着重要的作用,但各阶段关于质量问题的侧重点不同:在设计阶段,主要是解决"做什么"和"如何做"的问题,使建设工程总体质量目标具体化;在施工招标阶段,主要是解决"谁来做"的问题,使工程质量目标的实现落实到承包商;在施工阶段,通过施工组织设计等文件,进一步解决"如何做"的问题,通过具体的施工解决"做出来"的问题,使建设工程形成实体,将工程质量目标物化地体现出来;在竣工验收阶段,主要是解决工程实际质量是否符合预定质量的问题;而在保修阶段,则主要是解决已发现的质量缺陷问题。因此,应当根据建设工程各阶段质量控制的特点和重点,确定各阶段质量控制的目标和任务,以便实现全过程质量控制。

需要说明的是,建设工程建成后,不可能像某些工业产品那样,可以拆卸或解体来检查内在的质量。这表明,建设工程竣工检验时难以发现工程内在的、隐蔽的质量缺陷,因而必须加强施工过程中的质量检验。而且,在建设工程施工过程中,由于工序交接多、中间产品多、隐蔽工程多,若不及时检查,就可能将已出现的质量问题被下道工序掩盖,把不合格产品误认为合格产品,从而留下质量隐患。实践证明,对建设工程质量进行全过程控制是十分必要的。

(4)全方位控制。对建设工程质量进行全方位控制应从以下几方面着手:

①对建设工程所有工程内容的质量进行控制。建设工程是一个整体,其总体质量是各个组成部分质量的综合体现,也取决于具体工程内容的质量。如果某项工程内容的质量不合格,即使其余工程内容的质量都很好,也可能导致整个建设工程的质量不合格。因此,对建设工程质量的控制必须落实到其每一项工程内容,只有确实实现了各项工程内容的质量目标,才能保证实现整个建设工程的质量目标。

②对建设工程质量目标的所有内容进行控制。建设工程的质量目标包括许多具体的内容,例如,从外在质量、工程实体质量、功能和使用价值质量等方面,可分为美观性、与环境协调性、安全性、可靠性、适用性、灵活性、可维修性等目标,还可以分为更具体的目标。这些具体质量目标之间有时也存在对立统一的关系,在质量控制工作中要注意加以妥善处理。

③对影响建设工程质量目标的所有因素进行控制。影响建设工程质量目标的因素很多,可以从不同的角度加以归纳和分类。例如,可以将这些影响因素分为人、机械、材料、方法和环境五个方面。质量控制的全方位控制,就是要对这五方面因素都进行控制。

(5)质量控制的特殊问题。质量控制还有两个特殊问题要加以说明。

①对建设工程质量实行三重控制。由于建设工程质量的特殊性,需要对其从三方面加以控制:第一,实施者自身的质量控制,这是从产品生产者角度进行的质量控制;第二,政府对工程质量的监督,这是从社会公众角度进行的质量控制;第三,监理单位的质量控制,这是从建设

单位角度或者说是从产品需求者角度进行的质量控制。对于建设工程质量,加强政府的质量监督和监理单位的质量控制是非常必要的,但决不能因此而淡化或弱化施工者自身的质量控制。

②工程质量事故处理。工程质量事故在建设工程实施过程中具有多发性特点。诸如基础不均匀沉降、混凝土强度不足、屋面渗漏、建筑物倒塌,乃至一个建设工程整体报废等都有可能发生。如果说,拖延的工期、超额的投资还可能在以后的实施过程中挽回的话,那么,工程质量一旦不合格,就成了既定事实不合格的工程,决不会随着时间的推移而自然变成合格工程。因此,对于不合格工程必须及时返工或返修,达到合格后才能进入下一工序、才能交付使用。否则拖延的时间越长,所造成的损失后果越严重。

由于工程质量事故具有多发性特点,因此,应当对工程质量事故予以高度重视,从设计、施工以及材料和设备供应等多方面入手,进行全过程、全方位的质量控制,特别要尽可能做到主动控制、事前控制。

▶ 6.1.6 建设工程目标控制的任务和措施

1. 目标控制的任务

建设工程实施的各阶段有不同的目标控制任务。设计阶段、施工招标阶段、施工阶段的持续时间长,涉及的环节多,故需着重加以介绍。

(1)设计阶段。

①质量控制任务主要包括:协助建设单位制订工程质量目标规划;根据合同,及时、准确、完善地提供设计工作所需要的基础数据和资料;配合单位优化设计,确认设计文件是否符合有关法规、技术、经济、财务、环境条件的要求,满足建设单位对工程的功能和使用要求。

②进度控制任务主要包括:协助建设单位确定合理的设计工期要求;根据设计的阶段性,制订工程总进度计划;协调各设计单位开展设计工作,使设计工作按进度计划进行;按合同要求及时、准确、完善地提供设计工作所需要的基础数据和资料;与外部有关单位协调相关事宜,保障设计工作顺利进行。

③投资设计任务主要包括:收集类似工程的相关资料,协助设计单位制订工程项目投资目标规划;通过技术经济分析等活动,协调、配合设计单位追求投资合理化;审核概(预)算,优化设计,最终满足建设单位对于工程投资的经济性要求。

(2)施工招标阶段。在施工招标阶段的主要任务就是协助建设单位做好投标的各项工作,包括:协助建设单位编制施工招标文件;协助建设单位编制标底;做好投标资格预审工作;组织开标、评标、定标工作。

(3)施工阶段。

①质量控制的任务。通过对施工投入、施工和安装过程、产出品进行全过程控制,以及对参加施工的单位和人员的资质、材料和设备、施工机械和工具、施工方案和方法、施工环境实施全面控制,以期按标准达到预定的施工质量目标。

②进度控制的任务。通过完善建设工程控制性进度计划、审查施工单位施工进度计划、做好各项动态控制工作、协调各单位关系、预防并处理好工期索赔,以求实际施工进度达到计划施工进度的要求。

③投资控制的任务。通过工程付款控制、工程变更费用控制、预防并处理好费用索赔、挖

掘节约投资潜力来努力实现实际发生的费用不超过计划投资。

2.目标控制的措施

为了使工程建设目标控制获得理想的效果,可以在不同的阶段,从多方面采取措施,具体归纳为以下四个方面:

(1)组织措施。所谓组织措施,是从目标控制的组织管理方面采取的措施,例如落实目标控制的组织结构和人员,明确各级目标控制人员的任务和职能分工、权力和责任,改善目标控制的工作流程等。尽管通常不需要增加什么费用,但组织措施仍是其他各类措施的前提和保障。

(2)技术措施。技术措施不仅对解决建设工程实施过程中的技术问题不可缺少,而且可以用于纠正目标偏差。但是,在运用技术措施时,既要注意提出多个不同的技术方案,还要注意对不同的技术方案进行技术经济分析,避免仅仅从技术角度选定技术方案。

(3)经济措施。经济措施除审核工程量及相应的付款和结算报告外,还必须从全局、整体的角度加以考虑,以取得事半功倍的效果。同时,从主动控制的观点出发,通过偏差原因分析和未完工程投资预测,发现有可能引起投资增加的问题,并及时采取预控措施。

(4)合同措施。由于质量控制、进度控制和投资控制均要以合同为基础,合同措施也显得尤为重要。合同措施除了包括拟定合同条款、参加合同谈判、处理合同执行过程中的问题、防止和处理索赔等措施之外,还要协助建设单位确定有利于目标控制的工程组织管理模式、合同结构,分析不同合同之间的相互联系和影响,并对每一个合同进行总体和具体的分析等。

6.2 建设工程质量控制

▷6.2.1 建设工程质量控制概述

1.质量和工程项目质量

(1)质量和工程项目质量的内涵。质量指一组固有特性满足要求的程度。对质量的理解应把握以下几点:

①质量不仅是指产品质量,也可以是某项活动或过程的工作质量。

②特性是指可区分的性质。特性可以是固有的或赋予的,也可以是定性或定量的。

③满足要求就是应满足明示的(如合同、规范、图纸中明确规定的)或隐含的(如一般习惯)或必须履行的(如法律、法规、行业规则)需要和期望。

④顾客和其他相关方对产品、过程或体系的质量要求是动态的、发展的和相对的。

工程项目质量简称工程质量,指满足建设单位需要的,符合国家法律、法规、技术规范、标准、设计文件及合同规定的特性总和。建设工程质量的特性主要表现在适用性、耐久性、安全性、可靠性、经济性及与环境的协调性六个方面。

(2)工程质量的形成过程。工程建设的不同阶段,对工程项目质量的形成有着不同的作用和影响。

①项目可行性研究。通过项目的可行性研究,确定其建设的可行性,并通过多方案比较,从中选择出最佳建设方案作为项目决策和设计的依据。在此阶段,需要确定工程项目的质量要求,并与投资目标相协调。因此,项目的可行性研究直接影响项目的决策质量和设计质量。

②项目决策。项目决策阶段是通过项目可行性研究和项目评估,使项目的建设充分反映

建设单位的意愿并与地区环境相适应,做到投资、质量、进度目标的统一协调。所以在项目决策阶段,确定工程项目应达到的质量目标和水平。

③工程勘察、设计。工程的地质勘察为建设场地的选择和工程设计与施工提供地质资料依据。而工程设计是根据建设项目总体需要和地质报告,对工程的外形和内在的实体进行筹划、研究、构思、设计和描绘,形成设计说明书和图纸等相关文件,使得质量目标和水平具体化,为施工提供直接的依据。工程设计质量是决定工程质量的关键环节。

④工程施工。工程施工活动决定了设计意图能否实现,它直接关系到工程的安全可靠、使用功能的保证,以及外表观感能否体现建筑设计的艺术水平。在一定程度上,工程施工是形成实体质量的决定性环节。

⑤工程竣工验收。工程竣工验收就是对项目施工阶段的质量通过检查评定、试车运转,考核项目质量是否达到设计要求,是否符合决策阶段确定的质量目标和水平,并通过验收确保工程项目的质量。所以工程竣工验收是为了保证最终产品的质量。

(3)工程质量的影响因素。影响工程质量的因素很多,但归纳起来主要有五个方面,即人(man)、材料(material)、机械(machine)、方法(method)和环境(environment),简称为 4M1E 因素。

①人员素质。人是生产经营活动的主体,也是工程项目建设的决策者、管理者和操作者。所以人员的素质,将直接或间接地对规划、决策、勘察、设计和施工的质量产生影响。因此,建筑行业实行企业资质管理和各类专业从业人员持证上岗制度,是保证人员素质的重要管理措施。

②工程材料。工程材料的选用是否合理、产品是否合格、材质是否经过检验、保管使用是否得当等,都将直接影响建设工程的结构特性,影响工程外表及观感、使用功能及使用安全等方面的质量要求。

③机械设备。机械设备可分为两类:一是指组成工程实体及配套的工艺设备和各类机具,它们构成了建筑设备安装工程或工业设备安装工程,形成完整的使用功能;二是指施工过程中使用的各类机具设备,简称施工机具设备,是施工生产的手段,其类型是否符合工程施工特点、性能是否先进稳定、操作是否方便安全等,都将会影响工程项目的质量。

④工艺方法。在工程施工中,施工方案是否合理、施工工艺是否先进、施工操作是否正确等,都将对工程质量产生重要影响。大力推进采用新技术、新工艺、新方法,不断提高工艺技术水平,是保证工程质量稳步提高的重要途径。

⑤环境条件。环境条件是指对工程质量特性起重要作用的环境因素,包括工程技术环境、工程作业环境、工程管理环境、周边环境等。环境条件往往对工程质量产生特定的影响。加强环境管理,改进作业条件,把握好技术环境,辅以必要的措施,是控制环境对质量影响的重要保证。

【例6-1】某钻孔灌注桩按要求在施工前进行了两组试桩,试验结果未达到预计效果,经分析,发现如下问题:

(1)施工单位不是专业的钻孔灌注桩施工队伍;

(2)混凝土强度未达到设计要求;

(3)焊条的规格未满足要求;

(4)钢筋工没有上岗证书;

(5)施工中采用的钢筋笼主筋型号不符合规格要求;

(6)在暴雨条件下进行钢筋笼的焊接;

(7)钻孔时施工机械经常出现故障造成停钻；

(8)按规范应采用反循环方法施工，而施工单位采用正循环方法施工；

(9)清孔的时间不够；

(10)钢筋笼起吊方法不对，造成钢筋笼弯曲。

问题：影响工程质量的因素有哪几类？以上问题各属于哪类影响工程质量的因素？

解：影响工程质量的因素有人、材料、机械、方法、环境五大类。

在本案例影响工程质量的因素中，属于人力方面的因素为(1)、(4)两项，属于材料方面的因素为(2)、(3)、(5)三项，属于施工工艺方法方面的因素为(8)、(9)、(10)三项，属于施工机械方面的因素为(7)项，属于施工环境方面的因素为(6)项。

(4)工程质量的特点。建设工程质量的特点是由建设工程本身和建设生产活动的特点决定的。建设工程及其生产活动的特点：一是产品的固定性，生产的流动性；二是产品的多样性，生产的单件性；三是产品形体庞大、高投入、生产周期长，具有风险性；四是产品的社会性，生产的外部约束性。正是由于上述建设工程的特点而形成了工程质量本身有以下特点：

①影响因素多。建设工程质量受到多种因素的影响，如决策、设计、材料、机具设备、施工方法、施工工艺、技术措施、人员素质、工期、工程造价等。这些因素直接或间接地影响工程项目质量。

②质量波动大。由于建筑生产的单件性、流动性，工程质量容易产生波动且波动大。同时由于影响工程质量的偶然性因素和系统性因素比较多，其中任一因素发生变动，都会使工程质量产生波动。为此，要严防出现系统性因素的质量变异，把质量波动控制在偶然性因素范围内。

③质量隐蔽性。建设工程在施工过程中，分项工程交接多、中间产品多、隐蔽工程多，因此质量存在隐蔽性。若在施工中不及时进行质量检查，事后只能从表面上检查，就很难发现内在的质量问题，这样就容易产生判断错误。

④终检的局限性。工程项目的终检（竣工验收）无法进行工程内在质量的检验，发现隐蔽的质量缺陷。因此，工程项目的终检存在一定的局限性。这就要求工程质量控制应以预防为主，重视事先、事中控制，防患于未然。

⑤评价方法的特殊性。工程质量的检查评定及验收是按检验批、分项工程、分部工程、单位工程进行的。检验批的质量是分项工程乃至整个工程质量检验的基础，检验批质量合格主要取决于主控项目和一般项目经抽样检验的结果。隐蔽工程在隐蔽前要确保检验合格。涉及结构安全的试块、试件以及有关材料，应按规定进行见证取样检测；涉及结构安全和使用功能的重要分部工程要进行抽样检测。工程质量是在施工单位按合格质量标准自行检查评定的基础上，由建设单位组织有关单位进行确认和验收的。这种评价方法体现了"验评分离、强化验收、完善手段、过程控制"的指导思想。

2．质量控制和工程质量控制

(1)质量控制。按照国际标准化组织（ISO）发布的 2000 版 ISO9000 族标准，质量控制指致力于满足质量要求的活动，是质量管理的组成部分。

(2)工程项目质量控制。工程项目质量控制指致力于满足工程项目质量要求，也就是为了保证工程质量满足工程合同、法律、法规、规范、标准和相关文件的要求，所采取的一系列措施、方法和手段。工程质量要求主要表现为工程合同、设计文件、技术规范、标准规定的质量标准。

工程项目质量控制按其实施者不同，分为自控主体和监控主体。前者指直接从事质量职能的活动者;后者指对他人质量能力和效果的监控者。质量控制主要包括:政府的质量控制;工程监理单位的质量控制;工程检测与鉴定机构、材料和设备检验与试验机构的质量控制;勘察设计单位、施工单位和材料与设备供应单位的质量控制。

(3)工程项目质量控制的原则。建设项目的各参与方在工程质量控制中,应遵循以下几条原则:坚持质量第一的原则;坚持以人为核心的原则;坚持以预防为主的原则;坚持质量标准的原则;坚持科学、公正、守法的职业道德规范。

3. 工程项目质量控制的基本原理

(1)PDCA 循环原理。

①计划 P(plan),即质量计划阶段,指明确目标并制订实现目标的行动方案。

②实施 D(do),包含两个环节,即计划行动方案的交底和按计划规定的方法与要求展开工程作业技术活动。

③检查 C(check),指对计划实施过程进行各种检查,包括作业者的自检、互检和专职管理员的检验。

④处置 A(action),指对于质量检验所发现的质量问题或质量不合格,及时分析原因,采取必要的措施,予以纠正,保持质量形成处于受控状态。

(2)三阶段控制原理。三阶段控制即通常所说的事前控制、事中控制和事后控制。

①事前控制要求预先制订周密的质量计划。

②事中控制包括自控和监控两大环节,其关键是增强质量意识,激发操作者自我约束和自我控制的主动性。

③事后控制包括对质量活动结果的评价和对质量偏差的纠正。

以上三个环节,不是孤立和截然分开的,它们之间构成有机的系统过程,实质上也就是PDCA 循环的具体化,并在每一次滚动循环中不断提高,实现质量的持续改进。

(3)三全控制原理。三全控制原理源于全面质量管理的 TQC 思想,同时包容在质量体系标准中。它认为企业的质量管理应该是全面、全过程和全员参与的质量活动。

①全面质量控制是指工程质量和工作质量的全面控制。

②全过程质量控制是指根据工程质量的形成规律,从源头抓起,全过程推进。

③全员参与控制是指无论组织内部的管理者还是作业者,每个岗位都承担着相应的职能,一旦确定了质量方针和目标,就应该组织和动员全体员工参与到实施质量方针的系统活动中去。

4. 工程质量责任体系

(1)建设单位的质量责任。建设单位应当依法对建设工程项目的勘察、设计、施工、监理以及与建设工程有关的重要设备、材料等的采购进行招标;应将工程发包给具有相应资质等级的单位;按合同的约定负责采购供应的建筑材料、建筑构配件和设备,应保证其符合设计文件和合同要求,对发生的质量问题,应承担相应的责任。

(2)勘察、设计单位的质量责任。勘察、设计单位必须按照国家现行的有关规定、工程建设强制性技术标准和合同要求进行勘察、设计工作,并对所编制的勘察、设计文件的质量负责。

(3)施工单位的质量责任。施工单位对所承包的工程项目的施工质量负责。实行总承包的工程,总承包单位应对全部建设工程质量负责。建设工程勘察、设计、施工、设备采购的一项或多项实行总承包的,总承包单位应对其承包的建设工程或采购的设备的质量负责;实行总分包的工程,分包应按照分包合同约定对其分包工程的质量向总承包单位负责,总承包单位与分包单位对分包工程的质量承担连带责任。

(4)工程监理单位的质量责任。工程监理单位应依照法律、法规以及有关技术标准、设计文件和建设工程承包合同,与建设单位签订监理合同,代表建设单位对工程质量实施监理,并对工程质量承担监理责任。监理责任主要有违法责任和违约责任两个方面。如果工程监理单位故意弄虚作假,降低工程质量标准,造成质量事故的,要承担法律责任。若工程监理单位与承包单位串通,牟取非法利益,给建设单位造成损失的,应当与承包单位承担连带赔偿责任。如果监理单位在责任期内,不按照监理合同约定履行监理职责,给建设单位或其他单位造成损失的,属违约责任,应当向建设单位赔偿。

(5)建筑材料、构配件及设备生产或供应单位的质量责任。建筑材料、构配件及设备生产或供应单位对其生产或供应的产品质量负责。

5. 工程质量管理制度

我国建设主管部门先后颁发了多项建设工程质量管理制度,主要包括以下方面:

(1)施工图设计文件审查制度。施工图设计文件审查简称施工图审查,它是指国务院建设主管部门和各省、自治区、直辖市人民政府建设主管部门,委托依法认定的设计审查机构,根据国家法律、法规、技术标准与规范,对施工图进行结构安全和强制性标准、规范执行情况等进行的独立审查。

(2)工程质量监督制度。工程质量监督管理的主体是各级政府建设主管部门和其他有关部门。具体实施由建设主管部门或其他有关部门委托的工程质量监督机构负责。

(3)工程质量检测制度。工程质量检测机构是对建设工程、建筑构件、制品及现场所用的有关建筑材料、设备质量进行检测的法定单位。它在建设主管部门领导和标准化管理部门指导下开展检测工作,其出具的检测报告具有法定效力。法定的国家级检测机构出具的检测报告,在国内为最终裁定,在国外具有代表国家的性质。

(4)工程质量保修制度。建设工程质量保修制度是指建设工程在办理交工验收手续后,在规定的保修期限内,因勘察、设计、施工、材料等原因造成的质量问题,要由施工单位负责维修、更换,并由责任单位负责赔偿损失。

建设工程承包单位在向建设单位提交工程竣工验收报告时,应同时向建设单位出具工程质量保修书,并载明建设工程保修范围、保修期限和保修责任等。

▶6.2.2 建设工程设计阶段的质量控制

1. 设计质量的概念及控制依据

设计质量有两层含义:首先,设计应满足建设单位所需的功能和使用价值,符合建设单位投资的意图;其次,设计必须遵守有关城市规划、环保、防灾、安全等一系列的技术标准、规范、规程,这是保证设计质量的基础。设计质量,指在严格遵守技术标准、法规的基础上,对工程地质条件作出及时、准确的评价,正确处理和协调经济、资源、技术、环境条件的制约,使设计项目能更好地满足建设单位所需要的功能和使用价值,能充分发挥项目的投资效益。

设计质量控制的依据包括:有关建设工程及质量管理方面的法律、法规、技术标准、规范;项目批准文件(可行性研究报告);体现建设单位建设意图的勘察、设计规划大纲、设计纲要和设计合同文件;反映项目建设过程中和建成后所需要的有关技术、资源、经济、社会协作等方面的协议、数据和资料。

2. 初步设计质量控制

(1)初步设计的内容和深度要求。初步设计指在指定的地点和规定的建设期限内,根据选定的总体设计方案进行更具体、更深入的设计,论证拟建工程项目在技术上的可行性和经济上的合理性,并在此基础上正确拟定项目的设计标准以及基础形式、结构、水、暖、电等各专业的设计方案,并合理地确定总投资和主要技术经济指标。

初步设计的深度应符合已审定的规划方案,应能据之确定土地征用范围、准备主要设备及材料、提供工程设计概算并作为审批项目投资的依据、进行施工图设计及进行施工准备。

(2)初步设计质量控制监理审核要点。初步设计阶段,设计图纸的审核侧重于工程项目所采用的技术方案是否符合总体方案的要求,以及是否达到项目决策阶段确定的质量标准。其主要审核内容包括:有关部门的审批意见和设计要求;工艺流程、设备选型的先进性、适用性、经济合理性;建设法规、技术规范和功能要求的满足程度;技术参数的先进合理性与环境协调的程度,对环境保护要求的满足情况;设计深度是否满足要求;采用的新技术、新工艺、新设备、新材料是否安全可靠、经济合理。

3. 技术设计质量控制

(1)技术设计的内容和深度要求。技术设计是针对技术上复杂或有特殊要求而又缺乏设计经验的建设项目而增设的一个设计阶段,其目的是用以进一步解决初步设计阶段无法解决的一些重大问题。

技术设计根据批准的初步设计进行,其具体内容视工程项目的具体情况、特点和要求而定,有关部门可自行制定其相应内容和要求。其深度应能满足确定设计方案中重大技术问题和有关试验、设备制造等方面的要求,并且能指导施工图设计。

(2)技术设计质量控制监理审核要点。技术设计是在初步设计基础上方案设计的具体化,因此,监理工程师对技术设计图纸的审核应侧重于各专业设计是否符合预定的质量标准和要求。另外,由于工程项目要求的质量与其所发生的投资是成正比的,因此在技术设计阶段,监理工程师在审核图纸的同时,还要审核相应的修正概算文件是否符合投资限额的要求。

4. 施工图设计质量控制

(1)施工图设计的内容及要求。施工图设计是在初步设计、技术设计或方案设计的基础上进行的详细具体的设计,把工程和设备各构成部分的尺寸、布置和主要施工做法等,绘制成正确、完整、详细的建筑安装详图,并配以必要的详细文字说明。

施工图设计的深度应能据此编制施工图预算、安排材料、设备订货及非标准设备的制作、进行施工和安装及进行工程验收。

(2)施工图设计质量控制监理审核要点。施工图设计阶段,监理进行质量控制的要点包括施工图审核、设计交底及图纸会审。

①施工图审核。施工图审核是指监理工程师对施工图的审核。审核的重点是使用功能及质量要求是否得到满足,并应按有关国家和地方验收标准及设计任务书、设计合同约定的质量标准,对施工图设计产品,特别是其主要质量特性作出验收评定,签发监理验收结论文件。

②设计交底与图纸会审。为了使施工单位熟悉设计图纸,了解工程特点和设计意图,以及对关键工程部分的质量要求,同时也为了减少图纸的差错,将图纸中的质量隐患消灭于萌芽状态,监理工程师还应组织设计单位向施工单位进行设计交底,同时组织多方进行图纸会审。即

先由设计单位介绍设计意图、结构特点、施工要求、技术措施和有关注意事项,然后由施工单位和其他有关单位提出图纸中存在的问题,再由设计单位对图纸会审中提出的问题进行解答。通过设计、监理、施工和其他参建单位研究协商,确定存在问题的解决方案,并形成纪要,各参建单位按照纪要中明确的内容和要求进行工作。

▷ 6.2.3 建设工程施工阶段的质量控制

1. 施工质量控制概述

(1)施工质量控制的分类。

①按工程实体质量形成过程的时间阶段划分,施工阶段的质量控制可以分为施工准备控制、施工过程控制、竣工验收控制三个阶段。

A. 施工准备控制是指在各工程对象正式施工活动开始前,对各项准备工作及影响质量的各因素进行控制。施工准备控制是确保施工质量的先决、基础条件。

B. 施工过程控制是指在施工过程中对实际投入的生产要素质量及作业技术活动的实施状态和结果所进行的控制,包括作业者发挥技术能力过程的自控行为和来自有关管理者的监控行为。

C. 竣工验收控制是指对于通过施工过程所完成的具有独立功能和使用价值的最终产品及有关方面(如质量档案)的质量进行控制。

②按工程实体形成过程中物质形态转化的阶段划分,大体可以分为以下三类:

A. 对投入的物质资源的质量控制。

B. 施工过程质量控制,即在使投入的物质资源转化为工程产品的过程中,对影响产品质量的各因素、各环节及中间产品进行质量控制。

C. 对完成的工程产出品质量的控制与验收。

③按工程项目施工层次划分。大中型工程建设项目可以划分为若干层次,而且各个层次具有以一定的施工先后顺序为代表的逻辑关系。例如,建筑工程项目按照国家标准可以划分为单位工程、分部工程、分项工程、检验批、施工作业工程。显然,施工作业过程的质量控制是最基本的质量控制,它决定了有关检验批的质量;而检验批的质量又决定了分项工程的质量。依此类推,直至单位工程质量。

(2)施工质量控制的依据。施工阶段监理工程师进行质量控制的依据,大体上可以分为以下四类:

①工程合同文件。在施工承包合同和监理委托合同中,分别规定了参建各方在质量控制方面的权利、义务,有关各方必须认真履行。尤其是监理单位,既要履行监理合同的条款,又要监督建设单位、施工单位、设计单位履行有关的质量控制条款。因此,监理工程师要熟悉这些条款,据此进行质量监督和控制,并在发生质量纠纷时及时采取措施予以解决。

②设计文件。"按图施工"是施工阶段质量控制的一项重要原则,因此,经过批准的设计图纸和技术说明书等设计文件,无疑是质量控制的重要依据。

③国家及政府有关部门颁布的有关质量管理方面的法律、法规性文件。

④有关质量检验与控制的专门技术规范性文件主要包括以下四类:

A. 工程项目施工质量验收标准。

B. 有关工程材料、半成品和构配件质量控制方面的专门技术法规性依据。

C.控制施工作业活动质量的技术规程。

D.凡采用新工艺、新技术、新材料的工程,事先应进行试验,并应取得权威性技术部门的技术鉴定书及有关的质量数据、指标,在此基础上制定有关的质量标准和施工工艺规程,以此作为判断与控制质量的依据。

2.施工准备的质量控制

(1)督促施工单位完善质量管理体系。了解企业贯彻质量认证情况及其管理体系的落实情况。

①了解企业的质量意识,重点了解企业质量管理的基础工作、工程项目管理和质量控制的情况。

②贯彻ISO9000标准、体系建立和通过认证的情况。

③企业领导班子的质量意识及质量管理机构落实、质量管理权限实施的情况。

④项目经理部的质量管理体系。

⑤在施工过程中,进一步考核承包单位真实的质量控制能力等。

对于满足工程质量管理所要求的质量管理体系,总监理工程师予以确认;对于质量管理体系不健全、不完善的企业,要求其尽快改进和完善;对于承包单位不合格质量管理要求的人员,可要求对其撤换。

(2)审查施工组织设计。施工组织设计是指导项目施工的重要文件,应通过审查确保其项目针对性、技术先进性、可操作性以及各种措施满足有关规定等。

监理工程师通常应按以下程序审查承包单位报送的施工组织设计:

①在工程项目开工前约定的时间内,承包单位必须完成施工组织设计的编制及内部自审,填写"施工组织设计(方案)报审表",报送项目监理机构。

②总监理工程师在约定的时间内,组织专业监理工程师审查,提出意见后,由总监理工程师审核签认。需要承包单位修改时,由总监理工程师签发书面意见,退回承包单位修改后再报审,总监理工程师重新审查。

③已审定的施工组织设计由项目监理机构报送建设单位。

④承包单位应按审定的施工组织设计文件组织施工。如需对其内容作较大的更改,应在实施前将更改的内容书面报送项目监理机构审核。

⑤规模大、结构复杂或属于新结构、特种结构的工程,项目监理机构对施工组织设计审查后,还应报送监理单位技术负责人审查,提出审查意见后由总监理工程师签发,必要时与建设单位协商,组织有关专业部门和专家会审。

⑥规模大、工艺复杂的工程、群体工程或分期出图的工程,经建设单位批准可分阶段报审施工组织设计。

⑦技术复杂或采用新技术的分项、分部工程,承包单位还应编制该分项、分部工程的施工方案,并报送项目监理机构审查。

(3)现场施工准备的质量控制。控制现场施工准备工作时,除了严把开工关,进行设计交底与设计图样的现场核对,完成项目监理机构内部的监控准备外,还需做好以下工作:

①工程定位及标高基准控制。监理工程师应要求施工单位,对建设单位(或其委托的单位)给定的原始基准点、基准线和标高等测量控制点进行复核,并将复测结果报监理工程师审核,经批准后施工单位方能据此进行准确的测量放线,建立施工测量控制网,并对其正确性负

责,同时做好基桩的保护。

②施工平面布置的控制。监理工程师要检查施工现场总体布置是否合理,是否有利于保证施工的正常、顺利进行,是否有利于保证质量,特别应对场区的道路、防洪排水、器材存放、给水供电、混凝土供应及主要垂直运输机械设备布置等方面予以重视。

③对于施工队伍及人员的控制。监理工程师应审查施工单位的施工队伍及人员的技术资质,审查认可后方可上岗施工。对于不合格人员,监理工程师有权要求承包单位予以撤换。

④对工程所需的材料、构配件的控制。

A.凡运到施工现场的原材料、半成品或构配件应有产品出厂合格证及技术说明书,并由施工单位按规定要求进行检验,向监理工程师提出检验或试验报告,经监理工程师审查认可并确认其质量合格后,方准进场。

B.对于半成品或构配件,应按经审批认可的设计文件和图纸要求采购订货,质量应满足有关标准和设计的要求,交货期应满足施工进度计划的安排。

C.供货厂家是制造材料、半成品、构配件的主体,所以考察优选合格的供货厂家,是保证采购、订货质量的前提。对于大宗的器材或材料,应当实行招标采购。

D.对于半成品和构配件的采购、订货,监理工程师应明确提出有关的质量要求,质量检测项目及标准,出厂合格证或产品说明书等方面的质量文件要求,以及是否需要权威性的质量认证等。

E.供货厂方应向需求方(订货方)提供质量文件,以表明其提供的货物能够完全达到需求方提出的质量要求。

F.对于新材料、新设备或装置的应用,应事先提交可靠的技术鉴定及有关实验和实际应用报告,经监理工程师审查确认和批准后,方可在工程中使用。

⑤施工机械设备的控制。

A.审查施工机械设备的选择是否恰当,除应考虑施工机械的技术性能、工作效率,工作质量,可靠性及维修难易、能源消耗,以及安全、灵活等方面对施工质量的影响与保证外,还应考虑其数量配置对施工质量的影响。

B.审查施工机械设备的数量是否满足施工工艺及质量的要求。

C.审查所需的施工机械设备是否按已批准的计划备妥;所准备的机械设备是否与监理工程师审查认可的施工组织设计或施工计划中所列者相一致;所准备的施工机械设备是否都处于完好的可用状态等。

(4)作业技术准备状态的控制。

①质量控制点的设置。质量控制点是为了保证作业过程质量而确定的重点控制对象、关键部位或薄弱环节。质量控制点的一般设置情况如表6-1所示。

表6-1 质量控制点的设置

分项工程	质量控制点
工程测量定位	标准轴线桩、水平桩、龙门板、定位轴线、标高
地基基础	基坑尺寸、土质条件、承载力、基础及垫层尺寸、标高、预留孔洞等
砌体	砌体轴线、皮数杆、砂浆配合比、预留孔洞、砌体砌法

分项工程	质量控制点
模板	模板位置、尺寸、强度及稳定性，模板内部清理及润湿情况
钢筋混凝土	水泥品种、标号、沙石质量、混凝土配合比、外加剂比例、混凝土振捣，钢筋种类、规格、尺寸，预埋件位置，预留孔洞，预制件吊装
吊装	吊装设备起重能力、吊具、索具、地锚
装饰工程	抹灰层、镶贴面表面平整度、阴阳角、护角、滴水线、勾缝、油漆
屋面工程	基层平整度、坡度、防水材料技术指标，泛水与三缝处理
钢结构	放样图、放大样
焊接	焊接条件、焊接工艺
装修	视具体情况而定

设置质量控制点是保证施工质量要求的必要前提。监理工程师在拟订质量控制工作计划时，应予以详细考虑，并以制度来保证落实。对于质量控制点，一般要事先分析可能造成质量问题的原因，再针对原因制定对策和措施进行预控。承包单位在工程施工前应根据施工过程质量控制的要求，列出质量控制点明细表，提交监理工程师审查批准后方可实施质量预控。作为质量控制点的重点控制对象包括以下方面：人的行为，即对某些作业或操作，应以人为重点进行控制；物的质量与性能，施工设备和材料是直接影响工程质量和安全的主要因素，对某些工程尤为重要，常作为控制的重点；关键的操作；施工技术参数；施工顺序；技术间歇；新工艺、新技术、新材料的应用；产品质量不稳定、不合格率较高及易发生质量通病的工序；易对工程质量产生重大影响的施工方法以及特殊地基或特种结构等。

质量控制点可以大致分为见证点（witness point）和停止点（hold point）两大类。前者要求承包单位在该控制点施工前提前通知监理工程师，使其在约定的时间内到现场进行见证、监督，但监理工程师未能按约定的时间到达现场时，承包单位可以进行后续作业。后者要求承包单位在该控制点施工前提前通知监理工程师，使其在约定的时间内到现场实施监控，但如果监理工程师未能按约定的时间到达现场时，承包单位不得超越该控制点继续施工。可见，停止点通常比见证点更重要。

②技术交底的控制。对于关键部位、技术难度大、施工复杂的检验批以及分项工程，施工单位应在施工前将技术交底书（作业指导书）报监理工程师。经监理工程师审查后，方可施工。如果技术交底书不能保证作业活动的质量要求，承包单位要进行修改补充。没有做好技术交底的工序或分项工程，不得进入正式实施阶段。

③环境状态的控制。环境控制包括以下几个方面：

A. 施工作业环境的控制。监理工程师应事先检查承包单位对施工作业的技术环境条件方面的有关准备工作是否已做好，如：水、电或动力供应、施工照明、安全防护设施、施工场地空间条件和通道以及交通运输和道路条件等。应当确认其准备可靠、有效后，方准许进行施工。

B. 施工质量管理环境的控制。监理工程师应做好对施工单位质量管理环境的检查，并督促其落实。主要包括：施工单位的质量管理、质量体系和质量控制自检系统是否处于良好的状态；系统的组织结构、管理制度、检测制度、检测标准、人员配备等方面是否完善和明确；质量责任制是否落实;仪器、设备的管理是否符合有关法规规定等。

C.现场自然环境条件的控制。监理工程师应检查施工单位,对于未来的施工期间,自然环境条件可能出现对施工作业质量的不利影响时,是否事先已有充分的认识,并已做好充足的准备和采取了有效措施与对策以保证工程质量。

D.施工测量及计量器具性能和精度的控制。

a.监理工程师对工地试验室的检查。工程作业开始前,承包单位应向项目监理机构报送工地试验室(或外委试验室)的资质证明文件,列出本试验室所开展的试验、检测项目及主要仪器、设备;法定计量部门对计量器具的标定证明文件;试验检测人员上岗资质证明;试验室管理制度等。

监理工程师应检查工地试验室资质证明文件、试验设备、检测仪器能否满足工程质量检查要求,是否处于良好的可用状态;精度是否符合需要;法定计量部门标定资料、合格证等是否在标定的有效期内;试验室管理制度是否齐全,符合实际;试验、检测人员是否符合上岗条件等。经检查,确认能满足工程质量检验要求,则予以批准,否则,承包单位应进一步完善、补充或整改,在没得到监理工程师同意之前,工地试验室不得使用。

b.监理工程师对工地测量仪器的检查。施工测量开始前,承包单位应向项目监理机构提交测量仪器的型号、技术指标、精度等级、法定计量部门的标定证明,测量工的上岗证明等。监理工程师审核确认后,方可进行正式测量作业。在作业过程中监理工程师也应经常检查了解计量仪器、测量设备的性能、精度状况,使其处于良好的状态之中。

3.施工过程中的质量控制

(1)动态监控工程质量的影响因素。在施工过程中,监理工程师要对影响质量的主要因素进行动态监控,监督承包单位的各项工程活动,随时注意影响工程质量各方面因素的变化情况,如施工材料质量、施工机械的运行与使用情况、计量设备的准确性、上岗人员的组成和变化、工艺与作业活动等是否保持符合质量要求,以便有针对性地采取有效的控制措施。

(2)施工过程中的质量检查。对于主要工序作业、隐蔽工程和隐蔽作业,通常要按有关规范要求,由施工单位先对其进行自检,自检合格后向监理工程师提交"报验申请表"以及相应的证明材料。监理工程师收到上述资料后,应在合同规定的时间内及时地进行检验,在确认其质量合格后,施工单位方可进行下一道一工序。

对于重要部位、工序或专业工程,以及重要的材料、半成品的使用等,还需由总监理工程师亲自组织有关人员进行检查。

4.施工质量控制的手段

(1)审核技术文件、报告和报表。作为监理工程师,及时审核有关技术文件、报告或报表是对工程质量进行全面监督、检查与控制的重要手段。其具体内容包括以下几点:

①审查进入施工现场的分包单位的资质证明文件。

②审批施工单位的开工申请书,检查、核实与控制其施工准备工作质量。

③审批承包单位提交的施工方案、施工组织设计或施工计划。

④审批施工单位提交的有关材料、半成品和构配件质量证明文件(出厂合格证、质量检验或试验报告等),确保工程质量有可靠的物质基础。

⑤审核承包单位提交的反映工序施工质量的动态统计资料或管理图表。

⑥审核承包单位提交的有关工序产品质量的证明文件(检验记录及试验报告)、工序交接

检查(自检)、隐蔽工程检查、分部分项工程质量检查报告等文件、资料,以确保和控制施工过程的质量。

⑦审批有关工程变更、修改的设计图纸等,以确保设计及施工图纸的质量。

⑧审核有关应用新技术、新工艺、新材料、新结构等的技术鉴定书,审批其应用申请报告,以确保新技术应用的质量。

⑨审批有关工程质量问题或质量问题的处理报告,以确保质量问题得到及时、正确和妥善的处理。

⑩审核与签署现场有关质量技术签证、文件等。

(2)指令文件与一般管理文书。指令文件是表达监理工程师对施工单位提出指示或命令的强制性书面文件。监理工程师的各项指令都应是书面的或有文件记载的,并作为技术文件资料存档。一般管理文书,如监理工程师函、备忘录、会议纪要、发布有关信息、通报等,主要是对承包商的工作状态和行为提出建议、希望和劝阻等,不属强制性要求执行,仅供承包人自主决策参考。

(3)现场质量监督和检查。

①现场监督检查的主要内容如下:

A. 开工前的检查。主要是检查开工前准备工作的质量,能否保证正常施工及工程施工质量。

B. 工序施工中的跟踪监督、检查与控制。主要是监督、检查在工序施工过程中,人员、施工机械设备、材料、施工方法及工艺或操作以及施工环境条件等是否均处于良好的状态,是否符合保证工程质量的要求,若发现有问题及时纠偏和加以控制。

C. 对于重要的和对工程质量有重大影响的工序和工程部位,还应在现场进行施工过程的旁站监督与控制,以确保使用材料及工艺过程的质量。

②现场监督检查的方式。

A. 旁站与巡视。在关键部位或关键工序施工过程中由监理人员在现场进行的监督活动称为旁站。旁站的部位或工序要根据工程特点,也应根据承包单位内部质量管理水平及技术操作水平决定。一般而言,混凝土灌注、预应力张拉过程及压浆、基础工程中的软基处理、复合地基施工(如搅拌桩、悬喷桩、粉喷桩)、路面工程的沥青拌和料摊铺、沉井过程、桥梁的打桩过程、防水施工、隧道衬砌施工中超挖部分的回填、边坡喷锚打锚杆等要实施旁站。巡视是指监理人员对正在施工的部位或工序现场进行的定期或不定期的监督活动。巡视是一种"面"上的活动,它不限于某一部位或过程,而旁站则是"点"的活动,它是针对某一部位或工序。

B. 平行检验。平行检验即监理工程师利用一定的检查或检测手段在承包单位自检的基础上,按照一定的比例独立进行检查或检测的活动。

③现场质量检验的方法。对于现场所用原材料、半成品、工序过程或工程产品质量进行检验的方法,一般可分为三类,即目测法、检测工具量测法以及试验法。

A. 目测法。即凭借感官进行检验,也可以叫作观感检验。这类方法主要是根据质量要求,采用看、摸、敲、照等手法对检查对象进行检查。

B. 量测法。就是利用量测工具或计量仪表,通过实际量测结果与规定的质量标准或规定的要求相对照,从而判断质量是否符合要求。量测的手法可归纳为:靠、吊、量、套。

C. 试验法。指通过进行现场试验或试验室试验等理化试验手段,取得数据,分析判断质量情况。其包括:理化试验;无损测试或检验。

（4）质量控制工作程序。规定相关方必须遵守的质量控制工作程序，按规定的程序进行工作，这也是质量控制的必要手段。可以用工作流程图描绘质量监控的工作程序，例如图6-7表示了一个施工过程中的质量控制程序。

在监理工作中，有许多质量控制工作程序，如质量控制总体工作程序、隐蔽工程质量控制程序、材料和设备质量控制程序、工序质量过程控制程序、工程质量中间验收程序、工程竣工验收程序等。应根据需要形成相应的工作流程。

（5）利用支付手段。支付手段是国际上通用的一种重要的控制手段，也是建设单位或合同赋予监理工程师的支付控制权。工程款支付的条件之一就是工程质量要达到规定的要求和标准。如果承包单位的工程质量达不到要求的标准，监理工程师有权采取拒绝签署支付证书的手段，停止对承包单位支付部分或全部工程款，由此造成的损失由承包单位负责。显然，这是十分有效的控制和约束手段。

▷ 6.2.4 建设工程质量验收

建筑工程施工质量验收工作，应按照《建筑工程施工质量验收统一标准》（GB 50300—2013）所规定的验收方法、质量标准和程序进行。

1. 基本术语

（1）验收：建筑工程质量在施工单位自行检查合格的基础上，由工程质量验收责任方组织，工程建设相关单位参加，对检验批、分项、分部、单位工程及其隐蔽工程的质量进行抽样检验，对技术文件进行审核，并根据设计文件和相关标准以书面形式对工程质量是否达到合格标准作出确认。

（2）检验批：按相同的生产条件或规定的方式汇总起来供抽样检验用的，由一定数量样本组成的检验体。

（3）见证检验：施工单位在工程监理单位或建设单位的见证下，按照有关规定从施工现场随机抽取试样，送至具备相应资质的检测机构进行检验的活动。

（4）主控项目：建筑工程对安全、节能、环境保护和主要使用功能起决定性作用的检验项目。

（5）一般项目：除主控项目以外的检验项目。

（6）观感质量：通过观察和必要的测试所反映的工程外在质量和功能状态。

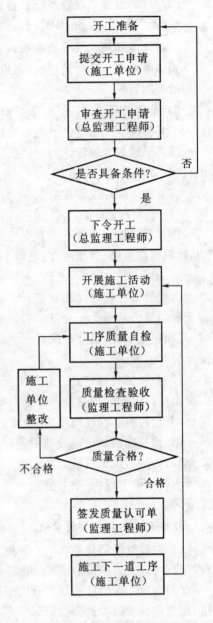

图6-7 施工工程质量
监控工作程序

(7)返修:对施工质量不符合标准规定的部位采取的整修等措施。

(8)返工:对施工质量不符合标准规定的部位采取的更换、重新制作、重新施工等措施。

2.建设工程施工质量验收层次的划分

划分施工质量验收的层次,可以实施施工质量的过程控制、终端把关,确保施工质量达到预期的控制目标。

(1)单位工程的划分。一般按以下原则划分单位工程:

①具备独立施工条件并能形成独立使用功能的建筑物及构筑物为一个单位工程。

②对于建筑规模较大的单位工程,可将其能形成独立使用功能的部分划分为一个子单位工程。

③室外工程可按专业类别、工程规模划分单位(子单位)工程。

(2)分部工程的划分。一般按以下原则划分分部工程:

①分部工程的划分可按专业性质、工程部位确定。如建筑工程划分为地基与基础、主体结构、建筑装饰装修、建筑屋面、建筑给水排水及采暖、建筑电气、智能建筑、通风与空调、电梯九个分部工程。

②当分部工程较大或较复杂时,可按材料种类、施工特点、施工程序、专业系统及类别将分部工程划分为若干个子分部工程。如智能建筑分部工程中就包含了火灾及报警消防联动系统、安全防范系统、综合布线系统、智能化集成系统、电源与接地、环境、住宅(小区)智能化系统等子分部工程。

(3)分项工程的划分。分项工程可按主要工种、材料、施工工艺、设备类别等进行划分。如混凝土结构工程中按主要工种分为模板工程、钢筋工程、混凝土工程等分项工程;按施工工艺又可划分为预应力、现浇结构、装配式结构等分项工程。

(4)检验批的划分。分项工程一般由若干个检验批组成,检验批可根据施工及质量控制、专业验收需要,按工程量、楼层、施工段、变形缝等进行划分。例如,建筑工程的地基基础分部工程中的分项工程,一般划分为一个检验批;有地下层的基础工程可按不同地下层划分检验批等。

3.建设工程施工质量验收

(1)检验批的质量验收。检验批质量验收合格应满足以下条件:主控项目的质量经抽样检验均应合格;一般项目的质量经抽样检验合格;具有完整的施工操作依据、质量检验记录。

(2)分项工程质量验收。分项工程质量验收合格应满足以下条件:所含检验批均应验收合格;所含检验批的质量验收记录应完整。

(3)分部工程的质量验收。分部工程质量验收合格应满足以下条件:分部工程所含分项工程的质量均应验收合格;质量控制资料应完整;有关安全、节能、环境保护和主要使用功能的抽样检验结果符合相应规定;观感质量应符合要求。

(4)单位工程质量验收。单位工程质量验收合格应满足以下条件:单位工程所含分部工程的质量均应验收合格;质量控制资料完整;单位工程所含分部工程有关安全、节能、环境保护和主要使用功能的检验资料应完整;主要使用功能的抽查结果符合相关专业验收规范的规定;观感质量应符合要求。

4.工程质量不符合要求时的处理

对于施工质量验收不合格的项目,应按以下原则进行处理:

（1）经返工或返修的检验批，应重新进行验收。

（2）经有资质的检测机构检测鉴定能够达到设计要求的检验批，应予以验收。

（3）经有资质的检测机构检测鉴定达不到设计要求，但经原设计单位核算认可能满足结构安全和使用功能的检验批，可予以验收。

（4）经返修或加固处理的分项、分部工程，满足安全及使用功能要求时，可按技术处理方案和协商文件的要求予以验收。

（5）经返修或加固处理仍不能满足安全或重要使用要求的分部工程及单位工程，严禁验收。

6.2.5　工程质量问题和质量事故的处理

根据我国 GB/T 19000—2000 质量管理体系标准的规定，凡工程产品质量没有满足某个规定的要求，就称之为质量不合格；而没有满足某个预期使用要求或合理期望的要求，称为质量缺陷。根据中华人民共和国国务院 2007 年第 493 号令《生产安全事故报告和调查处理条例》和住建部建质〔2010〕第 111 号等文件要求，进行工程质量事故分类。

1. 工程质量事故的分类

建设工程质量事故的分类方法有多种，既可按其造成损失严重程度划分，又可按其产生的原因划分，还可按其造成的后果或事故责任划分。目前，我国按造成损失的严重程度对工程质量事故进行分类。

根据工程质量事故（以下简称事故）造成的人员伤亡或者直接经济损失，事故分为四个等级：

（1）特别重大事故，是指造成 30 人以上死亡，或者 100 人以上重伤，或者 1 亿元以上直接经济损失的事故。

（2）重大事故，是指造成 10 人以上 30 人以下死亡，或者 50 人以上 100 人以下重伤，或者 5000 万元以上 1 亿元以下直接经济损失的事故。

（3）较大事故，是指造成 3 人以上 10 人以下死亡，或者 10 人以上 50 人以下重伤，或者 100 万元以上 1000 万元以上 5000 万元以下直接经济损失的事故。

（4）一般事故，是指造成 3 人以下死亡，或者 10 人以下重伤，或者 1000 万元以下直接经济损失的事故。

本等级划分所称的"以上"包括本数，所称的"以下"不包括本数。

2. 工程质量问题的处理程序

在发生工程质量问题时，监理工程师应当按以下程序进行处理：

（1）判定质量问题的严重程度。对那些可以通过返修或返工弥补的，可签发"监理通知"，责成施工单位对其写出质量问题调查报告，提出处理方案，并填写"监理通知回复单"。在经过监理工程师审核后，必要时应经建设单位和设计单位认可后再作出批复。处理结果应当重新进行验收。

（2）对需要加固补强的质量问题，以及存在的质量问题会影响下道工序和分项工程的质量时，监理工程师应当签发"工程暂停令"，责令施工单位停止有质量问题的部位或与其关联部位以及下道工序的施工。必要时，应要求施工单位采取防护措施，并提交有关质量问题的调查报告，由设计单位提出处理方案，经建设单位同意后，批复施工单位处理。处理结果应当重新进行验收。

（3）施工单位接到"监理通知"后，在监理工程师的组织参与下，尽快进行质量问题调查，并编写调查报告。调查的主要目的是明确质量问题的范围、程度、性质、影响和原因，且应全面、详细、客观准确。

3. 工程质量事故的处理程序

由于工程质量事故的复杂性、严重性、可变性及多发性，在发生工程质量事故时，根据质量事故的实况资料、合同文件、技术档案以及相关的建设法规，监理工程师应当按以下的程序进行处理：

（1）在工程质量事故发生后，总监理工程师应签发"工程暂停令"，要求施工单位停止进行质量缺陷部位、关联部位及下道工序的施工，并要求采取必要的措施，防止事故扩大并保护好现场。同时，要求质量事故发生单位于1小时内向事故发生地县级以上人民政府住房和城乡建设主管部门及有关部门报告。

（2）监理工程师在事故调查组开展工作后，应积极、客观地提供相应证据。若监理方无责任，可应邀参加调查组；若监理方有责任，则应予以回避，但应积极配合调查组工作。

（3）监理工程师接到质量事故调查组提出的技术处理意见后，应组织相关单位研究，责成相关单位完成技术处理方案，并予以审核签认。质量事故技术处理方案通常由原设计单位提出，并征求建设单位意见。若由其他单位提出时，应经原设计单位同意。

（4）在技术处理方案核签后，应要求施工单位制订详细的施工方案，必要时编制监理实施细则，对其实施监理。

（5）在施工单位完工、自检并报验后，监理工程师应组织有关各方进行检查验收。同时，监理工程师应要求事故单位编写质量事故处理报告，并审核签认，最后将有关技术资料归档。

4. 工程质量事故处理的鉴定验收

工程质量事故的技术处理是否达到了预期目的，消除了工程质量不合格和工程质量问题，是否仍留有隐患，需要监理工程师进行验收并予以最终确认。

（1）检查验收。工程质量事故处理完成后，监理工程师在施工单位自检合格报验的基础上，应严格按施工验收标准及有关规范的规定，结合监理人员的旁站、巡视和平行检验结果，依据质量事故技术处理方案设计要求，通过实际量测，检查各种资料数据进行验收，并应办理交工验收文件，组织各有关单位会签。

（2）必要的鉴定。为确保工程质量事故的处理效果，凡涉及结构承载力等使用安全和其他重要性能的处理工作，常需做必要的试验和检验鉴定。常见的检验工作有：混凝土钻芯取样，用于检查密实性和裂缝修补效果，或检测实际强度；结构荷载试验，用于确定其实际承载力；超声波检测焊接或结构内部质量等。

（3）验收结论。对所有质量事故，无论是否经过技术处理、通过检查鉴定验收还是无需专门处理，均应有明确的书面结论。若对后续工程施工有特定要求，或对建筑物使用有一定限制条件，应在结论中提出。验收结论通常有以下几种：

①事故已排除，可以继续施工。

②隐患已消除，结构安全有保证。

③经修补处理后，完全能够满足使用要求。

④基本上满足使用要求，但使用时应有附加限制条件，例如限制荷载等。

⑤对耐久性的结论。

⑥对建筑物外观影响的结论。

⑦对短期内难以作出结论的,可提出进一步观测检验意见。

对于处理后符合《建筑工程施工质量验收统一标准》的规定的,监理工程师应予以验收、确认,并应注明责任方主要承担的经济责任。对经加固补强或返工处理仍不能满足安全使用要求的分部工程、单位(子单位)工程,应拒绝验收。

6.3 建设工程进度控制

6.3.1 建设工程进度控制概述

1.建设工程进度控制的概念

建设工程进度控制是指对工程项目建设各阶段的工作内容、工作程序、持续时间和衔接关系根据进度总目标及资源优化配置的原则编制计划并付诸实施,然后在进度计划的实施过程中经常检查实际进度是否按计划要求进行,对出现的偏差情况进行分析,采取补救措施或调整、修改原计划后再付诸实施,如此循环,直到建设工程竣工验收交付使用。建设工程进度控制的最终目的是确保建设项目按预定的时间动用或提前交付使用。建设工程进度控制的总目标是建设工期。

2.建设工程进度控制的原理

进度控制必须遵循动态控制原理,在计划执行过程中不断检查,并将实际状况与计划安排进行对比,在分析偏差及其产生原因的基础上,通过采取纠偏措施,使之能正常实施。如果采取措施后不能维持原计划,则需要对原进度计划进行调整或修正,再按新的进度计划实施。

工程项目进度控制的基本原理可以概括为三大系统的相互作用,即由进度计划系统、进度监测系统及进度调整系统共同构成了进度控制的基本过程,如图6-8所示。

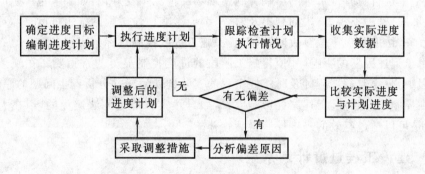

图6-8 建设工程进度控制原理

3.影响建设工程进度的因素

为了对工程施工进度进行有效的控制,监理工程师必须在施工进度计划实施之前对影响工程施工进度的因素进行分析,以实现对工程施工进度的主动控制。影响建设工程施工进度的因素很多,归纳起来,主要有以下几个方面:

(1)建设工程相关单位的影响。影响建设工程施工进度的单位不只是施工单位。事实上,只要是与建设工程有关的单位(如政府部门、建设单位、设计单位、资金贷款单位,以及运输、通信、供电部门等),其工作进度的拖延必将对施工进度产生影响。因此,控制施工进度仅仅考虑施工单位是不够的,必须充分发挥监理的作用,协调各相关单位之间的进度关系。

(2)物资供应进度的影响。施工过程中需要的材料、构配件、机具和设备等,如果不能按期运抵施工现场或者是运抵施工现场后发现其质量不符合有关标准的要求,都会对施工进度产生影响。因此,监理工程师应严格把关,采取有效的措施控制好物资供应进度。

(3)资金的影响。工程施工的顺利进行必须有足够的资金作保障。一般来说,资金的影响主要来自建设单位,或者没有及时拨付工程预付款,或者拖欠工程进度款,这些都会影响到施工单位流动资金的周转,进而殃及施工进程。监理工程师应根据建设单位的资金供应能力,安排好施工进度计划,并督促建设单位及时拨付工程预付款和工程进度款,以免因资金供应不足而拖延进度,导致工期索赔。

(4)设计变更的影响。在施工过程中,或者由于原设计有问题需要修改,或者是由于建设单位提出了新的要求,这时,设计变更是难免的。监理工程师应加强图纸的审查,严格控制随意变更。

(5)施工条件的影响。在施工过程中一旦遇到气候、水文、地质及周围环境等方面的不利因素,必然会影响到施工进度。此时,监理工程师应积极疏通关系,协助施工单位解决那些自身不能解决的问题。

(6)各种风险因素的影响。风险因素包括政治、经济、技术及自然方面的各种可预见或不可预见的因素。政治方面的风险包括战争、内战、罢工、拒付债务、制裁等;经济方面的风险包括延迟付款、汇款浮动、换汇控制、通货膨胀、分包单位违约等;技术方面的风险包括工程事故、试验失败、标准变化等;自然方面的风险包括地震、洪水等。监理工程师必须对各种风险因素进行分析,提出控制风险、减少风险损失及保障施工进度的措施,并对发生的风险事件给予恰当的处理。

(7)施工单位自身管理水平的影响。施工现场的情况千变万化,如果承包单位的施工方案不当、计划不周、管理不善、解决问题不及时等,都会影响建设工程的施工进度。监理工程师应及时提供服务,协助承包单位解决问题,以确保施工进度控制目标的实现。

正是由于上述因素的影响,才使得施工阶段的进度控制显得非常重要。在施工进度计划的实施过程中,只要监理工程师及时掌握工程的实际进展情况并分析产生问题的原因,其影响是可以得到控制的。当然,上述某些影响因素,如自然灾害等是无法避免的,但在大多数情况下,其损失是可以通过有效的进度控制得到弥补的。

▷ 6.3.2　建设工程进度计划系统

建设工程进度计划是各参建单位进行进度控制的依据,对保证建设工程目标的实现至关重要。为了编制科学的建设工程进度计划,应进行前期的调查研究、确定目标工期等工作。

1.进度计划编制前的调查研究

调查研究的目的是为了掌握足够充分、准确的资料,从而为确定合理的进度目标、编制科学的进度计划提供可靠依据。调查研究的内容包括:工程任务情况、实施条件、设计资料;有关标准、定额、规程、制度;资源需求与供应情况;资金需求与供应情况;有关统计资料、经验总结及历史资料等。

2.目标工期的设定

进度控制目标主要分为项目的建设周期、设计周期和施工工期。其中建设周期可根据国家基本建设统计资料确定;设计周期可根据设计周期定额确定;施工工期可参考国家颁布的施工工期定额,并综合考虑工程特点及合同要求等确定。

3.进度控制计划系统的构成

建设工程进度控制计划系统主要包括:

(1)建设单位的计划系统。建设单位编制(也可委托监理单位编制)的进度计划包括以下几种计划:

①工程项目前期工作计划。工程项目前期工作计划是指对工程项目可行性研究、项目评估及初步设计的工作进度安排。工程项目前期工作计划需要在预测的基础上编制。

②工程项目建设总进度计划。工程项目建设总进度计划是指初步设计被批准后,在编报工程项目年度计划之前,根据初步设计,对工程项目全过程的统一部署。其主要目的是安排各单位工程的建设进度,合理分配年度投资,组织各方面的协作,保证初步设计所确定的各项建设任务的完成。工程项目建设总进度计划对于保证工程项目建设的连续性,增强工程建设的预见性,确保工程项目按期动用,都具有十分重要的作用。

工程项目建设总进度计划是编报工程建设年度计划的依据,它主要由文字和表格两部分组成。前者包括工程概况和特点,建设总进度的编制原则和依据,建设投资来源和资金年度安排情况,技术设计、施工图设计、设备交付和施工力量进场的时间安排,道路、供电、供水等方面的协助配合及进度的衔接,计划中存在的主要问题及采取的措施,需要上级及有关部门解决的重大问题等;后者包括工程项目一览表、工程项目总进度计划、投资计划年度分配表及工程项目进度平衡表。

③工程项目年度计划。工程项目年度计划是依据工程项目建设总进度计划和批准的设计文件进行编制的。该计划既要满足工程项目建设总进度计划的要求,又要与当年可能获得的资金、设备、材料、施工力量相适应。应根据分批配套投产或交付使用的要求,合理安排本年度建设的工程项目。它主要由文字和表格两部分组成。前者包括年度计划编制的依据和原则,建设进度、本年计划投资额及计划建造的建筑面积,施工图、设备、材料、施工力量等建设条件的落实情况,动力资源情况,对外协作配合项目,建设进度的安排或要求,需要上级主管部门协助解决的问题,计划中存在的其他问题以及为完成计划而采取的各项措施等;后者包括年度计划项目表、年度竣工投产交付使用计划表、年度建设资金平衡表及年度设备平衡表。

(2)监理单位的计划系统。监理单位除对前述几种计划进行监控外,还应编制以下几种计划:

①监理总进度计划。在对建设工程实施全过程监理的情况下,监理总进度计划是依据工程项目可行性研究报告、工程项目前期工作计划和工程项目建设总进度计划编制的,其目的是对建设工程进度控制总目标进行规划,明确建设工程前期准备、设计、施工、动用前准备及项目动用等各个阶段的进度安排。

②监理总进度分解计划。按工程进展阶段分解,它包括:设计准备阶段进度计划;设计阶段进度计划;施工阶段进度计划;动用前准备阶段进度计划。按时间分解,它包括:年度进度计划;季度进度计划;月度进度计划等。

(3)设计单位的计划系统。设计单位的计划系统包括以下方面:

①设计总进度计划。它主要用于安排自设计准备到施工图设计完成的全过程中,各个具

体阶段的开始、完成时间。

②阶段性设计进度计划。它主要用于控制设计准备、初步设计(扩大初步设计)、施工图设计等阶段的设计进度及时间要求。

③专业性设计进度计划。它主要用于控制建筑、结构、水、暖、电气、设备、产品生产工艺等各专业的设计进度及时间要求。

(4)施工单位的计划系统。施工单位的进度计划系统包括以下方面:

①施工准备工作计划。施工准备工作计划是为了统筹安排施工力量、施工现场,并给工程施工创造必要的技术、物资条件而编制的,其内容一般包括技术准备、物资准备、劳动组织准备、施工现场准备及施工场外准备等内容。

②施工总进度计划。施工总进度计划是根据施工方案、施工顺序,对各单位工程作出的时间方面的总体安排。通过它还可以明确施工现场劳动力、材料、成品、半成品、施工机械的需要数量与调配情况,以及现场临时设施的数量、水电供应量与能源、交通的需要量。

③单位工程施工进度计划。单位工程施工进度计划是在既定施工方案、工期与各种资源供应条件的基础上,遵循合理的施工顺序对单位工程内部各个施工过程作出的时间、空间方面的安排。

④分部分项工程进度计划。分部分项工程进度计划是针对工程量较大、施工技术比较复杂的分部分项工程,依据具体的施工方案,对各施工过程所作出的时间安排。

4.工程项目进度计划的编制

工程项目进度计划一般可用横道图或网络图表示,具体编制方法可参考流水作业原理和网络计划技术。当应用网络计划编制工程项目进度计划时,其编制程序一般包括4个阶段10个步骤,如表6-2所示。

表6-2 工程项目进度计划编制程序

编制阶段	编制步骤	编制阶段	编制步骤
Ⅰ.计划准备阶段	1.调查研究	Ⅲ.计算时间参数及确定关键线路	6.计算工作持续时间
	2.确定网络计划目标		7.计算网络计划时间参数
	3.进行目标分解		8.确定关键线路和关键工作
Ⅱ.绘制网络图阶段	4.分析逻辑关系	Ⅳ.编制正式网络计划阶段	9.优化网络计划
	5.绘制网络图		10.编制正式网络计划

▶6.3.3 建设工程进度监测系统

1.进度计划实施中的监测过程

(1)进度计划执行中的跟踪检查。在建设工程实施过程中,监理工程师应经常地、定期地对进度计划的执行情况进行跟踪检查,发现问题后,及时采取措施加以解决。进度监测系统过程如图6-9中虚线方框内所示。

对进度计划的执行情况进行跟踪检查是计划执行信息的主要来源,是进度分析和调整的依据,也是进度控制的关键步骤。跟踪检查的主要工作是定期收集反映工程实际进度的有关数据,收集的数据应当全面、真实、可靠,不完整或不正确的进度数据将导致判断不准确或决策

失误。为了全面、准确地掌握进度计划的执行情况,监理工程师应认真做好以下三方面的工作:

①定期收集进度报表资料。进度报表是反映工程实际进度的主要方式之一。进度计划执行单位应按照进度控制工作制度规定的时间和报表内容,定期填写进度报表。监理工程师通过收集进度报表资料掌握工程实际进展情况。

②现场实地检查工程进展情况。派监理人员常驻现场,随时检查进度计划的实际执行情况,这样可以加强进度监测工作,掌握工程实际进度的第一手资料,使获取的数据更加及时、准确。

③定期召开现场会议。监理工程师通过定期召开的现场会议,与进度计划执行单位的有关人员面对面地交谈,既可以了解工程实际进度状况,同时也可以协调有关方面的进度关系。

一般说来,进度控制的效果与收集数据资料的时间间隔有关。而进度检查

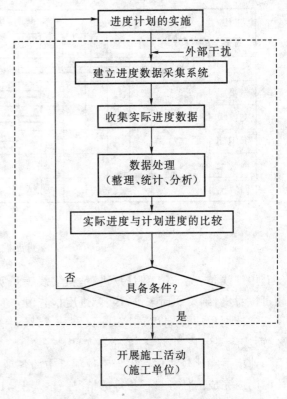

图6-9 建设工程进度监测系统

的时间间隔又与工程项目的类型、规模、监理对象及有关条件等多方面因素有关,可视工程的具体情况,每月、每半月或每周进行一次检查。在特殊情况下,甚至需要每日进行一次进度检查。

(2)实际进度数据的加工处理。为了进行实际进度与计划进度的比较,必须对收集到的实际进度数据进行加工处理,形成与计划进度具有可比性的数据。例如,对检查时段实际完成工作量的进度数据进行整理、统计和分析,确定本期累计完成的工作量、本期已完成的工作量占计划总工作量的百分比等。

(3)实际进度与计划进度的对比分析。将实际进度数据与计划进度数据进行比较,可以确定建设工程实际执行状况与计划目标之间的差距。为了直观反映实际进度偏差,通常采用表格或图形进行实际进度与计划进度的对比分析,从而得出实际进度比计划进度超前、滞后还是一致的结论。

2. 实际进度与计划进度的比较方法

常用的进度比较方法有横道图、S形曲线、香蕉形曲线、前锋线、列表比较法等。

(1)横道图比较法。横道图比较法是指将项目实施过程中收集到的数据,经加工整理后直接用横道线平行绘于原计划的横道线处,进行实际进度与计划进度的比较方法。横道图比较法包括匀速进展横道图比较法和非匀速进展横道图比较法。

①匀速进展横道图比较法。匀速进展指的是项目进行中,单位时间完成的任务量是相等的。例如,某工程项目基础工程的计划进度和截止到第9周末的实际进度如图6-10所示。

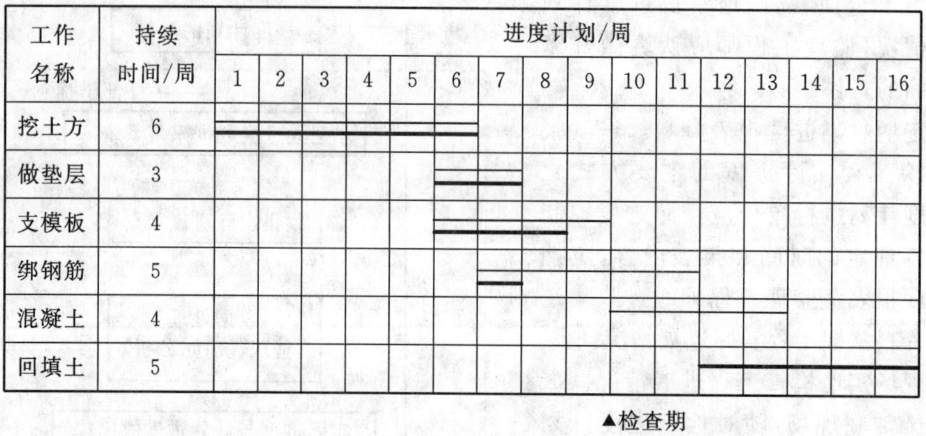

工作名称	持续时间/周	进度计划/周															
		1	2	3	4	5	6	7	8	9	10	11	12	13	14	15	16
挖土方	6																
做垫层	3																
支模板	4																
绑钢筋	5																
混凝土	4																
回填土	5																

▲检查期

图 6-10　匀速进展横道图比较法

其中细线条表示该工程计划进度,粗实线表示实际进度。从图中实际进度与计划进度的比较可以看出,到第 9 周末进行实际进度检查时,挖土方和做垫层两项工作已经按计划完成;支模板按计划也应该完成,但实际只完成 75%,任务量拖欠 25%;绑钢筋按计划应该完成 60%,而实际只完成 20%,任务量拖欠 40%。

匀速横道图比较法仅适用于工程项目中的各项工作都是均匀进展的情况,即每项工作在单位时间内完成的任务量都相等的情况。事实上,工程项目中各项工作的进展不一定是匀速的,如果各工作的进展不是匀速的,则应该采用非匀速进展横道图比较法。

②非匀速进展横道图比较法。当工作在不同单位时间里的进展速度不相等时,累计完成的任务量与时间的关系就不可能是线性关系。此时,应采用非匀速进展横道图比较法进行工作实际进度与计划进度的比较。非匀速进展横道图比较法在用涂黑粗线表示工作实际进度的同时,还要标出其对应时刻完成任务量的累计百分比,并将该百分比与其同时刻计划完成任务量的累计百分比相比较,判断工作实际进度与计划进度之间的关系。

采用非匀速进展横道图比较法时,其步骤如下:

A. 编制横道图进度计划。

B. 在横道线上方标出各主要时间工作的计划完成任务量累计百分比。

C. 在横道线下方标出相应时间工作的实际完成任务量累计百分比。

D. 用涂黑粗线标出工作的实际进度,从开始之日标起,同时反映出该工作在实施过程中的连续与间断情况。

E. 通过比较同一时刻实际完成任务量累计百分比和计划完成任务量累计百分比,判断工作实际进度与计划进度之间的关系。

如果同一时刻横道线上方累计百分比大于横道线下方累计百分比,表明实际进度拖后,拖欠的任务量为两者之差;如果同一时刻横道线上方累计百分比小于横道线下方累计百分比,则表明实际进度超前,超前的任务量为二者之差;如果同一时刻横道线上下方两个累计百分比相等,表明实际进度与计划进度相一致。

如图 6-11 所示,在横道线上方标出基槽开挖工作每周计划累计完成任务量的百分比,分别为 10%、25%、45%、65%、80%、90% 和 100%;在横道线下方标出第 1 周至检查日期(第 4

周)每周实际累计完成任务量的百分比,分别为8%、22%、42%、60%;用涂黑粗线标出实际投入的时间。

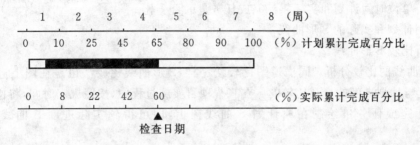

图6-11 非匀速进展横道图比较法

可以看出,该工作实际开始时间晚于计划开始时间,在开始后连续工作,没有中断;在第一周实际进度比计划进度拖后2%,以后各周末累计拖后分别为3%、3%和5%。

可以看出,由于工作进展速度是变化的,在图中的横道线,无论是计划的还是实际的,只能表示工作的开始时间、完成时间和持续时间,并不表示计划完成的任务量和实际完成的任务量。此外,采用非匀速进展横道图比较法,不仅可以进行某一时刻(如检查日期)实际进度与计划进度的比较,而且还能进行某一时间段实际进度与计划进度的比较。当然,这需要实施部门按规定的时间记录当时的任务完成情况。

横道图比较法虽有简单、形象直观、易于掌握、使用方便等优点,但由于其以横道计划为基础,因而带有局限性。在横道计划中,各项工作之间的逻辑关系表达不明确,关键工作和关键线路无法确定。一旦某些工作实际进度出现偏差时,难以预测其对后续工作和工程总工期的影响,也就难以确定相应的进度计划调整方法。因此,横道图比较法主要用于工程项目中某些工作实际进度与计划进度的局部比较。

(2)S形曲线比较法。

①S形曲线的概念。从整个工程项目实际进展全过程看,单位时间投入的资源量一般是开始和结束时较少,中间阶段较多,与其相对应,单位时间完成的任务量也呈同样的变化规律,如图6-12(a)所示。随工程进展,累计完成的任务量则应呈S形变化,由于其形似英文字母S,S形曲线因此而得名,如图6-12(b)所示。

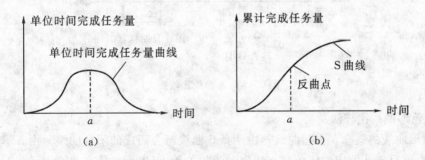

图6-12 时间与完成任务量关系曲线

②S形曲线的绘制方法。

A. 确定单位时间计划和实际完成的任务量。

B. 确定单位时间计划和实际累计完成的任务量。

C. 确定单位时间计划和实际累计完成任务量的百分比。

D. 绘制计划和实际的 S 形曲线。

E. 分析比较 S 形曲线。

③S 形曲线的比较分析。同横道图比较法一样,S 形曲线比较法也是在图上进行工程项目实际进度与计划进度的直观比较的。在工程项目实施过程中,按照规定时间,将检查收集到的实际累计完成任务量绘制在原计划 S 曲线图上,即可得到实际进度 S 曲线,如图 6 - 13 所示。

通过比较实际进度 S 曲线和计划进度 S 曲线,可以获得如下信息:

A. 实际进度与计划进度比较情况。对应于任意检查日期,如果相应的实际进度曲线上的一点,位于计划 S 形曲线左侧,表示此时实际进度比计划进度超前,位于右侧则表示实际进度比计划进度滞后。

B. 实际进度比计划进度超前或滞后的时间。ΔT_a 表示 T_a 时刻实际进度超前的时间,ΔT_b 表示 T_b 时刻实际进度滞后的时间。

C. 实际比计划超出或拖欠的工作任务量。ΔQ_a 表示 T_a 时刻超额完成的工作任务量,ΔQ_b 表示在 T_b 时刻拖欠的工作任务量。

D. 预测工作进度。若工程按原计划速度进行,则此项工作的总拖延时间的预测值为 ΔT_c。

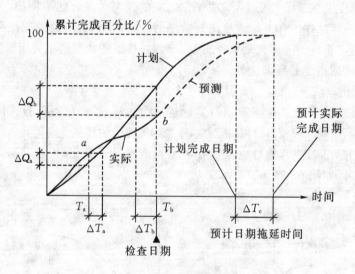

图 6 - 13　S 曲线比较图

(3)香蕉形曲线比较法。

①香蕉形曲线的概念。香蕉曲线是由两条 S 曲线组合而成的闭合曲线。由 S 形曲线比较法可知,工程项目累计完成的任务量与计划时间的关系,可以用一条 S 曲线表示。对于一个工程项目的网络计划来说,如果以其中各项工作的最早开始时间安排进度而绘制 S 曲线,称为 ES 曲线;如果以其中各项工作的最迟开始时间安排进度而绘制 S 曲线,称为 LS 曲线。两条 S

曲线具有相同的起点和终点,因此,两条曲线是闭合的。在一般情况下,ES 曲线上的其余各点均落在 LS 曲线的相应点的左侧。由于该闭合曲线形似"香蕉",故称为香蕉曲线,如图 6-14 所示。

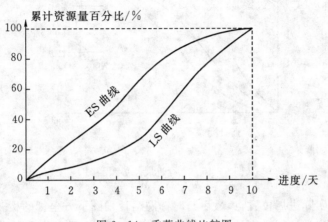

图 6-14 香蕉曲线比较图

②香蕉曲线比较法的作用。香蕉曲线比较法能直观反映工程项目的实际进展情况,并可以获得比 S 形曲线更多的信息。其主要作用有:

A. 合理安排工程项目进度计划。如果工程项目中的各项工作均按其最早开始时间安排进度,将导致项目的投资加大;而如果各项工程都按其最迟开始时间安排进度,则一旦受到进度影响因素的干扰,又将导致工期拖延,使工程进度风险加大。因此,一个科学合理的进度计划优化曲线应处于香蕉曲线所包络的区域之内。

B. 定期比较工程项目的实际进度与计划进度。在工程项目的实施过程中,根据每次检查收集到的实际完成任务量,绘制出实际进度 S 曲线,便可以与计划进度进行比较。工程项目实施进度的理想状态是任一时刻工程实际进展点应落在香蕉曲线图的范围之内。如果工程实际进展点落在 ES 曲线的左侧,表明此刻实际进度比各项工作按其最早开始时间安排的计划进度超前;如果工程实际进展点落在 LS 曲线的右侧,则表明此刻实际进度比各项工作按其最迟开始时间安排的计划进度拖后。

C. 预测后期工程进展趋势。利用香蕉曲线可以对后期工程的进展情况进行预测。例如在图 6-15 中,该工程项目在检查日实际进度超前,检查日期之后的工程进度安排如图中虚线所示,预计该工程项目将提前完成。

(4)前锋线比较法。前锋线比较法是通过绘制某检查时刻工程项目实际进度前锋线,进行工程实际进度与计划进度比较的方法。它主要适用于时标网络计划。所谓前锋线,是指在原时标网络计划上,从检查时刻的时标点出发,用点划线依次将各项工作实际进展位置点连接而成的折线。前锋线比较法就是通过实际进度前锋线与原进度计划中各工作箭线交点的位置进行比较,判断工作实际进度与计划进度的偏差,并判定该偏差对后续工作及总工期影响程度。采用前锋线比较法进行实际进度与计划进度的比较,其步骤如下:

①绘制时标网络计划图。工程项目实际进度前锋线应在时标网络计划图上标示,为清楚起见,可在时标网络计划图的上方和下方各设时间坐标。

②绘制实际进度前锋线。一般从时标网络计划图上方时间坐标的检查日期开始绘制,依

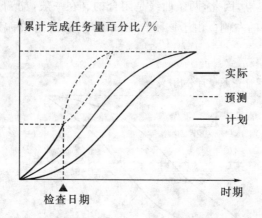

图 6-15　工程进展趋势预测图

次连接相邻工作的实际进展位置点,最后与时标网络计划图下方坐标的检查日期相连接。

③进行实际进度与计划进度的比较。若工作实际进展位置点落在检查日期的左侧,表明该工作实际进度拖后,拖后时间为两者之差;若工作实际进展位置点与检查日期重合,表明该工作实际进度与计划进度一致;若工作实际进展位置点落在检查日期的右侧,表明该工作实际进度超前,超前时间为两者之差。

④预测进度偏差对后续工作及总工期的影响。通过实际进度与计划进度的比较,还可根据工作的自由时差和总时差预测该进度偏差对后续工作及项目总工期的影响。由此可见,前锋线比较法既可用于工作实际进度与计划进度之间的局部比较,又可用于分析和预测工程项目整体进度状况,如图 6-16 所示。

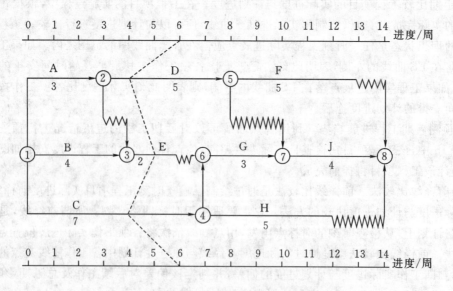

图 6-16　前锋线比较图

从图 6-16 可以看出:工作 D 实际进度拖后 2 周,将使其后续工作 F 的最早开始时间推迟 2 周,并使总工期延长 1 周;工作 E 实际进度拖后 1 周,既不影响总工期,也不影响后续工作的正常进行；工作 C 实际进度拖后 2 周，将使其后续工作 H 的最早开始时间推迟 2 周，由于工作 H 开始时间的推迟，从而使总工期延长 2 周。综上所述，如果不采取措施加快进度，该工程项目的总工期将延长 2 周。

值得注意的是，上述比较是针对匀速进展的工作。对于非匀速进展的工作，比较方法较复杂，此处不赘述。

（5）列表比较法。当工程进度计划用非时标网络图表示时，可以采用列表比较法进行实际进度与计划进度的比较。这种方法是记录检查日期应该进行的工作名称及其已经作业的时间，然后列表并计算有关时间参数，并根据工作总时差进行实际进度与计划进度比较的方法。

▷6.3.4 建设工程进度调整系统

在工程实施进度监测过程中，一旦发现实际进度偏离计划进度，即出现进度偏差时，必须认真分析产生偏差的原因及其对后续工作和总工期的影响，必要时采取合理、有效的进度计划调整措施，确保进度总目标的实现。

1.建设工程进度调整系统过程

建设工程进度调整系统过程如图 6-17 所示。

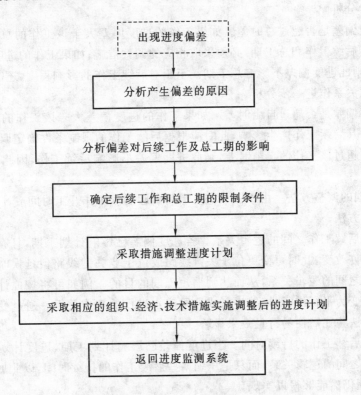

图 6-17　建设工程进度调整系统

（1）分析进度偏差产生的原因。通过实际进度与计划进度的比较，发现进度偏差时，为了采取有效措施调整进度计划，必须深入现场进行调查，分析产生进度偏差的原因。

（2）分析进度偏差对后续工作和总工期的影响。当查明进度偏差产生的原因之后，要分析进度偏差对后续工作和总工期的影响程度,以确定是否应采取措施调整进度计划。

(3)确定后续工作和总工期的限制条件。当出现的进度偏差影响到后续工作或总工期而要采取进度调整措施时,应当首先确定可调整进度的范围,主要指关键节点、后续工作的限制条件以及总工期允许变化的范围。这些限制条件往往与合同条件有关,需要认真分析后确定。

(4)采取措施调整进度计划。采取进度调整措施,应以后续工作和总工期的限制条件为依据,确保要求的进度目标得到实现。

(5)实施调整后的进度计划。进度计划调整之后,应采取相应的组织、经济、技术及合同措施执行它,并继续监测其执行情况。

2.进度计划的调整

(1)分析进度偏差对后续工作及总工期的影响。进度偏差的大小及其所处的位置不同,对后续工作和总工期的影响程度是不同的,分析时需要利用网络计划中工作总时差和自由时差的概念进行判断。分析步骤如下:

①分析出现进度偏差的工作是否为关键工作。如果出现的进度偏差位于关键线路上,即该工作为关键工作,则无论其偏差有多大,都将对后续工作和总工期产生影响,必须采取相应的调整措施;如果出现偏差的工作是非关键工作,则需要根据进度偏差值与总时差和自由时差的关系作进一步分析。

②分析进度偏差是否超过总时差。如果工作的进度偏差大于该工作的总时差,则此进度偏差必将影响其后续工作和总工期,必须采取相应的调整措施;如果工作的进度偏差未超过该工作的总时差,则此进度偏差不影响总工期。至于对后续工作的影响程度,还需要根据偏差值与其自由时差的关系作进一步分析。

③分析进度偏差是否超过自由时差。如果工作的进度偏差大于该工作的自由时差,则此进度偏差必将对其后续工作产生影响,此时应根据后续工作的限制条件确定调整方法;如果工作的进度偏差未超过该工作的自由时差,则此进度偏差不影响后续工作,因此,原进度计划可以不作调整。

(2)进度计划的调整方法。由于工作进度滞后引起后续工作开工时间或计划工期的延误,主要有两种调整方法。

①改变某些后续工作之间的逻辑关系。若进度偏差已影响计划工期,且有关后续工作之间的逻辑关系允许改变,此时可变更位于关键线路或位于非关键线路但延误时间已超出其总时差的有关工作之间的逻辑关系,从而达到缩短工期的目的。例如可将按原计划安排依次进行的工作关系改变为平行进行、搭接进行或分段流水进行的工作关系。通过变更工作逻辑关系缩短工期的方法往往简便易行且效果显著。

②缩短某些后续工作的持续时间。当进度偏差已影响计划工期,进度计划调整的另一方法是不改变工作之间的逻辑关系,而只是压缩某些后续工作的持续时间,以此加快后期工程进度,使原计划工期仍然能够得以实现。

缩短某些后续工作的持续时间,其调整方法视限制条件及对其后续工作的影响程度的不同,一般可分为以下两种情况:

A.若网络计划中某项工作进度拖延的时间已超过其自由时差但未超过其总时差。如前所述,此时该工作的实际进度不会影响总工期,而只对其后续工作产生影响。因此,在进行调整前,需要确定其后续工作允许拖延的时间限制。

若后续工作拖延的时间无限制,则可将拖延后的时间参数带入原计划,并化简网络图(即去掉已执行部分,以进度检查日期为起点,将实际数据带入,绘制出未实施部分的进度计划),即可得调整方案;若后续工作拖延的时间有限制,则需要根据限制条件对网络计划进行调整,寻求最优方案。一般情况下,可利用工期优化的原理确定后续工作中被压缩的工作,从而得到满足后续工作限制条件的最优调整方案。

B. 网络计划中某项工作进度拖延的时间超过其总时差。此时,进度计划的调整方法又可分为以下三种情况:若项目总工期不允许拖延,则只能采取缩短关键线路上后续工作持续时间的方法来达到调整计划的目的;若项目总工期允许拖延,且拖延时间无限制,则此时只需以实际数据取代原计划数据,并重新绘制实际进度检查日期之后的简化网络计划即可;若项目总工期允许拖延,但拖延的时间有限制,则当实际进度拖延的时间超过此限制时,也需要对网络计划进行调整,即通过缩短关键线路上后续工作持续时间的方法来使总工期满足规定工期的要求。

以上无论何种情况,具体调整方法,可参考网络计划中的工期优化。

➤ 6.3.5 监理规范对进度控制工作的规定

1. 项目监理机构进度控制的职责

项目监理机构应审查施工单位报审的施工总进度计划和阶段性施工进度计划,提出审查意见,并应由总监理工程师审核后报建设单位。

项目监理机构应审查施工进度计划的实施情况,发现实际进度严重滞后于计划进度且影响合同工期时,应签发监理通知单,要求施工单位采取调整措施加快施工进度。总监理工程师应向建设单位报告工期延误风险。

项目监理机构应比较分析工程施工实际进度与计划进度,预测实际进度对工程总工期的影响,并应在监理月报中向建设单位报告工程实际进展情况。

2. 关于工程暂停及复工的规定

《建设工程监理规范》规定,总监理工程师可根据停工原因的影响范围和影响程度,确定停工范围,并应按施工合同和建设工程监理合同的约定签发工程暂停令。项目监理机构发现下列情况之一时,总监理工程师应及时签发工程暂停令:

①建设单位要求暂停施工且工程需要暂停施工的。

②施工单位未经批准擅自施工或拒绝项目监理机构管理的。

③施工单位未按审查通过的工程设计文件施工的。

④施工单位违反工程质量建设强制性标准的。

⑤施工存在重大质量、安全事故隐患或发生质量、安全事故的。

总监理工程师签发工程暂停令应征得建设单位同意,在紧急情况下未能事先报告时,应在事后及时向建设单位作出书面报告。暂停施工事件发生时,项目监理机构应如实记录所发生的情况。总监理工程师应会同有关各方按施工合同约定,处理因工程暂停引起的与工期、费用有关的问题。因施工单位原因暂停施工时,项目监理机构应检查、验收施工单位的停工整改过程、结果。当暂停施工原因消失、具备复工条件时,施工单位提出复工申请时,项目监理机构应审查施工单位报送的工程复工报审表及有关资料,符合要求后,总监理工程师应及时签署审查意见,并应报建设单位批准后签发工程复工令;施工单位未提出复工申请的,总监理工程师应根据工程实际情况指令施工单位恢复施工。

3.工程延期及工程延误的处理

关于工程延期及工程延误的处理,《建设工程监理规范》有以下规定:

(1)施工单位提出工程延期要求符合施工合同约定时,项目监理机构应予以受理。

(2)当影响工期事件具有持续性时,项目监理机构应对施工单位提交的阶段性工程临时延期报审表进行审查,并签署工程临时延期审核意见后报建设单位。当影响工期事件结束后,项目监理机构应对施工单位提交的工程最终延期报审表进行审查,并应签署工程最终延期审核意见后报建设单位。

(3)项目监理机构在批准临时工程延期、工程最终延期之前,均应与建设单位和施工单位协商。

(4)项目监理机构在批准工程延期时应同时满足下列条件:

①施工单位在施工合同约定的期限内提出工程延期;

②因非施工单位原因造成施工进度滞后;

③施工进度滞后影响到施工合同约定的工期。

(5)施工单位因工程延期提出费用索赔时,项目监理机构应按施工合同约定进行处理。

(6)发生工期延误时,项目监理机构应按施工合同约定进行处理。

6.4 建设工程投资控制

6.4.1 建设工程投资控制概述

1.建设工程投资的构成

建设工程投资,是指进行某项建设工程所花费的全部费用。生产性建设工程投资包括固定资产投资和流动资产投资两部分;非生产性建设工程投资则只包括固定资产投资。建设工程投资的构成如图6-18所示。

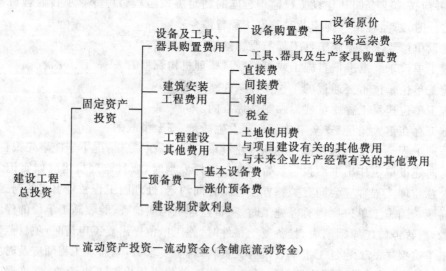

图6-18 建设工程投资的构成

建设工程项目投资中固定资产投资由设备及工器具购置费用、建筑安装工程费用、工程建设其他费用、预备费、建设期贷款利息等组成。流动资产投资指生产经营性项目投产后,为正常生产运营,用于购买材料、燃料、支付工资及其他经营费用所需的周转资金。

(1)设备及工器具购置费。设备及工器具购置费用是指按照建设工程项目设计文件要求,建设单位或其委托单位购置或自制达到固定资产标准的设备和新建、扩建项目配制的首套工器具及生产家具所需的投资费用。它是由设备购置费和工具、器具及生产家具购置费两部分组成的。在生产性建设项目中,设备及工器具购置费用占总投资费用的比重增大,意味着生产技术的进步和资本有机构成的提高,所以它是固定资产投资中的积极部分,通常称为积极投资。

(2)建筑安装工程费。建筑安装工程费用是指建设单位用于建筑和安装工程方面的投资。依据《住房城乡建设部、财政部关于印发〈建筑安装工程费用项目组成〉的通知》(建标〔2013〕44号),建筑安装工程费用项目按费用构成要素组成划分为人工费、材料费、机械工具使用费、企业管理费、利润、规费和税金;按工程造价形成顺序划分为分部分项工程费、措施项目费、其他项目费、规费和税金。

(3)工程建设其他费。工程建设其他费用是指从工程筹建起到工程竣工验收交付使用止的整个建设期间,除建筑安装工程费用和设备及工器具购置费用以外的,为保证工程建设顺利完成和交付使用后能够正常发挥效用而发生的各项费用。

工程建设其他费用,按其内容可分为如下三大类:

①土地使用费。进行工程项目建设必须占用一定的土地,为获得建设用地而支付的费用就是土地使用费。它是指通过划拨方式取得土地使用权而支付的土地征用及迁移补偿费,或者通过土地使用权出让方式取得土地使用权而支付的土地使用权出让金。土地征用及迁移补偿费包括土地补偿费、青苗补偿费和被征用土地上的房屋、水井、树木等附着物补偿费以及安置补助费、缴纳的耕地占用税和城镇土地使用税、土地登记费及征地管理费、征地动迁费、水利水电工程水库淹没处理补偿费。土地使用权出让金,指建设项目通过土地使用权出让方式,取得有限期的土地使用权,依照有关规定支付的土地使用权出让金。

②与项目建设有关的其他费用。与项目建设有关的其他费用包括建设单位管理费、勘察设计费、研究试验费、建设单位临时设施费、工程监理费、工程保险费、引进技术和进口设备其他费用、工程承包费等。

③与未来企业生产经营有关的其他费用。与未来企业生产经营有关的其他费用包括联合试运转费、生产准备费、办公和生活家具购置费。

(4)预备费。预备费包括基本预备费和涨价预备费。

基本预备费是指在初步设计及概算内难以预料的工程费用。费用内容包括:在批准的初步设计范围内,技术设计、施工图设计及施工过程中新增加的工程费用,设计变更、局部地基处理等增加的费用;一般自然灾害造成的损失和预防自然灾害所采取的措施费用;竣工验收时为鉴定工程质量对隐蔽工程进行必要的挖掘和修复费用。

涨价预备费是指建设项目在建设期间内由于价格等变化引起工程投资变化的预测预留费用。费用内容包括:人工、设备、材料、施工机械的差价费,建筑安装工程费及工程建设其他费用调整,利率、汇率调整等增加的费用。

(5)建设期贷款利息。建设期贷款利息包括向国内银行和其他非银行金融机构贷款、出口信贷、外国政府贷款、国际商业银行贷款以及在境内外发行的债券等在建设期间内应偿还的利息。

2. 建设工程投资的特点

建设工程投资的特点是由建设工程项目本身的特点决定的。

（1）建设工程投资数额巨大。建设工程投资数额巨大，动辄上千万、数十亿。建设工程投资数额巨大的特点使它关系到国家、行业或地区的重大经济利益，对国计民生也会产生重大的影响。

（2）建设工程投资差异明显。每个建设工程都有特定的用途、功能和规模，其结构、空间分割、设备配置和内外装饰也不相同，且处于不同地区工程的人工、材料、机械消耗也有差异。所以，建设工程投资的差异十分明显。

（3）建设工程投资需单独计算。建设工程的实物形态千差万别，加上不同地区构成投资费用的各种要素的差异，最终导致建设工程投资的千差万别。因此，建设工程只能通过编制估算、概算、预算、合同价、结算价及竣工决算价等程序，单独计算其投资。

（4）建设工程投资确定依据复杂。建设工程投资的确定依据繁多，关系复杂。在不同的建设阶段有不同的确定依据，且互为基础，互相影响，如图6-19所示。

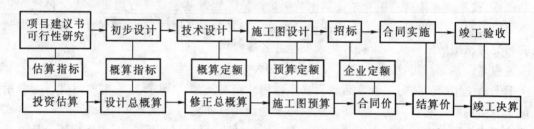

图6-19　建设工程投资控制的依据

（5）建设工程投资确定的层次繁多。建设工程投资的确定需分别计算分部分项工程投资、单位工程投资、单项工程投资，最后才形成建设工程总投资。

（6）建设工程投资需动态跟踪调整。在整个建设期内，建设工程投资都具有不确定性，需随时进行动态跟踪、调整，直至竣工决算后才能真正形成建设工程总投资。

3. 监理工程师在投资控制中的作用

通过监理工程师实施的投资控制工作，在保证建设项目质量、安全、工期目标实现的基础上，使建设项目在预定的投资额内建成动用。具体而言就是，可行性研究阶段确定的投资估算额控制在建设单位投资机会、投资意向设定的范围内；设计概算是技术设计和施工图设计的项目投资控制目标，不得突破投资估算；建安工程承包合同价是施工阶段控制建安工程投资的目标，施工阶段投资额不得突破合同价。在不同的建设阶段将其相应的投资额控制在规定的投资目标限额内。通过监理工程师实施的投资控制工作，发挥监理工程师提供的高智能技术服务的作用，使建设项目各阶段投资控制工作始终处于受控状态，做到有目标、有计划、有控制措施，使每个阶段的投资发生做到最大可能的合理化。在建设项目实施的各个阶段，合理确定投资控制目标，采取组织、技术、经济、合同与信息等措施，有效控制投资。并应用主动控制原理做到事前控制、事中控制、事后控制相结合，合理地处理投资过程中索赔与反索赔事件，以取得令人满意的效果。

4.监理工程师在投资控制中的任务

按照工程建设的不同阶段,监理工程师在投资控制中的任务可以归纳为以下几个方面:

(1)决策阶段投资控制的任务。编制或审查拟建项目的可行性研究报告,包括市场调查和预测、场址选择、建设方案、投资估算、环境影响评价、财务评价、国民经济评价和社会评价等,使建设项目的投资在决策阶段就得到有效控制。

(2)设计阶段投资控制的任务。协助建设单位提出设计要求,组织设计方案竞赛或设计招标,用技术经济的方法组织评选设计方案,审查设计概、预算,提出改进意见,满足建设单位对项目投资的经济性要求。

(3)施工招标阶段投资控制的任务。协助建设单位编制招标文件,合理制定招标工程标底价,协助评审投标书,提出评标意见,协助建设单位与承包单位签订承包合同,以实现对投资的有效控制。

(4)施工阶段投资控制的任务。依据施工合同有关条款、施工图样等,对建设项目投资目标进行风险分析,并制定防范性对策,控制工程款支付,审查工程变更费用,预防和处理好费用索赔,使实际发生的建设投资被控制在计划的投资额度之内。

(5)竣工验收交付使用阶段投资控制的任务。审查竣工结算,合理控制工程尾款的支付,处理好质量保修金的扣留和使用,协助建设单位做好建设项目后评估工作。

▷ 6.4.2 建设项目决策阶段的投资控制

1.建设项目决策阶段投资控制的意义

(1)建设项目投资决策的含义。

建设项目投资决策是选择和决定投资行为方案的过程,是对拟建项目的必要性和可行性进行技术经济分析论证,对不同建设方案进行技术经济比较作出判断和决定的过程。监理工程师在建设项目决策阶段的投资控制,主要体现在建设项目可行性研究阶段协助建设单位或直接进行项目的投资控制,以保证项目投资决策的合理性。

建设项目决策阶段,进行项目建议书以及可行性研究的编制,除了论证项目在技术上是否先进、适用、可靠,还包括论证项目在财务上是否赢利,在经济上是否合理。决策阶段的主要任务就是找出技术经济统一的最优方案,而要实现这一目标,就必须做好拟建项目方案的投资控制工作。

(2)工程项目决策阶段投资控制的意义。

在工程项目决策阶段,监理工程师根据建设单位提供的建设工程的规模、场址、协作条件等,对各种拟建方案进行固定资产投资估算,有时还要估算项目竣工后的经营费用和维护费用,从而向建设单位提交投资估算和建议,以便建设单位对可行方案的决策,确保建设方案在功能上、技术上和财务上的可行性,确保项目的合理性。具体而言,通过可行性研究阶段投资估算的合理确定、最佳投资方案的优选,达到资源的合理配置,促使建设项目的科学决策。反之,该投资方案确定不合理,就会造成项目决策失误。另外,决策阶段所确定的投资额是否合理,直接影响到整个项目设计、施工等后续阶段的投资合理性,决策阶段所确定的投资额作为整个项目的限额目标,对于建设项目后续设计概算、设计预算、承包合同价、结算价、竣工决算都有直接影响。通过监理工程师在决策阶段的投资控制,确定出合理的投资估算,优选出可行方案,为建设单位进行项目决策提供依据,并为建设项目主管部门审批项目建议书、可行性研究报告及投资估算提供基础资料,也为项目规划、设计、招投标、设备购置、资金筹措等提供重要依据。

2.监理工程师在建设项目决策阶段投资控制的工作

工程项目决策阶段的可行性研究是运用多种科学手段综合论证一个工程项目在技术上是否先进、适用、可靠,在经济上是否合理,在财务上是否赢利,为投资决策提供科学依据。投资者为了排除盲目性,减少风险,一般都要委托咨询、设计等部门进行可行性研究,委托监理单位进行可行性研究的管理或对可行性报告的审查。监理工程师在可行性研究决策阶段进行监理工作,主要是通过编制、审查可行性研究报告实现的。其具体任务主要是审查拟建项目投资估算的正确性与投资方案的合理性。在可行性研究阶段进行投资控制,主要应围绕对投资估算的审查和投资方案的分析、比选进行。

(1)对投资估算的审查。

①审查投资估算基础资料的正确性。对建设项目进行投资估算,咨询单位、设计单位或项目管理公司等投资估算编制单位一般事先确定拟建项目的基础数据资料,如项目的拟建规模、生产工艺设备构成、生产要素市场价格行情、同类项目历史经验数据,以及有关投资造价指标、指数等,这些资料的准确性、正确性直接影响到投资估算的准确性。监理工程师应对其逐一进行分析。对拟建项目生产能力,应审查其是否符合建设单位投资意图,通过直接向建设单位咨询、调查的方法即可判断其是否正确。对于生产工艺设备的构成,可向相关设备制造厂或供货商进行咨询。对于同类项目历史经验数据及有关投资造价指标、指数等资料的审查可参照已建成同类型项目,或以尚未建成但设计方案已经批准、图纸已经会审、设计概预算已经审查通过的资料作为拟建项目投资估算的参考资料。同时还应对拟建项目生产要素市场价格行情等进行准确判断,审查所套用指标与拟建项目差异及调整系数是否合理。

②审查投资估算所采用方法的合理性。投资估算方法有很多,有静态投资估算方法和动态投资估算方法,静态、动态投资估算又分别有很多方法,究竟选用何种方法,监理工程师应根据投资估算的精确度要求以及拟建项目技术经济状况的已知情况来决定。

在项目建议书、初步可行性研究阶段,对投资估算精度允许偏差较大时,可用单位生产能力估算法、资金周转率法等。在已知拟建项目生产规模,并有同类型项目建设经验数据时,可用生产规模指数估算法,但要注意生产规模指数的取值、调价系数等的差异。当拟建项目生产工艺流程及其技术比较明确、设备组成比较明确时,可运用比例估算法。

(2)对项目投资方案的审查。对项目投资方案的审查,主要是通过对拟建项目方案进行重新评价,看原可行性研究报告编制部门所确定的方案是否为最优方案。监理工程师对投资方案审查时,应做好如下工作:

①列出实现建设单位投资意图的各个可行方案,并尽可能做到不遗漏。因为遗漏的方案如果是最优方案,那么将会直接影响到可行性研究工作质量,直接影响到投资效果。

②熟悉了解建设项目方案评价的方法,包括项目财务评价、国民经济评价方法,以及评价内容、评价指标及其计算、评价准则等。要求监理工程师对拟建项目建设前期、建设时期、建成投产使用期全过程项目的费用支出和收益以及全部财务状况进行了解,弄清各阶段项目财务现金流量,利用动态、静态方法计算出各种可行性方案的评价指标,进行财务评价。

监理工程师通过对方案的审查、比选、确定最优方案的过程就是实现建设项目方案技术与经济统一的过程,也就同时做到了投资的合理确定和有效控制。

➤ 6.4.3 设计阶段的投资控制

工程设计是可行性研究报告经批准后,工程开始施工前,设计单位根据已批准的设计任务书,为具体实现拟建项目的技术、经济要求,拟定建筑、安装及设备制造等所需的规划、图纸、数据等技术文件的工作。一般工程项目进行初步设计和施工图设计两阶段设计,大型和技术复杂的工程项目可在两阶段之间增加技术设计阶段。按我国现行有关规定,建设项目初步设计阶段应编制初步设计概算,施工图设计阶段编制施工图预算,技术设计阶段编制修正的概算。设计概算不得突破已经批准的投资估算,施工图预算不得超过批准的设计概算。这就为设计阶段监理工程师进行投资控制明确了目标和任务。在设计阶段反映建设工程投资的合理性,主要体现在设计方案是否合理,以及设计概算、施工图预算是否符合规定的要求,即初步设计概算不超投资估算,施工图预算不超设计概算。为实现这一目标,监理工程师在设计阶段进行投资控制的工作主要包括以下内容:

1. 提高设计经济合理性的途径

(1)执行设计标准。设计标准是国家经济建设的重要技术规范,不仅是建设工程规模、内容、建造标准、安全、预期使用功能的要求,还提供了设计所必要的指数、定额,以及为降低造价、控制工程投资的依据。执行了设计标准,就保证了设计方案的正确性、投资的合理性。

(2)推行标准化设计。标准设计又称定型设计、通用设计,是工程建设标准化组成部分。各类工程建设的构件、配件、零部件、通用的建筑物、构筑物、公用设施等,只要有条件的都应该实施标准化设计。标准化设计是经过多次反复实践,加以检验和补充完善的,所以能较好地贯彻国家技术经济政策,密切结合自然条件和技术发展水平,合理利用能源,充分考虑施工生产、使用、维修的要求,既经济又优质。在工程设计中采用标准设计可促进工业化水平、加快工程进度、节约材料、降低建设投资。监理工程师建议设计单位推行标准设计,也是设计阶段做好投资控制工作的一项重要工作。

(3)进行限额设计。限额设计就是按照批准的投资估算控制初步设计及其概算,按照批准的初步设计概算控制施工图设计及预算。即将上阶段设计审定的投资额和工程量先行分解到各专业,然后再分解到各单位工程和分部工程。各专业在保证使用功能的前提下,按分配的投资限额控制设计,严格控制技术设计和施工图设计的不合理变更,以保证总投资不被突破。监理工程师应事先确定或明确设计各阶段、各专业、各单位、各分部工程的限额设计目标,并依此对设计各阶段、各专业投资额进行控制。

限额设计控制工程投资可以从两个角度入手:一种是按照限额设计过程从前往后依次进行控制,称为纵向控制;另一种是对设计单位及其内部各专业科室及设计人员进行考核,实施奖惩,进而保证设计质量,称为横向控制。横向控制首先必须明确各设计单位以及设计单位内部各专业科室对限额设计所负的责任,将工程投资按专业进行分配,并分段考核,下段指标不得突破上段指标,责任落实越接近于个人,效果越好。每个设计环节和每项专业设计都应按照国家的有关政策规定、设计规范和标准进行,注意它们对投资的影响。在投资限额确定的前提下,通过优化设计满足设计要求的途径很多,这就要求设计人员善于思考,在设计中多作经济分析,发现偏离限额时立即改变设计。

设计单位和监理单位有关部门和人员必须做好审核工作,既要审核技术方案,又要审核投资指标;既要控制总投资,又要控制分部分项工程投资。要把审核设计文件作为动态投资控制的一项重要措施。

(4)优选设计方案。在设计过程中,为保证设计方案既满足技术要求、使用功能要求,又经济合理,要对设备工艺流程、建筑、结构、水、电、暖、卫、设备等各可行方案进行技术经济分析,从中选出最佳方案。监理工程师协助建设单位做好设计方案优选或直接参与设计方案优选的工作,也就是建设项目设计阶段投资控制的重要工作。设计方案的优化,除上述通过推行标准设计,实施限额设计做法外,还可通过设计招标或设计方案竞选的途径优化设计方案。

(5)运用价值工程优化设计方案。价值工程是建筑设计、施工中有效降低工程成本的科学方法。价值工程是对所研究对象的功能与费用进行系统分析,不断创新,提高研究对象的价值的一种技术经济分析方法。其目的是以研究对象的最低寿命周期成本可靠地实现使用者所需的功能,以获取最佳的综合效益。

2. 设计概算的审查

在初步设计阶段进行投资控制,除做好设计方案审查工作外,还应对设计概算进行审查以保证初步设计概算不超投资结算。监理工程师对设计概算的审查,有利于合理分配投资资金,加强投资计划管理,有助于合理确定和有效控制工程投资;有利于促进概算编制单位严格执行国家有关概算编制规定和费用标准;有利于促进设计的技术先进性与经济合理性;有利于核定建设项目的投资规模;有利于为建设项目投资的落实提供可靠的依据。

对设计概算应审查的主要内容如下:

(1)审查设计概算的编制依据。审查设计概算编制依据的合法性,即编制依据是否经过国家或授权机关批准;审查设计概算编制依据的时效性,即编制概算所依据的定额、指标、价格、取费标准等是不是现行有效的;审查设计概算编制依据的适用范围,即所依据的定额、价格、指标、取费标准等是否符合工程项目所在地、所在行业的实际情况等。

(2)审查单位工程设计。对单位建设工程设计概算,主要审查其工程量、采用的定额或指标、材料预算机构及各项费用;对单位设备购置费用概算,主要审查其标准设备原价、非标设备原价、设备运杂费、进口设备费用的构成等;对单位设备安装费用概算,除了审查其编制方法和编制依据以外,还应注意审查其采用预算单价或扩大综合单价计算安装费时的各种单价是否合适、工程量计算是否符合规则要求、是否准确无误,采用概算指标计算安装费时的概算指标是否合理、计算结果是否达到精度要求。

(3)审查综合概算和总概算。综合概算和总概算的审查主要是控制其逐级综合、汇总过程的正确性。例如,是否符合国家的方针、政策,概算文件的组成是否完整,编制深度是否符合有关规定,总设计图和工艺流程是否合理。

3. 审查设计概算的方法

采用适当的方法审查设计概算,是确保审查质量、提高审查效率的关键。常用的方法有以下几种:

(1)对比分析法。对比分析法中对比要素有:建设规模、标准与立项批文对比,工程数量与设计图纸对比,综合范围、内容与编制方法、规定对比,各项取费与规定标准对比,材料、人工单价与统一信息对比,引进设备、技术投资与报价要求对比,技术经济指标与同类工程对比等。对比分析法即通过以上对比,发现设计概算存在的主要问题和偏差。

(2)查询核实法。查询核实法是对一些关键设备和设施、重要装置、引进工程图纸不全、难以核算的较大投资进行多方查询核对、逐项落实的方法。主要设备的市场价向设备供应部门或招标机构查询核实;重要生产装置、设施向同类企业(工程)查询了解;引进设备价格及有关税费向进出口公司调查落实;复杂的建筑安装工程向同类工程的建设、承包、施工单位征求意见;深度不够或不清楚的问题直接向原概算编制人员、设计者询问清楚。

(3)联合会审法。联合会审前,可采取多种形式分头审查,包括设计单位自审,主管、建设、承包单位初审,监理工程师评审,邀请同行专家预审,审批部门复审等,经层层审查把关后,由有关单位和专家进行联合会审。

4. 施工图预算的审查

(1)审查施工图预算的内容。审查施工图预算,重点是施工图预算的工程量计算是否准确,定额消耗量、单价套用是否合理,各项取费标准是否符合现行规定等。

(2)审查施工图预算的方法。审查施工图预算的方法很多,主要有以下几种:

①全面审查法。全面审查法又叫逐项审查法,就是按预算定额顺序或施工的先后顺序,逐一地全部进行审查的方法。此方法的优点是全面、细致,经审查的工程预算差错比较少,质量比较高;缺点是审查工作量相对比较大。对于一些工程量较小、工艺比较简单的工程,编制工程预算的技术力量又比较薄弱,可采用全面审查法。

②标准预算审查法。标准预算审查法是指对于利用标准图纸或通用图纸施工的工程,先集中力量,编制标准预算,以此为标准审查预算的方法。按标准图纸设计或通用图纸施工的工程一般上部结构及其做法相同,可集中力量细审一份预算,或编制一份预算,作为这种标准图纸的标准预算,或用这种标准图纸的工程量为标准,对照审查,而对局部不同的部分作单独审查即可。这种方法的优点是审查时间短、效果好、好定案;缺点是只适应按标准图纸设计的工程,适用范围小。

③分组计算审查法。分组计算审查法是一种加快审查工程量速度的方法。具体做法是把预算中的项目划分为若干组,并把相邻且有一定内在联系的项目编为一组,审查或计算同一组中某个分项工程量,利用工程量间具有相同或相似计算基础的关系,判断同组中其他几个分项工程量计算的准确程度的方法。

例如,土建工程中将底层建筑面积、地面面层、地面垫层、楼面面层、楼面找平层、楼板体积、天棚抹灰、天棚刷浆、屋面层等编为一组。先把底层建筑面积、楼(地)面面积计算出来,而楼面找平层、顶棚抹灰、刷白的工程量与楼(地)面面积相同;垫层工程量等于地面面积乘以垫层厚度;空心楼板工程量由楼面工程量乘以楼板的折算厚度计算;底层建筑面积加挑檐面积,乘以坡度系数(平屋面不乘)就是屋面工程量;底层建筑面积乘以坡度系数(平屋面不乘)再乘以保温层的平均厚度为保温层工程量。

④对比审查法。对比审查法是用已建成工程的预算或虽未建成但已审查修正的工程预算对比审查拟建类似工程预算的一种方法。对比审查法,一般有以下几种情况,应根据工程的不同条件,区别对待。

A. 两个工程采用同一个施工图,但基础部分和现场条件不同。其新建工程基础以上部分可采用对比审查法,不同部分可分别采用相应的审查方法进行审查。

B. 两个工程设计相同,但建筑面积不同。根据两个工程建筑面积之比与两个工程分部分项工程量之比基本一致的特点,可审查新建工程各分部分项工程的工程量;或者用两个工程每平方米建筑面积造价以及每平方米建筑面积的各分部分项工程量,进行对比审查,如果基本相同时,说明新建工程预算是正确的,反之,说明新建工程预算有问题,监理工程师应找出差错原因,加以更正。

C.两个工程的面积相同,但设计图纸不完全相同时,可把相同的部分,如厂房中的柱子、屋架、屋面、围护结构等进行工程量的对比审查,不能对比的分部分项工程按图纸计算。

⑤筛选审查法。筛选审查法,是统筹法的一种,也是一种对比审查方法。建筑工程虽然有建筑面积和高度的不同,但是它们的各分部分项工程的工程量、造价、用工量在每个单位面积上的数值变化不大,我们把这些数据加以汇集、优选、归纳为工程量、造价、用工三个单方基本值表,并注明其适用的建筑标准。这些基本值犹如"筛子孔",用来筛选各分部分项工程,筛下去的就不审查了,没有筛下去的就意味着此分部分项的单位建筑面积数值不在基本值范围之内,应对该分部分项工程详细审查。当所审查的预算的建筑面积标准与"基本值"所适用的标准不同时,就要对其进行调整。筛选审查法的优点是简单易懂,便于掌握,审查速度和发现问题快。但解决差错和分析其原因需要继续审查。因此,此方法适用于住宅工程或不具备全面审查条件的工程。

⑥重点审查法。重点审查法是抓住工程预算的重点进行审查的方法。审查的重点一般是:工程量大或投资较多的工程、结构复杂的工程、补充单位估价表、各项费用的计取(计费基础、取费标准等)。

⑦利用手册审查法。利用手册审查法是把工程中常用的构件、配件事先整理成预算手册,按手册对照审查的方法。如工程常用的预制构配件:洗池、大便台、检查井、化粪池、碗柜等,几乎每个工程都有的项目,把这些按标准图集计算出工程量,套上单位工程的消耗量或单价,编制成预算手册使用,可大大简化预算结算的编审工作。

(3)审查施工图预算的步骤。

①做好审查前的准备工作。包括熟悉施工图纸,了解预算包括的范围,弄清预算采用的单位估价表。

②选择合适的审查方法,按相应的内容审查。由于各工程项目规模、工程所处地区自然、技术、经济条件存在差异,繁简程度不同,工程项目施工方法和施工承包单位情况不一样,所编工程预算的质量也不同,因此,需选择适当的审查方法进行审查。

③调整预算。对工程施工图预算审查以后,如果不存在问题,监理工程师批准其作为签订合同、工程施工、结算的依据;如果发现需要进行增加或核减的,经与编制单位协商,统一意见后,进行相应的修正。

在设计阶段,监理工程师通过上述各项具体工作,达到初步设计不超投资估算,施工图预算不超设计概算的投资控制目标。

➤ 6.4.4　施工招投标阶段的投资控制

施工招投标阶段是优选施工承包单位的阶段,监理工程师协助建设单位做好招投标阶段的工作,选择能满足工程建设质量、安全、投资、工期目标的施工承包单位,使工程建设目标的实现从施工主体资格的控制上得到保证,也就为在项目施工实施阶段投资的有效控制奠定了基础。

在建设工程招标与投标过程中,合理地确定招标标底,评审投标报价,以及发布中标通知书后通过合同谈判确定工程施工承包合同价,都是投资控制的主要工作。

1. 招投标的价格

(1)招标投标的计价方法。根据《建筑工程施工发包与承包计价管理办法》的规定,我国工程建设招标投标价格可采用工料单价或综合单价。一般来讲,综合单价法较工料单价法更接近市场行情,更利于造价控制。因此,在工程实践中更为常用。

(2)招标投标的价格形式。

①标底价格。标底价格是招标单位或具有编制标底价格资格和能力的单位,根据设计图样和有关规定计算出来的招标工程的预期价格。标底是招标者对拟招标工程所需费用的自我测算和控制,并可以作为评标定标的参考依据。

②投标报价。投标报价是投标人根据招标文件、企业定额、投标策略等要求,对于投标工程作出的自主报价。投标报价应当紧密结合招标文件的要求,追求"能够最大限度地满足招标文件中规定的各种综合评价标准"或"能够满足招标文件的实质性要求,并且经评审的投标价格最低"。

③评标定价。在招标投标过程中,招标文件(含可能设置的标底)是发包人的定价意图,投标书(含投标报价)是投标人的定价意图,而中标价则是双方均可接受的价格,并应成为合同的重要组成部分。评标委员会在选择中标人时,通常遵循"最大限度地满足招标文件中规定的各种综合评价标准"或"能够满足招标文件的实质性要求,并且经评审的投标价格最低"原则。前者属于综合评分法,后者属于最低标价法。当然,我国的招投标及相关法规不允许投标人以低于成本的报价竞标。

2. 标底的编制与审查

在招标文件编制时,视具体合同形式要求,若事先设定标底,监理工程师还应计算或审查标底,为评标提供依据。我国目前建设工程施工招标标底的编制主要采用定额计价方法和工程量清单计价方法,其中,定额计价方法包括单价法和实物法。

(1)单价法。单价法是根据施工图纸及技术说明,按照预算定额规定的分部分项工程子目,逐项计算出工程量,套用预算定额单价,确定出直接工程费,再按规定的费用定额和计算程序计算构成直接费和间接费的各项费用以及利润、税金;然后考虑工期、质量要求以及市场价格、自然地理条件等不可预见因素费用,汇总后即为标底的基础。

(2)实物法。实物法编制标底,主要是先用计算出的各分部分项工程的工程量,分别套取预算定额中的人工、材料、机械消耗指标,并按类相加,求出单位工程所需的各种人工、材料、施工机械台班的总消耗量,然后分别乘以当时当地的人工、材料、施工机械台班市场单价,求出人工费、材料费、施工机械费,再汇总求和,所有各项取费以及利润,根据市场竞争情况确定,规费、税金按有关规定的取费基础及费率、税率计算。

(3)工程量清单计价法。根据《建筑工程施工发包与承包计价管理办法》的规定,发包价的计算方法分为工料单价法和综合单价法。

①工料单价法。工料单价法是以分部分项工程量乘以单价后的合计为直接工程费,直接工程费以人工、材料、机械的消耗量及相应的价格确定。直接工程费汇总后另加措施费、间接费、利润、税金生成工程发包价,即标底价。具体计算时,直接工程费按预算表计算;措施费按规定标准计算;间接费、利润的计算应区分土建工程和安装工程,计算时分别以直接费和人工费加机械费或人工费为计算基础计算;工料单税金按规定的计税基础和税率计算。

②综合单价法。综合单价法是以分部、分项工程单价为全费用单价,全费用单价经综合计算后生成,其内容包括直接工程费、间接费、利润和税金,措施项目的综合单价也可按直接工程

费、间接费、利润和税金生成金费用价格。各分项工程量乘以综合单价的合价汇总后,生成工程发包价即标底价格。

监理工程师对标底的审查主要是审查标底价格编制是否真实、准确,标底价格如有漏洞,应予以调整和修正。审查内容一般包括:标底计价依据,如工程承包范围、招标文件规定的计价方法及招标文件的其他有关条款;标底价格组成内容,如工程量清单及其单价组成、直接工程费、间接费、有关文件规定的调价、措施费、利润、税金、主要材料、设备需用数量等;标底价格的相关费用,如人工、材料、机械台班的市场价格、赶工措施费、现场因素费、不可预见费等。审查标底的方法类似于施工图预算的审查方法。

在施工中标阶段,监理工程师应当在建设单位授权范围内,对工程施工招标范围、内容、工程程序、合同安排等方面提出建议或直接参与具体工作。除了审核或编制招标文件、招标标底之外,监理工程师也参与或组织现场考察和标前会议,评审投标书,在确定中标单位后,协助建设单位与施工单位签订施工承包合同。

3.承包合同价格的分类

工程建设承包合同根据计价方式的不同,可以分为总价合同、单价合同、成本加酬金合同三大类型。对监理工程师来说,把握各类合同的计价方法、优缺点和适用条件,对于协助建设单位签订合同以及未来的合同履行等具有非常重要的意义。

(1)建设工程施工合同类型。

①总价合同。总价合同是指在合同中确定一个完成项目的总价,施工承包单位据此完成项目全部内容的合同。这种合同类型能够使建设单位在评标时易于确定报价最低的投标人作为中标人,易于进行支付计算。这种合同仅适用于工程量不太大且能精确计算、工期较短、技术不太复杂、风险不大的项目。这种合同类型要求建设单位提供详细而全面的施工设计文件,施工承包单位能准确计算工程量。

②单价合同。单价合同是施工承包单位在投标时,按招标文件就分部分项工程所列出的工程量表确定各分部分项工程费用的合同类型。按工程量清单计价模式进行招投标,签订合同所采用的就是单价合同类型。这种类型适用范围比较宽,其风险可以得到合理的分摊,一般建设单位承担工程量的风险,施工承包单位承担价格的风险,这类合同能够成立的关键在于双方对单价和工程量计算方法的确认,在合同履行中需要注意的问题是双方对实际工程量计量的确认。

③成本加酬金合同。成本加酬金合同是建设单位向施工承包单位支付工程项目的实际成本,并按事先约定的某一种方式支付酬金的合同类型。在这类合同中,建设单位需承担项目实际发生的一切费用,因而也就承担了项目的全部风险;而施工承包单位由于无风险,其报酬往往也较低。

(2)建设工程施工合同类型的选择。以付款方式不同划分的合同类型,在选择时应考虑如下因素:

①项目规模和工期长短。如果项目的投资建设规模较小、工期较短,则合同类型的选择余地较大,总价合同、单价合同及成本加酬金合同都可选择。如果项目投资建设规模大、工期长,则项目的风险也大,合同履行的不可预测因素也多,这种情况下不宜采用总价合同。

②项目的竞争情况。如果在某一时期和某一地点,愿意承包某一项目的投标人较多,则建设单位拥有较多的主动权,可按照总价合同、单价合同、成本加酬金合同的顺序进行选择。如

果愿意承包项目的投标人较少,则施工承包单位拥有的主动权较大,可以尽量选择施工承包单位愿意采用的合同类型。

③项目的复杂程度。项目的复杂程度高,则意味着对施工承包单位的技术水平要求高并且项目风险较大。此时,施工承包单位对合同的选择有较大的主动权,总合同被选用的可能性较小。如果项目的复杂程度较低,则建设单位对合同类型的选择拥有较大的主动权。

④项目的单项工程的明确程度。如果单项工程的类别和工程量都已十分明确,则可选用的合同类型较多,总价合同、单价合同、成本加酬金合同都可以选择。如果单项工程的分类详细而明确,但实际工程量与预计的工程量可能有较大出入时,则优先选择单价合同;如果单项工程的分类和工程量都不甚明确,则不能采用单价合同。

⑤项目的外部环境因素。项目的外部环境因素包括项目所在地区的政治局势、经济局势(如通货膨胀、经济发展速度等)、当地劳动力素质、交通、生活条件等。如果项目的外部环境恶劣则意味着项目的成本高、风险大、不可预测的因素多,施工承包单位很难接受总价合同方式,而较适合采用成本加酬金合同类型。

(3)建设工程施工合同条款。建设工程施工合同条款一般包括合同双方的权利、义务,施工组织设计和工期,施工质量和检验,合同价款与支付,竣工验收与结算,安全施工,专利技术及特殊工艺,文物和地下障碍物,不可抗力事件,保险,担保,工程分包,合同解除,违约责任,争议的解决等。由于工程项目目标的系统性、统一性,所以关于工程建设质量、进度、投资控制的条款都直接、间接影响到建设项目投资及费用。承发包双方签订合同时,应当采用《建设工程施工合同(示范文本)》签订合同。

6.4.5 施工阶段的投资控制

建设项目的投资主要发生在施工阶段,而施工阶段投资控制所受的自然条件、社会环境条件等主客观因素影响又是最突出的。如果在施工阶段监理工程师不严格进行投资控制工作,将会造成较大的投资损失以及出现整个建设项目投资失控现象。

1.施工阶段投资控制的基本原理

由于建设工程项目管理是动态管理的过程,所以监理工程师在施工阶段进行投资控制的基本原理也应该是动态控制的原理。监理工程师在施工阶段进行投资控制的基本原理是把计划投资额作为投资控制的目标值,在工程施工过程中定期地进行投资实际值与目标值的比较,通过比较发现并找出实际支出额与投资控制目标值之间的偏差,然后分析产生偏差的原因,并采取有效措施加以控制,以保证投资控制目标的实现。施工阶段投资控制应包括从工程项目开工直到竣工验收的全过程。

2.施工阶段投资控制的措施

在施工阶段,监理工程师应从组织、技术、经济、合同等多方面采取措施控制投资。

(1)组织措施。组织措施是指从投资控制的组织管理方面采取的措施,包括:①在项目监理组织机构中落实投资控制的人员、任务分工和职能分工、权利和责任;②编制施工阶段投资控制工作计划和详细的工作流程图。

(2)技术措施。从投资控制的要求来看,技术措施并不都是因为发生了技术问题才加以考虑,也可能因为出现了较大的投资偏差而加以应用。不同的技术措施会有不同的经济效果。

①对设计变更进行技术经济比较,严格控制设计变更;

②继续寻找建设设计方案挖潜节约投资的可能性;

③审核施工承包单位编制的施工组织设计,对主要施工方案进行技术经济分析比较。

(3)经济措施。

①编制资金使用计划,确定、分解投资控制目标;

②进行工程计量;

③复核工程付款账单,签发付款证书;

④对工程实施过程中的投资支出作出分析与预测,定期或不定期地向建设单位提交项目投资控制存在问题的报告;

⑤在工程实施过程中,进行投资跟踪控制,定期地进行投资实际值与计划值的比较,若发现偏差,分析产生偏差的原因,采取纠偏措施。

(4)合同措施。合同措施在投资控制工作中主要指索赔管理。在施工过程中,索赔事件的发生是难免的,监理工程师在发生索赔事件后,要认真审查有关索赔依据是否符合合同规定,索赔计算是否合理等。

①做好建设项目实施阶段质量、进度等控制工作,掌握工程项目实施情况,为正确处理可能发生的索赔事件提供依据,参与处理索赔事宜;

②参与合同管理工作,协助建设单位合同变更管理,并充分考虑合同变更对投资的影响。

3.施工阶段投资控制工作流程

施工阶段投资控制工作流程如图 6-20 所示。

4.施工阶段投资控制的工作内容

(1)确定投资控制目标,编制资金使用计划。施工阶段投资控制目标,一般是以招投标阶段确定的合同价作为投资控制目标,监理工程师应对投资目标进行分析、论证,并进行投资目标分解,在此基础上依据项目实施进度,编制资金使用计划。做到控制目标明确,便于实际值与目标值的比较,使投资控制具体化、可实施。

施工阶段投资资金使用计划的编制方法如下:

①按项目结构划分编制资金使用计划。根据工程分解结构的原理,一个建设项目可以由多个单项工程组成,每个单项工程还可以由多个单位工程组成,而单位工程又可分解成若干个分部和分项工程。按照不同子项目的投资比例将投资总费用分摊到单项工程和单位工程中去,不仅包括建筑安装工程费用,而且包括设备购置费用和工程建设其他费用,从而形成单项工程和单位工程资金使用计划。在施工阶段,要对各单位工程的建筑安装工程费用作进一步的分解形成具有可操作性的分部、分项工程资金使用计划。例如:某学校建设项目的分解过程,就是该项目施工阶段资金使用计划编制依据。为满足投资控制的需要,建设项目分解为单项工程、单位工程、分部工程和分项工程,如图 6-21 所示。

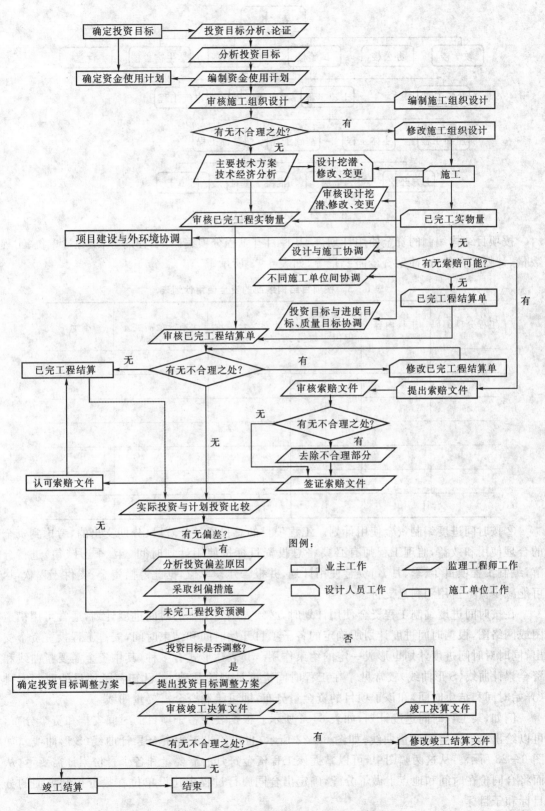

图6-20 施工阶段投资控制工作流程

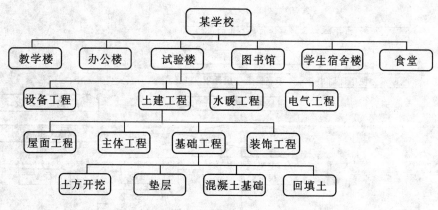

图 6-21　工程项目分解示意图

按项目结构编制的资金使用计划表,其栏目有工程分项编码、工程内容、工程量单位、工程数量、计划综合单价、计划资金需要量等,如表 6-3 所示。

表 6-3　按项目结构编制的资金使用计划表

工程分项编码	工程内容	工程量		计划综合单价	计划资金需要量	合计
		单位	数量			
合计						

②按时间进度编制资金使用计划。工程项目的总投资是分阶段、分期支出的,考虑到资金的合理使用和效益,监理工程师有必要将总投资目标按使用计划时间(年、季、月、旬)进行分解,编制工程项目年、季、月、旬资金使用计划,并报告建设单位,据此筹措资金、支付工程款,尽可能减少资金占用和利息支付。

在按时间进度编制工程资金使用计划时,必须先确定工程的时间进度计划,通常可用横道图或网络图,根据时间进度计划所确定的各子项目开始时间和结束时间,安排工程投资资金支出,同时对时间进度计划也形成一定的约束作用。其表达形式有多种,其中资金需要量曲线和资金累计曲线(S形曲线)较常见。在工程时间进度计划的基础上,已知各子项目的时间安排(开始时间和结束时间)和该子项目的资金量分布,即可绘制资金需要量曲线。

例如,某工程时间进度计划,如表 6-4 所示。根据表中各项目的时间安排和资金分布,可以绘出工程资金需要量曲线,如图 6-22 所示;也可绘出工程资金累计曲线(S形曲线),如图 6-23 所示。从这两幅图中,可以掌握该工程资金每月的需要量和各个月份累计需要量,从而将合同价在时间和地点上做了分配,确定出合同履行过程中建设单位在投资控制方面的分目标和子目标。

(2)审核施工组织设计。施工组织设计是施工承包单位依据投标文件编制的指导施工阶段开展工作的技术经济文件。监理工程师审核其保证质量、安全、工期、投资的技术组织方案的合理性、科学性,从而判断主要技术、经济指标的合理性,通过设计控制、修改、优化,达到预先控制、主动控制的效果,从而保证施工阶段投资控制的效果。

表 6-4　某工程时间进度计划及投资额分布

工程子项目	投资额（万元）	进度计划（月）									
		1	2	3	4	5	6	7	8	9	10
厂房土建	500	50	60	100	110	110	70				
厂房建筑设备	200				30	50	70	50			
办公楼	150						30	60	60		
仓库	100							20	40	40	
零星	50									20	30
合计	1000	50	60	100	140	160	170	130	100	60	30
累计额	1000	50	110	210	350	510	680	810	910	970	1000
累计百分比（%）	100	5	11	21	35	51	68	81	91	97	100

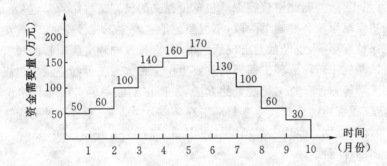

图 6-22　按时间进度编制的工程费用计划——工程资金需要量计划

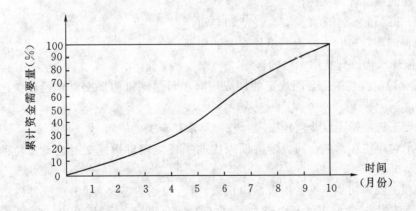

图 6-23　按时间进度编制的工程费用计划——工程资金累计曲线（S形曲线）

对施工组织设计的审核,可从施工方案、进度计划、施工现场布置以及保证质量、安全、工期的措施是否合理、可行等内容进行。采取不同的施工方法,选用不同的施工机械设备,不同的施工技术、组织措施,不同的施工现场布置等,都会直接影响到工程建设投资,监理工程师对施工组织设计具体内容的审核,从投资控制的角度讲,就是审核施工承包单位采取的施工方案,编制的进度计划,设计的现场平面布置,采取的保证质量、安全、工期的措施能否保证在招投标及签订合同阶段已经确定的投资额或合同价范围内完成工程项目建设。在施工阶段审核施工组织设计,还应注意施工承包单位开工前编制的施工组织设计内容应与招投标阶段技术标中施工组织设计承诺的内容一致,并注意与商务标中分部分项工程清单、措施项目清单、零星工作项目表中的单价形成是统一的。即采取什么施工方案,实际发生多少工程量,用多少人工、材料、机械、数量,发生多少费用与投标报价清单中是吻合的。为此,审核施工组织设计,应与投标报价中的分部分项工程量清单综合单价分析表、措施项目费用分析表,以及实施工程承包单位的资金使用计划结合起来进行,从而达到通过审核施工组织设计预先控制资金使用的效果。

(3)审核已完工程实物量并计量。审核已完工程实物量,是施工阶段监理工程师做好投资控制工作的一项最重要的工作。无论建设项目施工合同的签订是工程量清单还是施工图预算加签证等形式,按照合同规定实际发生的工程量进行工程价款结算是大多数工程项目施工合同所要求的。为此监理工程师应依据施工设计图纸、工程量清单、技术规范、质量合格证书等认真做好工程计量工作,并据此审核施工承包单位提交的已完工程结算单,签发付款证书。

(4)处理变更索赔事项。在施工阶段,不可避免地会发生工程量变更、工程项目变更、进度计划变更、施工条件变更等,也经常会出现索赔事项,直接影响到工程项目的投资。科学、合理地处理索赔事件,是施工阶段监理工程师的重要工作。总监理工程师应从项目投资、项目的功能要求、质量和工期等方面审查工程变更的方法,并且在工程变更实施前与建设单位、施工承包单位协商确定工程变更的价款。专业监理工程师应及时收集、整理有关的施工和监理资料,为处理费用索赔提供证据。监理工程师应加强主动控制,尽量减少索赔,及时、合理地处理索赔,保证投资支出的合理性。

①项目监理机构处理费用索赔的依据。

A. 国家有关的法律、法规和工程项目所在地的地方法规;

B. 本工程的施工合同文件;

C. 国家、部门和地方有关的标准、规范和定额;

D. 施工合同履行过程中与索赔事件有关的凭证。

②项目监理机构处理费用索赔的程序。

A. 施工承包单位在施工合同规定的期限内向项目监理机构提交对建设单位的费用索赔意向通知书;

B. 总监理工程师指定专业监理工程师收集与索赔有关的资料;

C. 施工承包单位在承包合同规定的期限内向项目监理机构提交对建设单位的费用索赔申请表;

D. 总监理工程师初步审查费用索赔申请表,符合费用索赔条件(索赔事件造成了施工承包单位直接经济损失、索赔事件是由于非承包单位的责任发生的)时予以受理;

E. 总监理工程师进行费用索赔审查,并在初步确定一个额度后,与承包单位和建设单位

进行协商;

F. 总监理工程师应在施工合同规定的期限内签署费用索赔审批表,或在施工合同规定的期限内发出要求施工承包单位提交有关索赔报告的进一步详细资料的通知,待收到施工单位提交的详细资料后,按第 D、E、F 条规定程序进行。

(5)实际投资与计划投资比较,及时进行纠偏。专业监理工程师应及时建立月完成工程量和工作量统计表,对实际完成量与计划完成量进行比较、分析,定期地将实际投资与计划投资(或合同价)作比较,发现投资偏差,计算投资偏差,分析投资偏差产生的原因,制定调整措施,并应在监理月报中向建设单位报告。

投资偏差是指投资计划值与实际值之间存在的差异,即:

$$投资偏差 = 已完工程实际投资 - 已完成工程计划投资$$
$$= 已完工程量 \times 实际单价 - 已完工程量 \times 计划单价$$

上式中结果为正表示投资增加,结果为负表示投资节约。需要注意的是,与投资偏差密切相关的是进度偏差,在进行投资偏差分析的时候要同时考虑进度偏差,只有进度计划正常的情况下,投资偏差为正值时,表示投资增加;如果实际进度比计划进度超前,单纯分析投资偏差是看不出本质问题的。为此,在进行投资偏差分析时往往同时进行进度偏差计算分析。

$$进度偏差 = 已完工程实际时间 - 已完工程计划时间$$
$$进度偏差 = 拟完工程计划投资 - 已完工程计划投资$$
$$= 拟完工程量 \times 计划单价 - 已完工程量 \times 计划单价$$

进度偏差计算结果为正值时,表示工期拖延;结果为负值时,表示工期提前。引起投资偏差的原因,主要包括四个方面:①客观原因,包括人工费涨价、材料费涨价、自然因素、地基因素、交通原因、社会原因、法规变化等;②建设单位原因,包括投资规划不当、组织不落实、建设手续不齐备、未及时付款、协调不佳等;③设计原因,包括设计错误或缺陷、设计标准变更、图纸提供不及时、结构变更等;④施工原因,包括施工组织设计不合理、质量事故、进度安排不当等。从偏差产生的原因看,由于客观原因是无法避免的,施工原因造成的损失由施工承包单位自己负责。

因此,监理工程师投资纠偏的主要对象是由建设单位原因和设计原因造成的投资偏差。除上述投资控制工作内容外,监理工程师还应协助建设单位按期提供合格的施工现场、符合要求的设计文件以及应由建设单位提供的材料、设备等,避免索赔事件的发生,造成投资费用增加。在工程价款结算时,还应审查有关变更费用的合理性,审查价格调整的合理性等。

▷ 6.4.6 竣工验收阶段的投资控制

竣工验收是工程项目建设全过程的最后一个程序,是检验、评价建设项目是否按预定的投资意图全面完成工程建设任务的过程,是投资成果转入生产使用的转折阶段。

1. 工程竣工结算过程中监理工程师的职责

工程项目进入竣工验收阶段,按照我国工程项目施工管理惯例,也就进入了工程尾款结算阶段,监理工程师应在全面检查验收工程项目质量的基础上,对整个工程项目施工预付款、已结算价款、工程变更费用、合同规定的质量保留金等综合考虑分析计算后,审核施工承包单位工程尾款结算报告,符合支付条件的,报建设单位进行支付。工程竣工结算是指施工承包单位按照合同规定的内容全部完成所承包的工程,经验收质量合格,并符合合同要求之后,向建设单位进行的最终工程价款结算。办理工程价款结算的一般公式如下：

竣工结算工程价款＝预算(或概算)或合同价＋施工过程中预算或合同价款调整数额－预付及已结算工程价款－保修金

　　按照我国现行《建设工程监理规范》的规定和委托建设监理工程项目管理的通常做法，在竣工结算过程中，监理机构及其监理工程师的主要职责是：一方面承发包双方之间的结算申请、报表、报告及确认等资料均通过监理机构传递，监理方起协调、督促作用；另一方面，施工承包单位向建设单位递交的竣工结算报表应由专业监理工程师审核，总监理工程师审定，由总监理工程师与建设单位、施工承包单位协商一致后，签发竣工结算文件和最终的工程款支付证书报建设单位。项目监理机构应及时按施工合同的有关规定进行竣工结算，并应对竣工结算的价款总额与建设单位和施工承包单位进行协商。

　　2.竣工结算的审查

　　对工程竣工结算的审查是竣工验收阶段监理工程师的一项重要工作。经审查核定的工程竣工结算是核定建设工程投资造价的依据，也是建设项目验收后编制竣工决算和核定新增固定资产价值的依据。监理工程师应严把竣工结算审核关。在审查竣工结算时应从以下几方面入手：

　　(1)核对合同条款。首先，应对竣工工程内容是否符合合同条件要求，工程是否竣工验收合格进行核对。只有按合同要求完成全部工程并验收合格才能进行竣工结算。其次，应按合同约定的结算方法、计价定额、取费标准、主材价格和优惠条款等，对工程竣工结算进行审核，若发现合同开口或有漏洞，应请建设单位和施工承包单位认真研究，明确结算要求。

　　(2)检查隐蔽验收记录。所有隐蔽工程均需进行验收，有隐检记录，并经监理工程师签证确认。审核竣工结算时应检查隐蔽工程施工记录和验收签证，做到手续完整、工程量与竣工图一致方可列入结算。

　　(3)落实设计变更签证。设计修改变更应由设计单位出具设计变更通知单和修改图纸，设计、核审人员签字并加盖公章，经建设单位和监理工程师审查同意、签证，重大设计变更应经原审批部门审批，否则不应列入结算。

　　(4)按图核实工程数量。竣工结算的工程量应依据竣工图、设计变更单和现场签证等进行核算，并按国家统一的计算规则计算工程量。

　　(5)认真核实单价。结算单价应按现行的计价原则和计价方法确定，不得违背。

　　(6)注意各项费用计取。建筑安装工程的取费标准，应按合同要求或项目建设期间与计价定额配套使用的建筑安装工程费用定额及有关规定执行，先审核各项费率、价格指数或换算系数是否正确，价差调整计算是否符合要求，再核实特殊费用和计算程序。要注意各项费用的计取基数，如安装工程间接费是以人工费(或人工费与机械费合计)为基数，此处人工费是直接工程费中的人工费(或人工费与机械费合计)与措施费中人工费(或人工费与机械费合计)，再加上人工费(或人工费与机械费)调整部分之和。

　　(7)防止各种计算误差。工程竣工结算子目多、篇幅大，往往有计算误差，应认真核算，防止因计算误差多计或少算。

　　3.协助建设单位编制竣工决算文件

　　所有竣工验收的项目，在办理验收手续之前，必须对所有财产和物资进行清理，编制竣工决算。通过竣工决算，一方面反映建设项目实际造价和投资效果，另一方面还可以通过竣工决算与概算、预算的对比分析,考核投资控制的工作成效,总结经验教训,积累技术经济方面的基础资料,提高未来建设工程的投资效益。竣工决算是建设工程从筹建到竣工投产全过程中发生的所有实际支出费用,包括设备工器具购置费、建筑安装工程费和其他费用等。

竣工决算由竣工决算报表、竣工财务决算说明书、竣工工程平面示意图、工程投资造价比较分析四部分组成。

(1)竣工决算的编制依据。

①可行性研究报告、投资估算书、初步设计或扩大初步设计、修正总概算及其批复文件;

②设计变更记录、施工记录或施工签证及其他施工发生的费用记录;

③经批准的施工图预算或标底造价、承包合同、工程结算等有关资料;

④历年基建计划、历年财务决算及批复文件;

⑤设备、材料调价文件和调价记录;

⑥其他有关资料。

(2)竣工决算的编制步骤。

①整理和分析有关依据资料。在编制竣工决算文件之前,应系统地收集、整理所有的技术资料、费用结算资料、有关经济文件、施工图纸和各种变更与签证资料,并分析它们的正确性。

②清理各项财务、债务和结余物资。在收集、整理和分析有关资料时,要特别注意建设工程从筹建到竣工投产或使用的全部费用的各项账务、债权和债务的清理,做到工程完毕账目清晰。既要核对账目,又要查点库存实物的数量,做到账与物相等,账与账相符;对结余的各种材料、工器具和设备,要逐项清点核实,妥善管理,并按规定及时处理,收回资金。对各种往来款项要及时进行全面清理,为编制竣工决算提供准确的数据和结果。

③填写竣工决算报表。填写建设工程竣工决算表格中的内容,应按照编制依据中的有关资料进行统计或计算各个项目和数量,并将其结果填到相应表格的栏目内,完成所有报表的填写。

④编制建设工程竣工决算说明。按照建设工程竣工决算说明的内容要求,根据编制依据材料填写在报表中,一般以文字说明表述。

⑤做好工程造价对比分析。

⑥清理、装订好竣工图。

⑦上报主管部门审查。

4.工程投资造价比较分析

工程投资造价比较分析时,可先对比整个项目的总概算,然后将建筑安装工程费、设备及工器具费和其他工程费用逐一与竣工决算表中所提供的实际数据和相关资料及批准的概算、预算指标、实际的工程投资造价进行对比分析,以确定竣工项目总投资造价是节约还是超支,并在对比的基础上,总结先进经验,找出节约和超支的内容及其原因,提出改进措施。在实际工作中,监理工程师应主要分析以下内容:

(1)主要实物工程量。对于实物工程量出入比较大的情况,必须查明原因。

(2)主要材料消耗量。考核主要材料消耗量,要按照竣工决算表中所列明的主要材料实际超概算的消耗量,查明是在工程的哪个环节超出量最大,再进一步查明超耗的原因。

(3)考核建设单位管理费、建筑及安装工程措施费、间接费等的取费标准。建设单位管理费、建筑及安装工程措施费、间接费等的取费要按照国家有关规定以及工程项目实际发生情况,根据竣工决算报表中所列的数额与概预算或措施项目清单、其他项目清单中所列数额进行比较,依据规定查明是否多列或少列费用项目,确定其节约超支的数额,帮助建设单位查明原因。对整个建设项目建设投资情况进行总结,提出成功经验及应吸取的教训。

➤ 6.4.7 建设工程投资控制实例分析

【例6-2】某项工程建设单位与施工承包单位签订了施工合同,合同中含有两个子项工程,估算工程量A项2300 m³,B项为3200 m³,经协商合同价A项为180元/m³,B项为160元/m³。承包合同规定:

开工前建设单位向施工承包单位支付合同价20%的预付款;建设单位自第一月起,从施工承包单位的工程款中,按5%的比例扣留保修金;当子项工程实际工程量超过估算工程量10%时,可进行调价,调整系数0.9;根据市场情况规定价格调整系数平均按1.2计算;监理工程师签发月度付款最低金额为25万元;预付款在最后两个月扣除,每月扣50%。施工承包单位每月实际完成并经监理工程师签证确认的工程量如表6-5所示。

表6-5 某工程每月实际完成并经监理工程师签证确认的工程量(单位:m³)

月份	1月	2月	3月	4月
A项	500	800	800	600
B项	700	900	800	600

第一个月,工程量价款为:$500×180+700×160=20.2$(万元)

应签证的工程款为:$20.2×1.2×(1-5\%)=23.028$(万元)

由于合同规定监理工程师签发的最低金额为25万元,故本月监理工程师不予签发付款凭证。求预付款、从第二个月起每月工程量价款、监理工程师应签证的工程款、实际签发的付款凭证金额。

解:

(1)预付款金额为:$(2300×180+3200×160)×20\%=18.52$(万元)

(2)第二个月,工程量价款为:$800×180+900×160=28.8$(万元)

应签证的工程款为:$28.8×1.2×0.95=32.832$(万元)

本月工程师实际签发的付款凭证金额为:$23.028+32.832=55.86$(万元)

(3)第三个月,工程量价款为:$800×180+800×160=27.2$(万元)

应签证的工程款为:$27.2×1.2×0.95=31.008$(万元)

应扣预付款为:$18.52×50\%=9.26$(万元)

应付款为:$31.008-9.26=21.748$(万元)

因本月应付款金额小于25万元,故监理工程师不予签发付款凭证。

(4)第四个月,A项工程累计完成工程量2700 m³,比原估算工程量2300 m³超出400 m³,已超过估算工程量的10%,超出部分其单价应进行调整。则:

超过估算工程量10%的工程量为:$2700-2300×(1+10\%)=170$(m³)

这部分工程量单价应调整为:$180×0.9=162$(元/m³)

A项工程工程量价款为:$(600-170)×180+170×162=10.494$(万元)

B项工程累计完成工程量为3000 m³,比原估算工程量3200 m³减少200 m³,不超过估算工程量,其单价不予进行调整。

B 项工程工程量价款为:$600 \times 160 = 9.6$(万元)

本月完成 A、B 两项工程量价款合计为:$10.494 + 9.6 = 20.094$(万元)

应签证的工程款为:$20.094 \times 1.2 \times 0.95 = 22.907$(万元)

本月监理工程师实际签发的付款凭证金额为:$21.748 + 22.907 - 18.52 \times 50\% = 35.395$(万元)

6.5 建设工程安全监理

建设工程安全目标与质量、进度和投资有密切联系,安全目标实现与否会影响其他三大目标的实现。因此对建设项目实施安全监督管理,就成为建设工程监理的重要组成部分,也是建设工程安全生产管理的重要保障。

▷ 6.5.1 建设工程安全监理概述

1.建设工程安全监理的含义

建设工程安全监理,是指监理工程师对建设工程中的人、材料、机械、方法、环境及施工全过程的安全生产进行监督管理,采取组织、技术、经济和合同措施,保证建设行为符合国家安全生产、劳动保护、环境保护、消防等法律法规和有关方针、政策的要求,有效地将建设工程安全风险控制在允许的范围内,以确保施工安全。

建设工程安全监理是建设工程安全生产的重要保障。安全生产是指在生产过程中保障人身安全和设备安全。它有两方面的含义:一是在生产过程中保护职工的安全和健康,防止工伤事故和职业病危害;二是在生产过程中防止其他各类事故的发生,确保生产设备的连续、稳定、安全运转,保护国家财产不受损失。

2.建设工程安全监理的依据

建设工程安全监理的主要依据包括有关安全生产、劳动保护、环境保护等相关的法律、法规和规范、建设工程批准文件和设计文件、建设工程委托监理合同和有关的建设工程合同等。包括:①《中华人民共和国建筑法》;②《中华人民共和国安全生产法》;③《中华人民共和国刑法》第一百三十七条;④《中华人民共和国劳动法》;⑤《中华人民共和国环境保护法》;⑥《中华人民共和国消防法》;⑦《建设工程安全生产管理条例》;⑧《工程建设标准强制性条文》;⑨《施工企业安全生产评价标准(JGJ/T 77—2010)》;⑩《施工现场临时用电安全技术规范(JGJ 46—2005)》;⑪《建筑施工高处作业安全技术规范(JGJ 80—2016)》;⑫《建筑机械使用安全技术规程(JGJ 33—2012)》;⑬《建筑施工门式钢管脚手架安全技术规范(JGJ 128—2010)》;⑭《建筑施工扣件式钢管脚手架安全技术规范(JGJ 130—2011)》;⑮《龙门架及井架物料提升机安全技术规范(JGJ 88—2010)》;⑯《建筑工程预防高处坠落事故若干规定》和《建筑工程预防坍塌事故若干规定》。

3.我国建设工程安全责任体系

《建设工程安全生产管理条例》对建设单位、勘察单位、设计单位、施工单位、工程监理单位及其他与建设工程安全生产有关的单位所承担建设工程安全生产责任作出了明确规定。

(1)建设单位的安全责任。建设单位在工程建设中居主导地位,对建设工程的安全生产负重要责任。建设单位在编制工程概算时,应当确定建设工程安全作业环境及安全施工措施所需费用;不得对勘察、设计、施工、工程监理等单位提出不符合建设工程安全生产法律、法规和强制性标准规定的要求;不得任意压缩合同约定的工期;有义务向施工单位提供有关资料;有责任将安全措施报送有关主管部门备案。

(2)工程监理单位的安全责任。工程监理单位应当审查施工组织设计中的安全技术措施或者专项施工方案是否符合工程建设强制性标准。工程监理单位在实施监理过程中,发现存在安全事故隐患的,应当要求施工承包单位整改;情况严重的,应当要求施工承包单位暂时停止施工,并及时报告建设单位。施工承包单位拒不整改或者不停止施工的,工程监理单位应当及时向有关主管部门报告。工程监理单位和监理工程师应当按照法律、法规和工程建设强制性标准实施监理,并对建设工程安全生产承担监理责任。

(3)勘察、设计单位的安全责任。勘察单位应该认真执行国家有关法律、法规和工程建设强制性标准,进行勘察,提供的勘察文件应当真实、准确,满足建设工程安全生产的需要。在勘察作业时,应当严格执行操作规程,采取措施保证各类管线、设施和周边建筑物、构筑物的安全。

设计单位应当按照法律、法规和建设工程强制性标准进行设计,应当考虑施工安全操作和防护的需要,对涉及施工安全的重点部位和环节在设计文件中予以注明,并对防范生产安全事故提出指导意见。对采用新结构、新材料、新工艺的建设工程和特殊结构的建设工程,设计单位应当在设计中提出保障施工作业人员安全和预防生产安全事故的措施建议。设计单位和注册建筑师等注册执业人员应当对其设计负责。

(4)施工单位的安全责任。施工单位在建设工程安全生产中处于核心地位。施工单位必须建立本企业安全生产管理机构和配备专职安全管理人员,应当在施工前向作业班组和人员作出安全施工技术要求的详细说明,应当对因施工可能造成损害的毗邻建筑物、构筑物和地下管线采取专项防护措施,应当向作业人员提供安全防护用具和安全防护服装,并书面告知危险岗位操作规程。施工单位应对施工现场安全警示标志使用、作业和生活环境等进行管理,应在施工起重机械和整体提升脚手架、模板等自升式架设设施验收合格后进行登记。施工单位应落实安全生产作业环境及安全施工措施所需费用,应对安全防护用具、机械设备、施工机具及配件在进入施工现场前进行查验,合格后方能投入使用。严禁使用国家明令淘汰、禁止使用的危及施工安全的工艺、设备、材料。

(5)其他参与单位的安全责任。

①提供机械设备和配件的单位应当按照安全施工的要求配备齐全有效的保险、限位等安全设施和装置。

②出租机械设备和施工机具及配件的单位应当具有生产(制造)许可证、产品合格证;应当对出租的机械设备和施工机具及配件的安全性能进行检测,在签订租赁协议时,应当出具检测合格证明;禁止出租检测不合格的机械设备和施工机具及配件。

③拆装单位在施工现场安装、拆卸施工起重机械和整体提升脚手架、模板等自升式架设设施必须具有相应等级的资质。安装、拆卸施工起重机械和整体提升脚手架、模板等自升式架设设施,应当编制拆装方案,制定安全施工措施,并由专业技术人员现场监督。

施工起重机械和整体提升脚手架、模板等自升式架设设施安装完毕后,安装单位应当自检,出具自检合格证明,并向施工单位进行安全使用说明,办理签字验收手续。

④检验检测机构对检测合格的施工起重机械和整体提升脚手架、模板等自升式架设设施，应当出具安全合格证明文件，并对检测结果负责。

对在建设项目实施过程中出现的安全问题，监理工程师应根据相关方应承担的安全责任进行处理。

4.建设工程安全监理的原则

(1)坚持安全第一，预防为主的原则。建设工程安全生产关系到人民生命和财产的安全，因此在建设工程监理中应自始至终把"安全第一"作为建设工程安全监理的基本原则。在进行目标控制时由于被动控制是通过不断纠正偏差来实现的，而这种偏差对控制工作来说，则是一种损失，因此安全监理工作应重点做好主动控制，对影响工程安全的各种因素进行合理预测，并采取相应的措施，以减少安全事故发生所带来的损失。

(2)坚持系统控制的原则。安全监理是与进度控制、质量控制及投资控制同时进行的，是整个建设工程目标控制系统的一个组成部分，在进行安全监理时，必须协调好与其他目标的关系，做好建设项目目标的相互协调和相互平衡。

(3)坚持全过程监控的原则。建设工程的实施要经历决策阶段、勘察设计阶段、招投标阶段、施工阶段直至竣工验收，任何一个阶段安全监理工作做不好都会影响到整个建设工程安全目标的实现，甚至影响质量、进度和投资目标的实现。因此，对于为建设单位提供全过程服务的监理单位，应对建设工程的各个阶段实施安全监理。

(4)坚持全方位监控的原则。建设工程在实施过程中存在众多因素影响到安全目标的实现，如人的行为、物的状态、生产环境与自然环境因素、安全管理因素等，任何一个因素控制不当，都会影响到安全目标的实现。因此，要对影响到安全目标实现所涉及的各种因素进行全方位监控。

(5)坚持动态控制的原则。建设工程在实施过程中存在大量的不确定性因素，任何一个因素的变化都会导致安全控制系统的变化。所以在进行安全监理过程中，需要不断地将安全控制实施情况与目标值进行比较，当出现偏差时采取纠正措施或调整、修改原计划，即进行动态监控以满足建设工程的需要。

5.建设工程安全监理的措施

(1)组织措施。组织措施即从安全监理的组织管理方面采取相应的措施，如落实安全控制的组织机构和人员，明确各级目标控制人员的任务、职能分工、权力和责任，制定安全监理工作流程等，从组织形式、人员配备及相关制度上保证安全监理目标的实现。

(2)技术措施。技术措施不仅可以解决建设工程实施中所遇到的技术问题，而且对纠正安全监理目标偏差也有相当重要的作用。在运用技术措施纠偏时，要尽可能提出多个备选方案，并且要对不同的技术方案进行技术经济比较分析，从中选择最优的技术方案。

(3)经济措施。经济措施指通过经济手段来保证安全监理目标的实现，如可通过落实安全生产责任制、安全生产奖惩制度等与经济挂钩，并对实现者进行及时兑现，以提高安全生产的积极性，保证安全目标的实现。

(4)合同措施。合同是进行建设工程安全监理的重要依据，合同措施也是监理工程师实施安全监理的主要措施。监理工程师应在合同的签订方面协助建设单位确定合同的形式，拟定合同条款，参与合同谈判，以保证合同的形式、内容有利于合同的管理及安全目标的实现。

6.建设工程安全监理的作用

(1)有利于防止或减少安全事故，保障人民群众生命和财产安全。我国建设工程规模逐步加大,建设领域安全事故起数和伤亡人数一直居高不下,个别地区施工现场安全生产情况仍十分严峻,建设工程监理安全控制可及时发现建设工程实施过程中出现的安全隐患,并要求承包单位及时整改、消除,从而有利于防止或减少生产安全事故的发生,也就保证了广大人民群众的生命和财产安全。

(2)有利于提高建设工程安全生产管理水平。通过监理工程师对建设工程施工生产的安全监督管理,以及监理工程师的审查、督促、检查等手段,促使承包单位进行安全生产,改善劳动作业条件,提高安全技术措施等,从而提高建设工程安全生产管理水平。

(3)有利于规范工程建设参与各方主体的安全生产行为。建设工程在实施过程中涉及多方参与主体,监理工程师通过对建设工程安全生产的全过程进行动态监督管理,可以有效地规范各参与主体的安全生产行为,最大限度地避免不当安全生产行为的发生。

(4)有利于实现工程投资效益最大化。实行建设工程监理安全控制,监理工程师通过对承包单位的安全生产进行监督管理,可有效地预防安全事故的发生,从而保证了建设工程各项目标的实现,有利于投资的正常回收,实现投资效益的最大化。

➢ 6.5.2 建设工程施工安全监理工作内容

1.施工准备阶段安全监理工作内容

施工准备阶段安全监理,是指监理工程师在正式施工前进行的安全预控,主要工作内容包括以下方面:

(1)认真审查施工单位的资质。根据《建筑施工企业安全生产许可证管理规定》,进行建设工程施工的企业必须取得住房城乡建设主管部门颁发的安全生产许可证,对于一些特种作业人员,必须经过专门的作业培训,并取得特种作业操作资格证书后方可上岗。监理单位应认真审查施工单位的资质及项目管理人员和技术人员是否合格,对于不合格的人员,监理单位有权要求施工单位予以更换。

(2)认真审查施工单位有关施工安全的工作文件。监理单位应当要求施工单位在开工前提交表6-6所列的施工安全工作文件,对其进行认真审查。应着重审查其是否具有真实性、可行性、可靠性和全面性。在审查中应特别注意以下环节:

①是否具有健全有效的安全工作机制和管理制度。

②是否安排了强有力的安全工作主管和合格、有经验的专职安全人员。

③是否具有符合安全要求的平面布置,其工地临时用电、消防、危险品库、围挡防护等涉及安全的设施是否符合规定。

④总体(全场、建设工程)和专项施工安全技术措施是否达到了全面、周到、细致、可行,并具有可靠的设计计算。

⑤是否具有冬雨期等季节性施工措施和符合要求的应对突发事件的预案。

⑥是否具有能够实施的经常性的安全教育检查工作。

⑦是否严格执行了对职工的安全防护品使用和健康保护的要求。

表6-6 监理单位应审查的施工安全工作文件

序号	施工安全文件的名称
1	全场性或建设工程的施工组织设计或安全技术措施
2	专项、专业或特种工程的施工方案和安全技术措施
3	施工临时用电、工地防火、围挡和环境保护措施
4	安全文明工地管理办法
5	全场和项目的安全施工的组织保证体系
6	企业或项目的安全施工的制度保证体系
7	项目施工的安全工作要点
8	职工安全施工教育提纲或培训教材
9	施工安全主管人员和专职安全人员的个人情况材料
10	安全隐患整改和突发事态应急处置管理办法

（3）对分包单位的监控。正式开工前，监理工程师要检查、督促施工总承包单位对分包商在施工过程中所涉及的危险源应予以识别、评价和控制策划，并将与策划结果有关的文件和要求事先通知分包单位，以确保分包单位能遵守施工总承包单位的施工组织设计的相关要求，如对分包单位自带的机械设备的安装、验收、使用、维护和操作人员持证上岗的要求，相关安全风险及控制要求等。

（4）严把开工关。在总监理工程师发出开工通知书之前，监理工程师应认真检查施工单位的施工人员、施工机械设备、施工场地等是否存在安全隐患，经检查合格后，方可发出开工指令，以避免在工程施工过程中发生安全事故。

2. 施工过程中的安全监理工作内容

施工过程体现在一系列的现场施工作业和管理活动中，监理工程师对施工作业和管理活动的监督管理效果将直接影响到施工过程的安全控制效果。监理工程师对施工过程的安全控制应重点做好以下工作：

（1）安全物资的监控。监理单位在安全物资进场时要认真进行核查，以保证安全物资的质量，严禁施工单位使用质量不合格的安全物资；在安全物资的使用过程中，监理单位应监督施工单位对安全物资品牌、规格、型号和验收状态做出识别标志，以避免安全物资的混用、错用，同时为了防止安全物资的损坏和变质，监理单位应检查施工单位对安全物资的储存方式是否正确，并且在储存期间应要求施工单位对安全物资的防护和质量进行检查。

（2）施工机械设备的安全监控。监理单位在施工过程中重点检查施工单位是否按规定选用、安装（拆除）、验收、检测、使用、保养、维修、改造或报废施工机械设备，租赁设备是否按合同规定履行各自的安全生产管理职责；对于大型设备，监理单位重点审查装拆大型设备的单位及人员是否具有相应的资质及资格，大型的起重设备装拆有无经审批的专项方案，拆装工作是否按规定做好了监控和管理，安装后的大型设备是否经检测合格后才投入使用。

（3）安全防护设施搭设、拆除及使用维护的监控。

①监理单位应监督检查施工单位是否按照安全技术方案的要求搭设安全防护设施。

②监理单位应对洞口、临边、高处作业所采取的安全防护设施如通道、防护栅栏、电梯井内

隔离网、楼层周边和预留洞口的防护设施、基坑临边防护设施、悬空或攀登作业防护设施的搭设、拆除进行监控。

③建设工程多为露天作业,且现场情况多变,又是多工种立体交叉作业,安全设施在投入使用后,在施工过程中往往出现缺陷和问题,施工人员在施工过程中也往往会发生违章现象,因此,监理工程师要对安全防护设施在日常运行和使用过程中易发生事故的主要环节、部位进行动态的检查,对检查过程中发现的问题责成施工单位及时整改,情节严重的,应当要求施工单位暂时停止施工,并及时报告建设单位,以保持安全防护设施完好有效,达到安全目标。

(4)安全检测工具的监控。监理单位应督促施工单位按有关规定配备相应的安全检测工具,如卡尺、塞尺、传感器、力矩扳手、电阻测试仪、绝缘电阻测试仪、声级机等,并且要对所配备的安全检测工具进行质量检验,严禁无生产许可证和产品合格证或证件不齐全的检测工具应用到建设工程的安全控制中;在建设工程实施的过程中,监理单位还应监督施工单位对安全检测工具按要求复检,对达不到规定性能、精度状况的工具严禁在工程建设中使用。

(5)对重大危险源及与之相关的重点部位、过程和活动的监控。监理工程师要根据已识别的重大危险源,确定与之相关的需要进行重点监控的重点部位、过程和活动,如深基坑施工、大型构件吊装、高大模板施工等,监理单位应选派熟悉相应操作过程和操作规程的监理员对监控对象进行监控。对于重点监控对象,监理员必须进行连续的旁站监控,并做好记录。

(6)施工现场临时用电的监控。监理单位应定期对施工现场临时用电进行检查,对变配电装置、架空线路或电缆干线的敷设、分配电箱等用电设备进行检查,并做好检查记录,对所出现的问题及时责成施工单位进行整改,情节严重的,应当要求施工单位暂时停止施工,并及时报告建设单位。在工程实施过程中,监理单位应督促施工单位对用电设备进行日常检查、维护和保养,以保证安全目标的实现。

(7)施工现场消防安全的监控。监理单位应对施工现场木工间、油漆仓库、氧气与乙炔瓶仓库等重点防火部位进行定期检查,督促施工单位采取相应的防火措施。监理单位还应对施工单位的消防安全责任制的落实情况进行检查监督,并督促施工单位定期对消防设施、器材等进行检查、维护,以确保其完好、有效。

(8)施工现场及毗邻区域内地下管线、建(构)筑物等的专项防护的监控。监理单位应对施工现场及毗邻区域内地下管线,如供水、排水、供电等地下管线,所采取的专项防护措施的实施情况进行检查,在检查中所出现的问题应及时通知施工单位进行整改,情节严重的,应当要求施工单位暂时停止施工,并及时报告建设单位,做好检查记录。

(9)安全自检工作的监控。监理单位对安全设施、临时用电设备等的验收核查,是对施工单位安全工作质量进行复核与确认,监理单位的核查不能代替施工单位的自检,且监理单位的核查必须是在施工单位自检的基础上进行的。为此,监理单位应监督施工单位安排专职安全生产管理人员对安全设施及安全措施的落实情况进行检查,未经自检或检查不合格的,不能报送监理工程师进行检查,对于需经行业检测的安全设施、施工机械等,未经行业检测或检测不合格的,不能报送监理工程师进行检查。

(10)安全记录资料的监控。在建设工程施工过程中,施工安全记录资料应真实、齐全、完整,相关各方人员的签字齐备、字迹清楚、结论明确,与施工过程的进展同步。由于安全记录资料是为证明施工现场满足安全要求的程度或为安全计划实施的有效性提供客观证据的文件,还可为有追溯要求的各类检查、验收和采取纠正措施及预防措施等提供依据,在每一阶段施工或安装工作完成时,监理单位认真检查施工单位的安全资料的真实、齐全、完整性,督促施工单位安全资料的归档整理工作。

(11)施工现场环境的安全监控。监理单位应对施工现场环境卫生安全定期进行监督检查,督促施工单位做好工作区的施工前期围挡、场地、道路、排水设施准备,按规划堆放物料,由专人负责场地清理、道路维护保洁、水沟与沉淀池的疏通和清理,督促施工作业人员做好班后清理工作以及对作业区域安全防护设施的检查维护工作。监理单位还应督促施工单位必须按卫生标准要求在施工现场设置宿舍、食堂等临时设施,要符合卫生、安全、健康的有关条件,杜绝由于卫生不符合标准所发生的事故。监理单位还应经常对临时建筑进行检查,保证临时建筑物的使用符合安全的要求。

(12)严把安全验收关。在安全设施搭设、施工机械设备安装完成后,施工单位自检合格才能报请监理单位进行验收,监理单位必须严格遵守国家相关标准、规范、规程等规定,按照专项施工方案和安全技术措施的设计要求进行验收,严格把关,并做好记录,对验收过程中所出现的问题及时要求施工单位整改,验收合格后方可同意施工单位投入使用。

▷ 6.5.3　建设工程安全监理的方法

1.危险源的概念

危险源是可能导致人身伤害或疾病、财产损失、工作环境破坏或这些情况组合的危险因素和有害因素。危害因素强调突发性和瞬间作用的因素,有害因素强调在一定时期内的慢性损害和累积作用。

根据危险源在事故发生发展中的作用,把危险源分为两大类,即第一类危险源和第二类危险源。可能发生意外释放的能量的载体或危险物质称为第一类危险源,例如在隧道、沉井基础施工中,遇到放射性物质或有毒气体、液体。造成约束、限制能量措施失效或破坏的各种不安全因素称作第二类危险源,包括人的不安全行为、物的不安全状态和不良环境条件。

2.危险源与事故

事故的发生是两类危险源共同作用的结果,第一类危险源是事故发生的前提,第二类危险源的出现是第一类危险源导致事故的必要条件。在事故的发生和发展过程中,两类危险源相互依存,相辅相成。第一类危险源是事故的主体,决定事故的严重程度;第二类危险源出现的难易,决定事故发生的可能性大小。

3.危险源辨认与控制的方法

(1)危险源辨识与风险评价。

①危险源辨识的方法有专家调查法、安全检查表(SCL)法等。

A.专家调查法是通过向有经验的专家咨询、调查,辨识、分析和评价危险源的一类方法,其优点是简便、易行,其缺点是受专家的知识、经验和占有资料的限制,可能出现遗漏。常用方法有头脑风暴法和德尔菲法。

B.安全检查表法是实施安全检查和诊断项目的明细表。运用已编制好的安全检查表,进行系统的安全检查,辨识工程项目存在的危险源。检查表的内容一般包括分类项目、检查内容及要求、检查后处理意见等。其优点是简单易懂,容易掌握,可以事先组织专家编制检查项目,使安全检查做到系统化、完整化。其缺点是一般只能作出定性评价。

②风险评价的方法。风险评价是评估危险源所带来的风险大小,确定风险是否可以接纳的全过程。根据评价结果对风险进行分级,按不同级别的风险有针对性地采取风险控制措施。具体方法可参考平面矩阵法或风险指数评价法、作业条件危险性评价法(LEC)。

(2)危险源的控制方法。不同类型的危险源,其控制的方法有所不同。

①第一类危险源的控制方法。

A. 防止事故发生的方法有:消除危险源,限制能量或危险物质,隔离。

B. 避免或减少事故损失的方法:隔离,个体防护,设置薄弱环节使能量或危险物质按人们的意图释放,避难与援救措施等。

②第二类危险源的控制方法。

A. 减少故障,增加安全系数,提高可靠性,设置安全监控系统。

B. 进行故障—安全设计,即故障发生后系统处于相对安全的状态,如应急设备具有自动灭火功能,故障发生后设备自锁等。

4. 危险源风险管理的基本过程

项目监理机构应对危险源进行风险管理,其基本过程包括:识别危险源;评价危险源的安全风险;编制安全监理计划;实施安全措施计划;检查安全监理计划的执行情况,评价其执行效果,同时应注意是否存在遗漏的或新的危险源,及时识别和评价其安全风险,采取有效的控制措施。

▶ 6.5.4 建设工程施工安全监理工作程序

安全监理工作应按照一定的程序进行。在建设工程施工阶段,安全监理实施程序如下:

1. 确定建设工程安全监理组织机构

应按照建设工程的规模、性质、委托监理合同的要求,组建项目监理机构,配备相应的监理人员,并在安全监理规划执行过程中及时根据工作需要进行调整。

2. 编制建设工程安全监理规划(安全计划)

安全监理规划是工程监理单位接受建设单位委托并签订委托监理合同之后,在项目总监理工程师的主持下,由专业监理工程师参加,根据委托监理合同,结合工程的具体实际情况,广泛收集工程信息和资料的情况下编制,并经工程监理单位技术负责人批准,用来指导项目监理机构全面开展安全监理工作的指导性文件。

3. 编制安全监理实施细则

安全监理实施细则是在安全监理规划的基础上,由项目监理机构的专业监理工程师针对建设工程中某一专业或某一方面的安全监理工作编写,并经总监理工程师审批实施的操作性文件。

4. 实施安全监理

根据安全监理规划(安全计划)以及安全监理实施细则,监理人员对建设工程实施安全监理,开展具体的监理工作。在实施过程中,应加强规范化工作,具体是:

(1)工作目标的规范化。每一项安全监理工作的具体目标都应是确定的,完成的时间也应有时限规定,检查和考核也应有明确要求。

(2)明确职责分工。建设工程安全监理工作是由不同专业、不同层次的专家群体共同来完成的,他们之间的职责分工是协调进行安全监理工作的前提和实现安全监理目标的重要保证。因此,职责分工必须是明确的、严密的、规范的。

(3)规范工作程序。这是指各项安全监理工作应按一定的顺序、程序先后展开,从而使安全监理工作能有序地达到目标。

5.参与验收,签署建设工程监理意见

工程监理单位应参加建设单位组织的工程竣工验收,签署工程监理单位意见。

6.向建设单位提交建设工程安全监理档案资料

建设工程安全监理工作完成后,工程监理单位应按委托监理合同约定,向建设单位提交相应的监理档案资料。

7.安全监理工作总结

安全监理工作完成后,项目监理机构应及时从以下两方面进行安全监理工作总结。一是向建设单位提交安全监理工作总结,其内容包括:委托监理合同履行情况概述;安全监理任务或安全监理目标完成情况的评价等。二是向工程监理单位提交安全监理工作总结,其内容包括:安全监理工作的经验,如采用某种技术、方法的经验,采用某种经济措施、组织措施的经验,以及委托监理合同执行方面的经验等,安全监理工作中存在的问题及改进建议。

建设工程施工活动的特点,决定了施工生产的安全隐患比较多地发生在高处作业、个体劳动保护、交叉作业、垂直运输、电气工具的使用等方面。随着建筑技术与建筑产品的演变和人类文明的不断进步,建设工程监理企业和监理工程师的安全监理工作也不断面临新的挑战,更加需要将建设项目的质量、进度、投资和安全目标作为一个目标系统,统筹监控、协调和平衡。完成这项任务的前提条件是有能够提供高智能服务的建设工程监理组织。

思考题

1.什么是主动控制?什么是被动控制?监理工程师应当如何认识它们之间的关系?

2.建设工程的投资、进度、质量目标是什么关系?如何理解?

3.试述影响工程质量的因素。

4.监理工程师进行现场质量检验的方法有哪些?其主要内容包括哪些方面?

5.试述工程质量问题处理的程序。

6.影响建设工程施工进度的因素有哪些?

7.建设工程安全监理的含义是什么?

案例分析题

建设单位与施工承包单位订立了某工程项目基础工程施工合同。合同规定:采用单价合同,每一分项工程的工程量增减超过15%时,需调整工程单价。合同工期为60天,工期每提前一天奖励2000元,每拖后一天罚款6000元。施工承包单位在开工前及时提交了施工网络进度计划如图6-24所示,并得到建设单位的批准。工程施工中发生了下列事件:

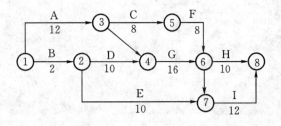

图6-24 施工网络进度计划

事件 1：因建设单位提供的电源出故障造成施工现场停电，使工作 A 和 B 的工效降低，作业时间分别拖延 4 天和 2 天；多用人工 16 个工日和 20 个工日，工作 A 租赁的施工机械每天租赁费为 780 元，工作 B 的自有机械每天折旧费为 300 元。

事件 2：为保证施工质量，施工承包单位在施工中将工作 C 原设计尺寸扩大，增加工程量 20 米，该工作综合单价为 87 元/米，作业时间增加 3 天。

事件 3：因设计变更，工作 E 的工程量由 300 米增至 390 米，该工作原综合单价为 70 元/米，经协商调整单价为 60 元/米。

事件 4：鉴于该工程工期较紧，经建设单位同意，施工承包单位在工作 G 和工作 I 作业过程中采取了加快施工的技术组织措施，使这两项工作作业时间均缩短了 3 天，该两项加快施工的技术组织措施费分别为 2600 元、3000 元。

问题：

(1)上述哪些事件施工承包单位可以提出工期和费用补偿要求？哪些事件不能提出工期和费用补偿要求？简述其理由。

(2)每项事件的工期补偿是多少天？总工期补偿多少天？

(3)该工程实际工期为多少天？工期奖罚款为多少元？

(4)假设人工工日单价为 30 元/工日，应由建设单位补偿的人工窝工和降效费为 16 元/工日，管理费、利润不予补偿。试计算建设单位应给予施工承包单位的追加工程款。

第7章
建设工程监理的管理工作

 学习要点

1. 建设工程监理合同(示范文本)
2. 建设工程施工合同(示范文本)
3. FIDIC 土木工程施工合同条件
4. 建设工程监理信息管理
5. 建设工程监理文档资料管理

7.1 合同概述

▷ 7.1.1 合同的概念和特征

1.合同的概念

合同是关于债的合意。《中华人民共和国合同法》第 2 条规定:"本法所称合同是平等主体的自然人、法人、其他组织之间设立、变更、终止民事权利义务关系的协议。婚姻、收养、监护等有关身份关系的协议,适用其他法律的规定。"

(1)《中华人民共和国合同法》所说的合同,是民事合同,是民事合同中的债权合同。身份合同不适用此法。

(2)合同可以处在三个阶段:一是创立阶段,当事人通过签订合同建立债权债务关系;二是变更阶段,当事人通过签订合同变更他们之间已经存在的债权债务关系;三是终止阶段,结束他们之间已有的债权债务关系。

(3)《中华人民共和国民法通则》也规定了民事合同,其与《中华人民共和国合同法》规定不一致的,依照特别法优先适用的规则,优先适用《中华人民共和国合同法》。

2.合同的特征

合同具有以下法律特征:

(1)合同是平等主体的自然人、法人和其他组织所实施的一种民事法律行为。合同作为民事法律行为在本质上属于合法行为。由于合同是一种民事法律行为,民法关于民事法律行为的一般规定,如民事法律行为的生效要件、民事法律行为的无效和撤销等,均可适用于合同。

(2)合同是由平等主体的自然人、法人或其他组织所订立的。即订立合同的主体在法律上是平等的,任何一方都不得将自己的意志强加给对方。

(3)合同以设立、变更或终止民事权利义务关系为目的和宗旨。即一方面尽管合同主要是债权债务关系的协议,但也不完全限于债权债务关系,而涉及整个民事关系。另一方面,合同不仅导致民事法律关系的产生,而且可以成为民事法律关系变更和终止的原因。

（4）合同关系具有相对性。合同的相对性主要是指合同关系只能发生在特定的合同当事人之间，只有合同当事人一方能够向另一方基于合同提出要求或诉讼；与合同当事人没有发生合同上权利义务关系的第三人不能依据合同提出要求或诉讼，也不应承担合同的义务和责任；依法律或合同的规定，第三人不得主张合同上的权利。

➤ 7.1.2 合同的分类

1. 双务合同与单务合同

双务合同是双方当事人互负义务的合同。单务合同是一方当事人负担义务，另一方享有权利的合同。有偿合同都是双务合同，没有例外，因为有偿合同存在对价。有偿合同是真正（典型）双务合同。有偿合同与（典型）双务合同，是对同一事物，从不同角度的表达。

无偿合同一般是单务合同，但无偿合同也可以是双务合同。如无偿委托合同，委托人支付处理委托事务的必要费用的义务（参见《中华人民共和国合同法》第398条），与受托人完成委托事务的义务，不是对价关系，因此是不完全双务合同。无息借款合同也不是双务合同。

区分二者的意义在于：因为双务合同两个义务的履行是有顺序的，顺序是一种利益关系。履行顺序不仅仅是一种时间的顺序，往往是一种条件关系，即一方的履行，是另一方履行的条件。一种情况甲先履行，乙后履行，乙可以产生《中华人民共和国合同法》第67条规定的先履行抗辩权，而单务合同是一方履行义务，因而不存在履行顺序的问题，单务合同是不能成立履行抗辩权的。

2. 有偿合同和无偿合同

根据当事人取得权利有无代价，可以将合同区分为有偿合同和无偿合同。有偿合同是交易关系，是双方财产的交换，是对价的交换。无偿合同不存在对价，不是财产的交换，是一方付出财产或者付出劳务（付出劳务可以视为付出财产利益）。赠与合同是典型的无偿合同，保管合同和两个自然人之间的借款合同原则上是无偿合同，但可以约定为有偿合同（《中华人民共和国合同法》第211条、第366条）。

（1）两者当事人的责任不同。对于有偿合同来讲，因为存在着对价关系，债务人的责任相对来讲比较重，而对于无偿合同，债务人因为没有获得对价，因此债务人的责任比较轻。无偿合同的债务人轻过失免责（《中华人民共和国合同法》第189条、第374条、第406条）。

（2）两者对善意取得的作用不同。善意取得制度，这在我国法律中是一个客观存在。相对人只能通过有偿合同善意取得，不能通过无偿合同善意取得。

3. 要式合同与非要式合同

所谓要式合同，是指法律规定合同具备特定的形式才能成立或者生效的合同。法律没有要求特定形式的合同叫非要式合同。要式，可以分为绝对要式和相对要式两种。对于绝对要式这个"要"字是指的要件，缺了它不行。比如说，支票或者其他票据，上边的格式是中国人民银行规定的，这种格式不能改变，否则就取不出钱，格式是个要件，是不允许变的。法律要求书面形式的合同不等于绝对要式合同，因为《中华人民共和国合同法》规定法律规定要采用书面形式的当事人没有采用，合同照样可以生效。比如说，通过行为，一方履行，另一方受领，行为可以排除法定的书面形式（《中华人民共和国合同法》第36条、第37条）。也就是说，合同法规定的书面形式不是绝对要件。

要式合同与非要式合同的区别在于二者成立、生效要件不同。

4. 主合同和从合同

根据两个合同的从属关系,可以把合同分成主合同和从合同。这种分类方法与上述的分类方法不同。上述分类的合同均可以独立存在。如诺成合同与实践合同可以各自独立存在。而主合同与从合同不能各自独立存在,因为两个合同交合在一起,才有主从之分。没有主合同,就没有从合同,反之亦然。

主合同与从合同区分的意义在于:主合同的效力决定了从合同的效力。根据《中华人民共和国担保法》的规定:主合同无效,从合同也无效,当事人另有约定的除外。也就是说,主合同与从合同具有效力上的从属关系。

7.2 建设工程监理合同(示范文本)

《建设工程监理合同(示范文本)》(GF—2012 - 0202)由"协议书"、"通用条件"、"专用条件"、附录 A 和附录 B 五部分组成。

1. 建设工程监理合同协议书

建设工程监理合同协议书是一个总的协议,是纲领性的法律文件。其中明确了工程的概况(工程名称、地点、工程规模和总投资等);委托人向监理人支付报酬的期限和方式;合同签订、生效、完成时间;双方愿意履行约定的各项义务的表示。建设工程监理合同协议书是一份标准的格式文件,经当事人双方在有限的空格内填写具体规定的内容并签字盖章后,即发生法律效力。

对委托人和监理人有约束力的合同,除双方签署的"合同"协议外,还包括以下文件:

(1)监理委托函或中标函。

(2)建设工程监理合同通用条件。

(3)建设工程监理合同专用条件。

(4)在实施过程中双方共同签署的补充与修正文件。

(5)附录 A,相关服务的范围和内容;附录 B,委托人派遣的人员和提供的房屋、资料、设备。

2. 建设工程监理合同通用条件

建设工程监理合同通用条件,其内容涵盖了合同中所用词语定义与解释,监理人的义务,委托人的义务,违约责任,支付,合同生效、变更、暂停、解除与终止,争议解决,其他。

3. 建设工程监理合同专用条件

由于通用条件适用于各种行业和专业项目的建设工程监理,因此其中的某些条款规定得比较笼统,需要在签订具体工程项目监理合同时,结合地域特点、专业特点和委托监理项目的工程特点,对通用条件中的某些条款进行补充、修正。

补充是指通用条件中的条款明确规定,在该条款确定的原则下,专用条件的条款中进一步明确具体内容,使两个条件中相同序号的条款共同组成一条内容完备的条款。

修改是指通用条件中规定的程序方面的内容,如果双方认为不合适,可以协议修改。

7.3　建设工程监理合同的管理

7.3.1　监理合同的概念和特征

建设工程监理合同简称监理合同,是指委托人与监理人就委托的工程项目管理内容签订的明确双方权利、义务的协议。

监理合同是委托合同的一种,除具有委托合同的共同特点外,还具有以下特点:

(1)监理合同的当事人双方应当是具有民事权力能力和民事行为能力、取得法人资格的企事业业单位、其他社会组织,个人在法律允许的范围内也可以成为合同当事人。

委托人必须是具有国家批准的建设项目,落实投资计划的企事业单位、其他社会组织及个人。受托人必须是依法成立具有法人资格的监理企业,并且所承担的工程监理业务应与企业资质等级和业务范围相符合。

(2)监理合同委托的工作内容必须符合工程项目建设程序,遵守有关法律、行政法规。监理合同是以对建设工程项目实施控制和管理为主要内容,因此监理合同必须符合建设工程项目的程序,符合国家和建设主管部门颁发的有关建设工程的法律、行政法规、部门规章和各种标准、规范要求。

(3)委托监理合同的标的是服务。建设工程实施阶段所签订的其他合同,如勘察设计合同、施工承包合同、物资采购合同、加工承揽合同的标的物是产生新的物质成果或信息成果,而监理合同的标的是服务,即监理工程师根据自己的知识、经验、技能受建设单位委托为其所签订的其他合同的履行实施监督和管理。

7.3.2　监理合同的订立

1.委托的监理业务

(1)委托工作的范围。监理合同的范围是监理工程师为委托人提供服务的范围和工作量。委托人委托监理业务的范围可以非常广泛。从工程建设各阶段来说,可以包括项目前期立项咨询阶段、设计阶段、实施阶段、保修阶段的全部监理工作或某一阶段的监理工作。在每一阶段内,又可以进行质量、造价、进度的三大控制,以及信息、合同两项管理。比如,在施工阶段的监理可包括以下工作:

①协助委托人选择承包人,组织设计、施工、设备采购等招标。

②技术监督和检查:检查工程设计、材料和设备质量;对操作或施工质量的监理和检查等。

③施工管理:包括质量控制、成本控制、计划和进度控制等。通常施工监理合同中监理工作范围条款,一般应与工程项目总概算、单位工程概算所涵盖的工程范围相一致,或与工程总承包合同、单项工程承包所涵盖的范围相一致。

(2)对监理工作的要求。在监理合同中明确约定的监理人执行监理工作的要求,应当符合《建设工程监理规范》的规定。例如针对工程项目的实际情况派出监理工作需要的监理机构及人员,编制监理规划和监理实施细则,采取实现监理工作目标相应的监理措施,从而保证监理合同得到真正的履行。

2.监理合同的履行期限、地点和方式

订立监理合同时约定的履行期限、地点和方式是指合同中规定的当事人履行自己的义务完成工作的时间、地点以及结算酬金。在签订《建设工程监理合同》时双方必须商定监理期限，标明何时开始，何时完成。合同中注明的监理工作开始实施和完成日期是根据工程情况估算的时间，合同约定的监理酬金是根据这个时间估算的。如果委托人根据实际需要增加委托工作范围或内容，导致需要延长合同期限，双方可以通过协商，另行签订补充协议。

监理酬金支付方式也必须明确：首期支付多少，是每月等额支付还是根据工程形象进度支付，支付货币的币种等。

3.双方的义务

(1)监理人的义务。

①监理的范围和工作内容。监理范围在专用条件中约定。除专用条件另有约定外，监理工作内容包括：

A.收到工程设计文件后编制监理规划，并在第一次工地会议7天前报委托人。根据有关规定和监理工作需要，编制监理实施细则。

B.熟悉工程设计文件，并参加由委托人主持的图纸会审和设计交底会议。

C.参加由委托人主持的第一次工地会议；主持监理例会并根据工程需要主持或参加专题会议。

D.审查施工承包人提交的施工组织设计，重点审查其中的质量安全技术措施、专项施工方案与工程建设强制性标准的符合性。

E.检查施工承包人工程质量、安全生产管理制度及组织机构和人员资格。

F.检查施工承包人专职安全生产管理人员的配备情况。

G.审查施工承包人提交的施工进度计划，核查承包人对施工进度计划的调整。

H.检查施工承包人的试验室。

I.审核施工分包人资质条件。

J.查验施工承包人的施工测量放线成果。

K.审查工程开工条件，对条件具备的签发开工令。

L.审查施工承包人报送的工程材料、构配件、设备质量证明文件的有效性和符合性，并按规定对用于工程的材料采取平行检验或见证取样方式进行抽检。

M.审核施工承包人提交的工程款支付申请，签发或出具工程款支付证书，并报委托人审核、批准。

N.在巡视、旁站和检验过程中，发现工程质量、施工安全存在事故隐患的，要求施工承包人整改并报委托人。

O.经委托人同意，签发工程暂停令和复工令。

P.审查施工承包人提交的采用新材料、新工艺、新技术、新设备的论证材料及相关验收标准。

Q.验收隐蔽工程、分部分项工程。

R.审查施工承包人提交的工程变更申请，协调处理施工进度调整、费用索赔、合同争议等事项。

S.审查施工承包人提交的竣工验收申请，编写工程质量评估报告。

T.参加工程竣工验收，签署竣工验收意见。

U.审查施工承包人提交的竣工结算申请并报委托人。

V.编制、整理工程监理归档文件并报委托人。

②项目监理机构和人员。

A.监理人应组建满足工作需要的项目监理机构,配备必要的检测设备。项目监理机构的主要人员应具有相应的资格条件。

B.在合同履行过程中,总监理工程师及重要岗位监理人员应保持相对稳定,以保证监理工作正常进行。

C.监理人可根据工程进展和工作需要调整项目监理机构人员。监理人更换总监理工程师时,应提前7天向委托人书面报告,经委托人同意后方可更换;监理人更换项目监理机构其他监理人员,应以相当资格与能力的人员替换,并通知委托人。

D.监理人应及时更换有下列情形之一的监理人员:严重过失行为的;有违法行为不能履行职责的;涉嫌犯罪的;不能胜任岗位职责的;严重违反职业道德的;专用条件约定的其他情形。

E.委托人可要求监理人更换不能胜任本职工作的项目监理机构人员。

③履行职责。监理人应遵循职业道德准则和行为规范,严格按照法律法规、工程建设有关标准及合同履行职责。

A.在监理与相关服务范围内,委托人和承包人提出的意见和要求,监理人应及时提出处置意见。当委托人与承包人之间发生合同争议时,监理人应协助委托人、承包人协商解决。

B.当委托人与承包人之间的合同争议提交仲裁机构仲裁或人民法院审理时,监理人应提供必要的证明资料。

C.监理人应在专用条件约定的授权范围内,处理委托人与承包人所签订合同的变更事宜。如果变更超过授权范围,应以书面形式报委托人批准。

在紧急情况下,为了保护财产和人身安全,监理人所发出的指令未能事先报委托人批准时,应在发出指令后的24小时内以书面形式报委托人。

D.除专用条件另有约定外,监理人发现承包人的人员不能胜任本职工作的,有权要求承包人予以调换。

④提交报告。监理人应按专用条件约定的种类、时间和份数向委托人提交监理与相关服务的报告。

⑤文件资料。在合同履行期内,监理人应在现场保留工作所用的图纸、报告及记录监理工作的相关文件。工程竣工后,应当按照档案管理规定将监理有关文件归档。

⑥使用委托人的财产。监理人无偿使用合同附录B中由委托人派遣的人员和提供的房屋、资料、设备。除专用条件另有约定外,委托人提供的房屋、设备属于委托人的财产,监理人应妥善使用和保管,在合同终止时将这些房屋、设备的清单提交委托人,并按专用条件约定的时间和方式移交。

(2)委托人的义务。

①告知。委托人应在委托人与承包人签订的合同中明确监理人、总监理工程师和授予项目监理机构的权限。如有变更,应及时通知承包人。

②提供资料。委托人应按照合同附录B约定,无偿向监理人提供工程有关的资料。在合同履行过程中,委托人应及时向监理人提供最新的与工程有关的资料。

③提供工作条件。委托人应为监理人完成监理与相关服务提供必要的条件。委托人应按照合同附录B约定,派遣相应的人员,提供房屋、设备,供监理人无偿使用。委托人应负责协调工程建设中所有外部关系,为监理人履行合同提供必要的外部条件。

④委托人代表。委托人应授权一名熟悉工程情况的代表,负责与监理人联系。委托人应在双方签订合同后7天内,将委托人代表的姓名和职责书面告知监理人。当委托人更换委托人代表时,应提前7天通知监理人。

⑤委托人意见或要求。在合同约定的监理与相关服务工作范围内,委托人对承包人的任何意见或要求应通知监理人,由监理人向承包人发出相应指令。

⑥答复。委托人应在专用条件约定的时间内,对监理人以书面形式提交并要求作出决定的事宜,给予书面答复。逾期未答复的,视为委托人认可。

⑦支付。委托人应按合同约定,向监理人支付酬金。

4.订立监理合同需注意的问题

(1)坚持按法定程序签署合同。

①在合同签署过程中,应检验代表对方签字人的授权委托书,避免合同失效或不必要的合同纠纷。不可忽视来往函件。

②在合同治商过程中,双方通常会用一些函件来确认双方达成的某些口头协议或书面交往文件,后者构成招标文件和投标文件的组成部分。为了确认合同责任以及明确双方对项目的有关理解和意图以免将来生分歧,签订合同时双方达成一致的部分应写入合同附录或专用条款内。

(2)其他应注意的问题。合同中应做到文字简洁、清晰、严密,以保证意思表达准确。

➤ 7.3.3 监理合同的履行

1.监理人应完成的监理工作

监理工作包括正常工作、附加工作。

"正常工作"指合同订立时通用条件和专用条件中约定的监理人的工作。

"附加工作"是指合同约定的正常工作以外监理人的工作。

由于附加工作是委托正常工作之外要求监理人必须履行的义务,因此委托人在其完成工作后应另行支付附加监理工作酬金,但酬金的计算办法应在专用条款内予以约定。

2.合同有效期

尽管双方签订《建设工程监理合同》中注明"本合同自×年×月×日开始实施,至×年×月×日完成",但此期限仅指完成正常监理工作预定的时间,并不一定是监理合同的有效期。

①监理合同的有效期即监理人的责任期,不是用约定的日历天数为准,而是以监理人是否完成了包括附加工作的义务来判定。

②监理合同的有效期为双方签订合同后,工程准备工作开始,到监理人向委托人办理完竣工验收或工程移交手续,承包人和委托人已签订工程保修责任书,监理人收到监理报酬尾款,监理合同才终止。

③如果保修期间仍需监理人执行相应的监理工作,双方应在专用条款中另行约定。

3.违约责任

合同履行过程中,由于当事人一方的过错,造成合同不能履行或者不能完全履行,由有过错的一方承担违约责任;如属双方的过错,根据实际情况,由双方分别承担各自的违约责任。

(1)监理人的违约责任。监理人未履行合同义务的,应承担相应的责任。

①因监理人违反合同约定给委托人造成损失的,监理人应当赔偿委托人损失。赔偿金额

的确定方法在专用条件中约定。监理人承担部分赔偿责任的,其承担赔偿金额由双方协商确定。

②监理人向委托人的索赔不成立时,监理人应赔偿委托人由此发生的费用。

(2)委托人的违约责任。委托人未履行合同义务的,应承担相应的责任。

①委托人违反合同约定造成监理人损失的,委托人应予以赔偿。

②委托人向监理人的索赔不成立时,应赔偿监理人由此引起的费用。

③委托人未能按期支付酬金超过 28 天,应按专用条件约定支付逾期付款利息。

(3)除外责任。因非监理人的原因,且监理人无过错,发生工程质量事故、安全事故、工期延误等造成的损失,监理人不承担赔偿责任。因不可抗力导致合同全部或部分不能履行时,双方各自承担其因此而造成的损失、损害。

4. 监理合同的酬金

(1)正常监理工作的酬金。正常的监理酬金,是监理单位在工程项目监理中所需的全部成本,再加上合理的利润和税金。

我国现行的监理取费按国家发改委、建设部 2007 年颁发的发改价格第 670 号文《建设工程监理与相关服务收费管理规定》中规定的:

建设工程监理与相关服务是指监理人接受发包人的委托,提供建设工程施工阶段的质量、进度、费用控制管理和安全生产监督管理、合同、信息等方面协调管理服务,以及勘察、设计、保修等阶段的相关服务。

建设工程监理与相关服务收费根据建设项目性质不同情况,分别实行政府指导价或市场调节价。依法必须实行监理的建设工程施工阶段的监理收费实行政府指导价;其他建设工程施工阶段的监理收费和其他阶段的监理与相关服务收费实行市场调节价。

实行政府指导价的建设工程施工阶段监理收费,其基准价根据《建设工程监理与相关服务收费标准》计算,浮动幅度为上下 20%。发包人和监理人应当根据建设工程的实际情况在规定的浮动幅度内协商确定收费额。实行市场调节价的建设工程监理与相关服务收费,由发包人和监理人协商确定收费额。

建设工程监理与相关服务收费包括建设工程施工阶段的工程监理(以下简称"施工监理")服务收费和勘察、设计、保修等阶段的相关服务(以下简称"其他阶段的相关服务")收费。

铁路、水运、公路、水电、水库工程的施工监理服务收费按建筑安装工程费分档定额计费方式计算收费。其他工程的施工监理服务收费按照建设项目工程概算投资额分档定额计费方式计算收费。其他阶段的相关服务收费一般按相关服务工作所需工日和《建设工程监理与相关服务人员人工日费用标准》收费。

施工监理服务收费按照下列公式计算:

$$施工监理服务收费 = 施工监理服务收费基准价 \times (1 \pm 浮动幅度值)$$

$$施工监理服务收费基准价 = \frac{施工监理服务收费基价}{} \times 专业调整系数 \times \frac{工程复杂程度调整系数}{} \times 高程调整系数$$

(2)附加监理工作的酬金。

①增加监理工作时间的补偿酬金。

$$报酬 = 附加工作天数 \times \frac{合同约定的报酬}{合同中约定的监理服务天数}$$

②增加监理工作内容的补偿酬金。增加监理工作的范围或内容属于监理合同的变更,双

方应另行签订补充协议,并具体商定报酬额或报酬的计算方法。

(3)额外监理工作的酬金。额外监理工作酬金按实际增加工作的天数计算补偿金额,可参照上式计算。

(4)奖金。监理人在监理过程中提出的合理化建议使委托人得到了经济效益,有权按专用条款的约定获得经济奖励。奖金的计算办法是:

$$奖励金额 = 工程投资节省额 \times 奖励金额的比率$$

(5)监理酬金的支付。

①在监理合同实施中,监理酬金支付方式可以根据工程的具体情况双方协商确定。一般采取首期支付多少,以后每月(季)等额支付,工程竣工验收后结算尾款。

②支付过程中,如果委托人对监理人提交的支付通知书中酬金或部分酬金项目提出异议,应在收到支付通知书24小时内向监理人发出表示异议的通知,但不得拖延其他无异议酬金项目支付。

③当委托人在议定的支付期限内未予支付的,自规定之日起向监理人补偿应支付酬金的利息。利息按规定支付期限最后1日银行贷款利息率乘以拖欠酬金时间计算。

5. 协调双方关系条款

监理合同中对合同履行期间甲乙双方的有关联系、工作程序都作了严格周密的规定,便于双方协调有序地履行合同。这些条款集中在"合同生效、变更、暂停、解除与终止"和"争议的解决"几节当中。主要内容是:

(1)合同生效、变更、暂停、解除与终止。

①生效。除法律另有规定或者专用条件另有约定外,委托人和监理人的法定代表人或其授权代理人在协议书上签字并盖单位章后合同生效。

②变更。

A. 任何一方提出变更请求时,双方经协商一致后可进行变更。

B. 除不可抗力外,因非监理人原因导致监理人履行合同期限延长、内容增加时,监理人应当将此情况与可能产生的影响及时通知委托人。增加的监理工作时间、工作内容应视为附加工作。附加工作酬金的确定方法在专用条件中约定。

C. 合同生效后,如果实际情况发生变化使得监理人不能完成全部或部分工作时,监理人应立即通知委托人。除不可抗力外,其善后工作以及恢复服务的准备工作应为附加工作,附加工作酬金的确定方法在专用条件中约定。监理人用于恢复服务的准备时间不应超过28天。

D. 合同签订后,遇有与工程相关的法律法规、标准颁布或修订的,双方应遵照执行。由此引起监理与相关服务的范围、时间、酬金变化的,双方应通过协商进行相应调整。

E. 因非监理人原因造成工程概算投资额或建筑安装工程费增加时,正常工作酬金应作相应调整。调整方法在专用条件中约定。

F. 因工程规模、监理范围的变化导致监理人的正常工作量减少时,正常工作酬金应作相应调整。调整方法在专用条件中约定。

③暂停与解除。除双方协商一致可以解除合同外,当一方无正当理由未履行合同约定的义务时,另一方可以根据合同约定暂停履行合同直至解除合同。

A. 在合同有效期内,由于双方无法预见和控制的原因导致合同全部或部分无法继续履行或继续履行已无意义,经双方协商一致,可以解除合同或监理人的部分义务。在解除之前,监理人应作出合理安排,使开支减至最小。

因解除合同或解除监理人的部分义务导致监理人遭受的损失,除依法可以免除责任的情况外,应由委托人予以补偿,补偿金额由双方协商确定。

解除合同的协议必须采取书面形式,协议未达成之前,合同仍然有效。

B. 在合同有效期内,因非监理人的原因导致工程施工全部或部分暂停,委托人可通知监理人要求暂停全部或部分工作。监理人应立即安排停止工作,并将开支减至最小。除不可抗力外,由此导致监理人遭受的损失应由委托人予以补偿。

暂停部分监理与相关服务时间超过182天,监理人可发出解除合同约定的该部分义务的通知;暂停全部工作时间超过182天,监理人可发出解除合同的通知,合同自通知到达委托人时解除。委托人应将监理与相关服务的酬金支付至合同解除日,且应承担约定的责任。

C. 当监理人无正当理由未履行合同约定的义务时,委托人应通知监理人限期改正。若委托人在监理人接到通知后的7天内未收到监理人书面形式的合理解释,则可在7天内发出解除合同的通知,自通知到达监理人时合同解除。委托人应将监理与相关服务的酬金支付至限期改正通知到达监理人之日,但监理人应承担约定的责任。

D. 监理人在专用条件约定的支付之日起28天后仍未收到委托人按合同约定应付的款项,可向委托人发出催付通知。委托人接到通知14天后仍未支付或未提出监理人可以接受的延期支付安排,监理人可向委托人发出暂停工作的通知并可自行暂停全部或部分工作。暂停工作后14天内监理人仍未获得委托人应付酬金或委托人的合理答复,监理人可向委托人发出解除合同的通知,自通知到达委托人时合同解除。委托人应承担约定的责任。

E. 因不可抗力致使合同部分或全部不能履行时,一方应立即通知另一方,可暂停或解除合同。

F. 合同解除后,合同约定的有关结算、清理、争议解决方式的条件仍然有效。

④终止。以下条件全部满足时,合同即告终止:监理人完成合同约定的全部工作;委托人与监理人结清并支付全部酬金。

(2)争议解决。

①协商。双方应本着诚信原则协商解决彼此间的争议。

②调解。如果双方不能在14天内或双方商定的其他时间内解决合同争议,可以将其提交给专用条件约定的或事后达成协议的调解人进行调解。

③仲裁或诉讼。双方均有权不经调解直接向专用条件约定的仲裁机构申请仲裁或向有管辖权的人民法院提起诉讼。

7.4 建设工程施工合同(示范文本)

2013年4月3日,住房与城乡住建部和国家工商总局发布了《建设工程施工合同(示范文本)》(GF—2013-0201)(以下简称《施工合同文本》),该范本自2013年7月1日实施,此前已经使用14年的《建设工程施工合同(示范文本)》(GF—1999-0201)同时废止。

《施工合同文本》包括协议书、通用条款、专用条款、11个合同附件。

(1)协议书。协议书是《施工合同文本》中总纲领性文件,规定了合同当事人双方最主要的权利义务,规定了组成合同文件及合同双方对履行合同义务的承诺,并且双方在这份文件上签字盖章,因此具有很高的法律效力。协议书共计13条,包括工程概况、合同工期、质量标准、签约合同价和合同价格形式等重要内容,集中约定了合同当事人基本的合同权利义务。

(2)通用合同条款。通用合同条款是合同当事人根据《中华人民共和国建筑法》《中华人民共和国合同法》等法律法规的规定,就工程建设的实施及相关事项,对合同当事人的权利义务作出的原则性约定。通用合同条款共计20条,具体条款分别为:一般约定、发包人、承包人、监理人、工程质量、安全文明施工与环境保护、工期和进度、材料与设备、试验与检验、变更、价格调整、合同价格、计量与支付、验收和工程试车、竣工结算、缺陷责任与保修、违约、不可抗力、保险、索赔和争议解决。

(3)专用合同条款。考虑每个项目内容各不相同,工期、造价也随之变动,承包人和发包人能力、施工现场的环境和条件也各不相同,通用条款不能完全适应个别具体工程,因此配以专用条款对其作必要的补充,体现双方的意愿。专用条款是对通用合同条款原则性约定的细化、完善、补充、修改或另行约定的条款。

(4)11个附件。1个是协议书附件,10个是专用合同条款附件,包括承包人承揽工程一览表、发包人供应材料设备一览表、工程质量保修书、主要建设工程文件目录、承包人用于本工程施工的机械设备表、承包人主要的施工管理人员表、分包人主要施工管理人员表、履约担保格式、预付款担保格式、支付担保格式、暂估价一览表。

▷7.4.1 建设工程施工合同的质量控制

工程施工中的质量管理是施工合同履行中的重要环节。施工合同的质量管理涉及许多方面的因素,任何一个方面的缺陷和疏漏,都会使工程质量无法达到预期的标准。《施工合同文本》中的大量条款都与工程质量有关。

1.标准、规范和图纸

(1)标准和规范。

《施工合同文本》通用条款第1.4条规定了标准和规范的内容。

适用于工程的国家标准、行业标准、工程所在地的地方性标准,以及相应的规范、规程等,合同当事人有特别要求的,应在专用合同条款中约定。

发包人要求使用国外标准、规范的,发包人负责提供原文版本和中文译本,并在专用合同条款中约定提供标准规范的名称、份数和时间。

发包人对工程的技术标准、功能要求高于或严于现行国家、行业或地方标准的,应当在专用合同条款中予以明确。除专用合同条款另有约定外,应视为承包人在签订合同前已充分预见前述技术标准和功能要求的复杂程度,签约合同价中已包含由此产生的费用。

(2)图纸。

发包人应按照专用合同条款约定的期限、数量和内容向承包人免费提供图纸,并组织承包人、监理人和设计人进行图纸会审和设计交底。发包人至迟不得晚于《施工合同文本》通用条款第7.3.2项"开工通知"载明的开工日期前14天向承包人提供图纸。

承包人在收到发包人提供的图纸后,发现图纸存在差错、遗漏或缺陷的,应及时通知监理人。监理人接到该通知后,应附具相关意见并立即报送发包人,发包人应在收到监理人报送的通知后的合理时间内作出决定。合理时间是指发包人在收到监理人的报送通知后,尽其努力且不懈怠地完成图纸修改补充所需的时间。

图纸需要修改和补充的,应经图纸原设计人及审批部门同意,并由监理人在工程或工程相应部位施工前将修改后的图纸或补充图纸提交给承包人,承包人应按修改或补充后的图纸施工。

2.材料设备供应的质量控制

(1)发包人供应材料与工程设备。

发包人自行供应材料、工程设备的,应在签订合同时在专用合同条款的附件《发包人供应材料设备一览表》中明确材料、工程设备的品种、规格、型号、数量、单价、质量等级和送达地点。

承包人应提前30天通过监理人以书面形式通知发包人供应材料与工程设备进场。承包人按照《施工合同文本》通用条款第7.2.2项"施工进度计划的修订"约定修订施工进度计划时,需同时提交经修订后的发包人供应材料与工程设备的进场计划。

(2)承包人采购材料与工程设备。

承包人负责采购材料、工程设备的,应按照设计和有关标准要求采购,并提供产品合格证明及出厂证明,对材料、工程设备质量负责。合同约定由承包人采购的材料、工程设备,发包人不得指定生产厂家或供应商,发包人违反约定指定生产厂家或供应商的,承包人有权拒绝,并由发包人承担相应责任。

(3)材料与工程设备的接收与拒收。

发包人应按《发包人供应材料设备一览表》约定的内容提供材料和工程设备,并向承包人提供产品合格证明及出厂证明,对其质量负责。发包人应提前24小时以书面形式通知承包人、监理人材料和工程设备到货时间,承包人负责材料和工程设备的清点、检验和接收。

发包人提供的材料和工程设备的规格、数量或质量不符合合同约定的,或因发包人原因导致交货日期延误或交货地点变更等情况的,按照《施工合同文本》通用条款第16.1款"发包人违约"约定办理。

承包人采购的材料和工程设备,应保证产品质量合格,承包人应在材料和工程设备到货前24小时通知监理人检验。承包人进行永久设备、材料的制造和生产的,应符合相关质量标准,并向监理人提交材料的样本以及有关资料,并应在使用该材料或工程设备之前获得监理人同意。

承包人采购的材料和工程设备不符合设计或有关标准要求时,承包人应在监理人要求的合理期限内将不符合设计或有关标准要求的材料、工程设备运出施工现场,并重新采购符合要求的材料、工程设备,由此增加的费用和(或)延误的工期,由承包人承担。

(4)材料与工程设备的保管与使用。

①发包人供应材料与工程设备的保管与使用。发包人供应的材料和工程设备,承包人清点后由承包人妥善保管,保管费用由发包人承担,但已标价工程量清单或预算书已经列支或专用合同条款另有约定除外。因承包人原因发生丢失毁损的,由承包人负责赔偿;监理人未通知承包人清点的,承包人不负责材料和工程设备的保管,由此导致丢失毁损的由发包人负责。

发包人供应的材料和工程设备使用前,由承包人负责检验,检验费用由发包人承担,不合格的不得使用。

②承包人采购材料与工程设备的保管与使用。承包人采购的材料和工程设备由承包人妥善保管,保管费用由承包人承担。法律规定材料和工程设备使用前必须进行检验或试验的,承包人应按监理人的要求进行检验或试验,检验或试验费用由承包人承担,不合格的不得使用。

发包人或监理人发现承包人使用不符合设计或有关标准要求的材料和工程设备时,有权要求承包人进行修复、拆除或重新采购,由此增加的费用和(或)延误的工期,由承包人承担。

(5)禁止使用不合格的材料和工程设备。

监理人有权拒绝承包人提供的不合格材料或工程设备,并要求承包人立即进行更换。监理人应在更换后再次进行检查和检验,由此增加的费用和(或)延误的工期由承包人承担。

监理人发现承包人使用了不合格的材料和工程设备,承包人应按照监理人的指示立即改正,并禁止在工程中继续使用不合格的材料和工程设备。

发包人提供的材料或工程设备不符合合同要求的,承包人有权拒绝,并可要求发包人更换,由此增加的费用和(或)延误的工期由发包人承担,并支付承包人合理的利润。

(6)样品。

①样品的报送与封存。需要承包人报送样品的材料或工程设备,样品的种类、名称、规格、数量等要求均应在专用合同条款中约定。

②样品的保管。经批准的样品应由监理人负责封存于现场,承包人应在现场为保存样品提供适当和固定的场所并保持适当和良好的存储环境条件。

(7)材料与工程设备的替代。

承包人应在使用替代材料和工程设备28天前书面通知监理人,并附下列文件:被替代的材料和工程设备的名称、数量、规格、型号、品牌、性能、价格及其他相关资料;替代品的名称、数量、规格、型号、品牌、性能、价格及其他相关资料;替代品与被替代产品之间的差异以及使用替代品可能对工程产生的影响;替代品与被替代产品的价格差异;使用替代品的理由和原因说明。

监理人应在收到通知后14天内向承包人发出经发包人签认的书面指示;监理人逾期发出书面指示的,视为发包人和监理人同意使用替代品。

发包人认可使用替代材料和工程设备的,替代材料和工程设备的价格,按照已标价工程量清单或预算书相同项目的价格认定;无相同项目的,参考相似项目价格认定;既无相同项目也无相似项目的,按照合理的成本与利润构成的原则,由合同当事人按照《施工合同文本》通用条款第4.4款"商定或确定"确定价格。

(8)施工设备和临时设施。

①承包人提供的施工设备和临时设施。承包人应按合同进度计划的要求,及时配置施工设备和修建临时设施。进入施工场地的承包人设备需经监理人核查后才能投入使用。承包人更换合同约定的承包人设备的,应报监理人批准。除专用合同条款另有约定外,承包人应自行承担修建临时设施的费用,需要临时占地的,应由发包人办理申请手续并承担相应费用。

②发包人提供的施工设备和临时设施。发包人提供的施工设备或临时设施在专用合同条款中约定。

③要求承包人增加或更换施工设备。承包人使用的施工设备不能满足合同进度计划和(或)质量要求时,监理人有权要求承包人增加或更换施工设备,承包人应及时增加或更换,由此增加的费用和(或)延误的工期由承包人承担。

(9)材料与设备专用要求。

承包人运入施工现场的材料、工程设备、施工设备以及在施工场地建设的临时设施,包括备品备件、安装工具与资料,必须专用于工程。未经发包人批准,承包人不得运出施工现场或挪作他用;经发包人批准,承包人可以根据施工进度计划撤走闲置的施工设备和其他物品。

3. 试验与检验

(1)试验设备与试验人员。

承包人根据合同约定或监理人指示进行的现场材料试验,应由承包人提供试验场所、试验人员、试验设备以及其他必要的试验条件。监理人在必要时可以使用承包人提供的试验场所、试验设备以及其他试验条件,进行以工程质量检查为目的的材料复核试验,承包人应予以协助。

承包人应按专用合同条款的约定提供试验设备、取样装置、试验场所和试验条件,并向监理人提交相应进场计划表。

承包人配置的试验设备要符合相应试验规程的要求并经过具有资质的检测单位检测,且在正式使用该试验设备前,需要经过监理人与承包人共同校定。

承包人应向监理人提交试验人员的名单及其岗位、资格等证明资料,试验人员必须能够熟练进行相应的检测试验,承包人对试验人员的试验程序和试验结果的正确性负责。

(2)取样。

试验属于自检性质的,承包人可以单独取样。试验属于监理人抽检性质的,可由监理人取样,也可由承包人的试验人员在监理人的监督下取样。

(3)材料、工程设备和工程的试验和检验。

承包人应按合同约定进行材料、工程设备和工程的试验和检验,并为监理人对上述材料、工程设备和工程的质量检查提供必要的试验资料和原始记录。按合同约定应由监理人与承包人共同进行试验和检验的,由承包人负责提供必要的试验资料和原始记录。

试验属于自检性质的,承包人可以单独进行试验。试验属于监理人抽检性质的,监理人可以单独进行试验,也可由承包人与监理人共同进行。承包人对由监理人单独进行的试验结果有异议的,可以申请重新共同进行试验。约定共同进行试验的,监理人未按照约定参加试验的,承包人可自行试验,并将试验结果报送监理人,监理人应承认该试验结果。

监理人对承包人的试验和检验结果有异议的,或为查清承包人试验和检验成果的可靠性要求承包人重新试验和检验的,可由监理人与承包人共同进行。重新试验和检验的结果证明该项材料、工程设备或工程的质量不符合合同要求的,由此增加的费用和(或)延误的工期由承包人承担;重新试验和检验结果证明该项材料、工程设备和工程符合合同要求的,由此增加的费用和(或)延误的工期由发包人承担。

(4)现场工艺试验。

承包人应按合同约定或监理人指示进行现场工艺试验。对大型的现场工艺试验,监理人认为必要时,承包人应根据监理人提出的工艺试验要求,编制工艺试验措施计划,报送监理人审查。

4. 工程验收的质量控制

(1)质量要求。

工程质量标准必须符合现行国家有关工程施工质量验收规范和标准的要求。有关工程质量的特殊标准或要求由合同当事人在专用合同条款中约定。

因发包人原因造成工程质量未达到合同约定标准的,由发包人承担由此增加的费用和(或)延误的工期,并支付承包人合理的利润。

因承包人原因造成工程质量未达到合同约定标准的,发包人有权要求承包人返工直至工程质量达到合同约定的标准为止,并由承包人承担由此增加的费用和(或)延误的工期。

(2)质量保证措施。

①发包人的质量管理。发包人应按照法律规定及合同约定完成与工程质量有关的各项工作。

②承包人的质量管理。承包人按照《施工合同文本》通用条款第7.1款"施工组织设计"约

定向发包人和监理人提交工程质量保证体系及措施文件,建立完善的质量检查制度,并提交相应的工程质量文件。对于发包人和监理人违反法律规定和合同约定的错误指示,承包人有权拒绝实施。

承包人应对施工人员进行质量教育和技术培训,定期考核施工人员的劳动技能,严格执行施工规范和操作规程。

承包人应按照法律规定和发包人的要求,对材料、工程设备以及工程的所有部位及其施工工艺进行全过程的质量检查和检验,并作详细记录,编制工程质量报表,报送监理人审查。此外,承包人还应按照法律规定和发包人的要求,进行施工现场取样试验、工程复核测量和设备性能检测,提供试验样品、提交试验报告和测量成果以及其他工作。

③监理人的质量检查和检验。监理人按照法律规定和发包人授权对工程的所有部位及其施工工艺、材料和工程设备进行检查和检验。承包人应为监理人的检查和检验提供方便,包括监理人到施工现场,或制造、加工地点,或合同约定的其他地方进行察看和查阅施工原始记录。监理人为此进行的检查和检验,不免除或减轻承包人按照合同约定应当承担的责任。

监理人的检查和检验不应影响施工正常进行。监理人的检查和检验影响施工正常进行的,且经检查检验不合格的,影响正常施工的费用由承包人承担,工期不予顺延;经检查检验合格的,由此增加的费用和(或)延误的工期由发包人承担。

(3)隐蔽工程检查。

工程具备隐蔽工程条件,承包人应当对工程隐蔽部位进行自检,并经自检确认是否具备覆盖条件,并在检查前48小时书面通知监理人检查,通知中应载明隐蔽检查的内容、时间和地点,并应附有自检记录和必要的检查资料。

监理人应按时到场并对隐蔽工程及其施工工艺、材料和工程设备进行检查。经监理人检查确认质量符合隐蔽要求,并在验收记录上签字后,承包人才能进行覆盖。经监理人检查质量不合格的,承包人应在监理人指示的时间内完成修复,并由监理人重新检查,由此增加的费用和(或)延误的工期由承包人承担。

除专用合同条款另有约定外,监理人不能按时进行检查的,应在检查前24小时向承包人提交书面延期要求,但延期不能超过48小时,由此导致工期延误的,工期应予以顺延。监理人未按时进行检查,也未提出延期要求的,视为隐蔽工程检查合格,承包人可自行完成覆盖工作,并作相应记录报送监理人,监理人应签字确认。监理人事后对检查记录有疑问的,可按《施工合同文本》通用条款第5.3.3项"重新检查"的约定重新检查。

承包人覆盖工程隐蔽部位后,发包人或监理人对质量有疑问的,可要求承包人对已覆盖的部位进行钻孔探测或揭开重新检查,承包人应遵照执行,并在检查后重新覆盖恢复原状。经检查证明工程质量符合合同要求的,由发包人承担由此增加的费用和(或)延误的工期,并支付承包人合理的利润;经检查证明工程质量不符合合同要求的,由此增加的费用和(或)延误的工期由承包人承担。

(4)不合格工程的处理。

因承包人原因造成工程不合格的,发包人有权随时要求承包人采取补救措施,直至达到合同要求的质量标准,由此增加的费用和(或)延误的工期由承包人承担。无法补救的,按照《施工合同文本》通用条款第13.2.4项"拒绝接收全部或部分工程"约定执行。

因发包人原因造成工程不合格的,由此增加的费用和(或)延误的工期由发包人承担,并支付承包人合理的利润。

(5)质量争议检测。

合同当事人对工程质量有争议的,由双方协商确定的工程质量检测机构鉴定,由此产生的费用及因此造成的损失,由责任方承担。

合同当事人均有责任的,由双方根据其责任分别承担。合同当事人无法达成一致的,按照《施工合同文本》通用条款第4.4款"商定或确定"执行。

5.验收和工程试车

(1)分部分项工程验收。

分部分项工程质量应符合国家有关工程施工验收规范、标准及合同约定,承包人应按照施工组织设计的要求完成分部分项工程施工。分部分项工程经承包人自检合格并具备验收条件的,承包人应提前48小时通知监理人进行验收。监理人不能按时进行验收的,应在验收前24小时向承包人提交书面延期要求,但延期不能超过48小时。监理人未按时进行验收,也未提出延期要求的,承包人有权自行验收,监理人应认可验收结果。分部分项工程未经验收的,不得进入下一道工序施工。

(2)竣工验收。

①竣工验收条件。工程具备以下条件的,承包人可以申请竣工验收:除发包人同意的甩项工作和缺陷修补工作外,合同范围内的全部工程以及有关工作,包括合同要求的试验、试运行以及检验均已完成,并符合合同要求;已按合同约定编制了甩项工作和缺陷修补工作清单以及相应的施工计划;已按合同约定的内容和份数备齐竣工资料。

②竣工验收程序。除专用合同条款另有约定外,承包人申请竣工验收的,应当按照以下程序进行:

A.承包人向监理人报送竣工验收申请报告,监理人应在收到竣工验收申请报告后14天内完成审查并报送发包人。监理人审查后认为尚不具备验收条件的,应通知承包人在竣工验收前承包人还需完成的工作内容,承包人应在完成监理人通知的全部工作内容后,再次提交竣工验收申请报告。

B.监理人审查后认为已具备竣工验收条件的,应将竣工验收申请报告提交发包人,发包人应在收到经监理人审核的竣工验收申请报告后28天内审批完毕并组织监理人、承包人、设计人等相关单位完成竣工验收。

C.竣工验收合格的,发包人应在验收合格后14天内向承包人签发工程接收证书。发包人无正当理由逾期不颁发工程接收证书的,自验收合格后第15天起视为已颁发工程接收证书。

D.竣工验收不合格的,监理人应按照验收意见发出指示,要求承包人对不合格工程返工、修复或采取其他补救措施,由此增加的费用和(或)延误的工期由承包人承担。承包人在完成不合格工程的返工、修复或采取其他补救措施后,应重新提交竣工验收申请报告,并按约定的程序重新进行验收。

E.工程未经验收或验收不合格,发包人擅自使用的,应在转移占有工程后7天内向承包人颁发工程接收证书;发包人无正当理由逾期不颁发工程接收证书的,自转移占有后第15天起视为已颁发工程接收证书。

除专用合同条款另有约定外,发包人不按照本项约定组织竣工验收、颁发工程接收证书的,每逾期一天,应以签约合同价为基数,按照中国人民银行发布的同期同类贷款基准利率支付违约金。

③竣工日期。工程经竣工验收合格的,以承包人提交竣工验收申请报告之日为实际竣工日期,并在工程接收证书中载明;因发包人原因,未在监理人收到承包人提交的竣工验收申请报告42天内完成竣工验收,或完成竣工验收不予签发工程接收证书的,以提交竣工验收申请报告的日期为实际竣工日期;工程未经竣工验收,发包人擅自使用的,以转移占有工程之日为实际竣工日期。

④拒绝接收全部或部分工程。对于竣工验收不合格的工程,承包人完成整改后,应当重新进行竣工验收,经重新组织验收仍不合格的且无法采取措施补救的,则发包人可以拒绝接收不合格工程,因不合格工程导致其他工程不能正常使用的,承包人应采取措施确保相关工程的正常使用,由此增加的费用和(或)延误的工期由承包人承担。

⑤移交、接收全部与部分工程。合同当事人应当在颁发工程接收证书后7天内完成工程的移交。

发包人无正当理由不接收工程的,发包人自应当接收工程之日起,承担工程照管、成品保护、保管等与工程有关的各项费用,合同当事人可以在专用合同条款中另行约定发包人逾期接收工程的违约责任。

承包人无正当理由不移交工程的,承包人应承担工程照管、成品保护、保管等与工程有关的各项费用,合同当事人可以在专用合同条款中另行约定承包人无正当理由不移交工程的违约责任。

(3)工程试车。

工程需要试车的,除专用合同条款另有约定外,试车内容应与承包人承包范围相一致,试车费用由承包人承担。工程试车应按如下程序进行:

①具备单机无负荷试车条件,承包人组织试车,并在试车前48小时书面通知监理人,通知中应载明试车内容、时间、地点。承包人准备试车记录,发包人根据承包人要求为试车提供必要条件。试车合格的,监理人在试车记录上签字。监理人在试车合格后不在试车记录上签字,自试车结束满24小时后视为监理人已经认可试车记录,承包人可继续施工或办理竣工验收手续。

监理人不能按时参加试车,应在试车前24小时以书面形式向承包人提出延期要求,但延期不能超过48小时,由此导致工期延误的,工期应予以顺延。监理人未能在前述期限内提出延期要求,又不参加试车的,视为认可试车记录。

②具备无负荷联动试车条件,发包人组织试车,并在试车前48小时以书面形式通知承包人。通知中应载明试车内容、时间、地点和对承包人的要求,承包人按要求做好准备工作。试车合格,合同当事人在试车记录上签字。承包人无正当理由不参加试车的,视为认可试车记录。

如需进行投料试车的,发包人应在工程竣工验收后组织投料试车。发包人要求在工程竣工验收前进行或需要承包人配合时,应征得承包人同意,并在专用合同条款中约定有关事项。

投料试车合格的,费用由发包人承担;因承包人原因造成投料试车不合格的,承包人应按照发包人要求进行整改,由此产生的整改费用由承包人承担;非因承包人原因导致投料试车不合格的,如发包人要求承包人进行整改的,由此产生的费用由发包人承担。

6.缺陷责任与保修

(1)工程保修的原则。

在工程移交发包人后,因承包人原因产生的质量缺陷,承包人应承担质量缺陷责任和保修义务。缺陷责任期届满,承包人仍应按合同约定的工程各部位保修年限承担保修义务。

(2)缺陷责任期。

缺陷责任期自实际竣工日期起计算,合同当事人应在专用合同条款约定缺陷责任期的具体期限,但该期限最长不超过 24 个月。

因发包人原因导致工程无法按合同约定期限进行竣工验收的,缺陷责任期自承包人提交竣工验收申请报告之日起开始计算;发包人未经竣工验收擅自使用工程的,缺陷责任期自工程转移占有之日起开始计算。

工程竣工验收合格后,因承包人原因导致的缺陷或损坏致使工程、单位工程或某项主要设备不能按原定目的使用的,则发包人有权要求承包人延长缺陷责任期,并应在原缺陷责任期届满前发出延长通知,但缺陷责任期最长不能超过 24 个月。

任何一项缺陷或损坏修复后,经检查证明其影响了工程或工程设备的使用性能,承包人应重新进行合同约定的试验和试运行,试验和试运行的全部费用应由责任方承担。

除专用合同条款另有约定外,承包人应于缺陷责任期届满后 7 天内向发包人发出缺陷责任期届满通知,发包人应在收到缺陷责任期满通知后 14 天内核实承包人是否履行缺陷修复义务,承包人未能履行缺陷修复义务的,发包人有权扣除相应金额的维修费用。发包人应在收到缺陷责任期届满通知后 14 天内,向承包人颁发缺陷责任期终止证书。

(3)保修。

工程保修期从工程竣工验收合格之日起算,具体分部分项工程的保修期由合同当事人在专用合同条款中约定,但不得低于法定最低保修年限。在工程保修期内,承包人应当根据有关法律规定以及合同约定承担保修责任。

发包人未经竣工验收擅自使用工程的,保修期自转移占有之日起算。

▷ 7.4.2 建设工程合同的进度控制

1. 施工组织设计

(1)施工组织设计的内容。

施工组织设计应包含以下内容:①施工方案;②施工现场平面布置图;③施工进度计划和保证措施;④劳动力及材料供应计划;⑤施工机械设备的选用;⑥质量保证体系及措施;⑦安全生产、文明施工措施;⑧环境保护、成本控制措施;⑨合同当事人约定的其他内容。

(2)施工组织设计的提交和修改。

除专用合同条款另有约定外,承包人应在合同签订后 14 天内,但至迟不得晚于《施工合同文本》通用条款第 7.3.2 项"开工通知"载明的开工日期前 7 天,向监理人提交详细的施工组织设计,并由监理人报送发包人。除专用合同条款另有约定外,发包人和监理人应在监理人收到施工组织设计后 7 天内确认或提出修改意见。对发包人和监理人提出的合理意见和要求,承包人应自费修改完善。根据工程实际情况需要修改施工组织设计的,承包人应向发包人和监理人提交修改后的施工组织设计。

2. 施工进度计划

(1)施工进度计划的编制。

承包人应按照《施工合同文本》通用条款第 7.1 款"施工组织设计"约定提交详细的施工进度计划,施工进度计划的编制应当符合国家法律规定和一般工程实践惯例,施工进度计划经发包人批准后实施。施工进度计划是控制工程进度的依据,发包人和监理人有权按照施工进度计划检查工程进度情况。

(2)施工进度计划的修订。

施工进度计划不符合合同要求或与工程的实际进度不一致的,承包人应向监理人提交修订的施工进度计划,并附具有关措施和相关资料,由监理人报送发包人。除专用合同条款另有约定外,发包人和监理人应在收到修订的施工进度计划后7天内完成审核和批准或提出修改意见。发包人和监理人对承包人提交的施工进度计划的确认,不能减轻或免除承包人根据法律规定和合同约定应承担的任何责任或义务。

3.开工

(1)开工准备。

除专用合同条款另有约定外,承包人应按照《施工合同文本》通用条款第7.1款"施工组织设计"约定的期限,向监理人提交工程开工报审表,经监理人报发包人批准后执行。开工报审表应详细说明按施工进度计划正常施工所需的施工道路、临时设施、材料、工程设备、施工设备、施工人员等落实情况以及工程的进度安排。

除专用合同条款另有约定外,合同当事人应按约定完成开工准备工作。

(2)开工通知。

发包人应按照法律规定获得工程施工所需的许可。经发包人同意后,监理人发出的开工通知应符合法律规定。监理人应在计划开工日期7天前向承包人发出开工通知,工期自开工通知中载明的开工日期起算。

除专用合同条款另有约定外,因发包人原因造成监理人未能在计划开工日期之日起90天内发出开工通知的,承包人有权提出价格调整要求,或者解除合同。发包人应当承担由此增加的费用和(或)延误的工期,并向承包人支付合理利润。

4.测量放线

除专用合同条款另有约定外,发包人应在至迟不得晚于开工通知载明的开工日期前7天通过监理人向承包人提供测量基准点、基准线和水准点及其书面资料。发包人应对其提供的测量基准点、基准线和水准点及其书面资料的真实性、准确性和完整性负责。

承包人负责施工过程中的全部施工测量放线工作,并配置具有相应资质的人员、合格的仪器、设备和其他物品。承包人应矫正工程的位置、标高、尺寸或准线中出现的任何差错,并对工程各部分的定位负责。

施工过程中对施工现场内水准点等测量标志物的保护工作由承包人负责。

5.工期延误

(1)因发包人原因导致工期延误。

在合同履行过程中,因下列情况导致工期延误和(或)费用增加的,由发包人承担由此延误的工期和(或)增加的费用,且发包人应支付承包人合理的利润:

①发包人未能按合同约定提供图纸或所提供图纸不符合合同约定的;

②发包人未能按合同约定提供施工现场、施工条件、基础资料、许可、批准等开工条件的;

③发包人提供的测量基准点、基准线和水准点及其书面资料存在错误或疏漏的;

④发包人未能在计划开工日期之日起7天内同意下达开工通知的;

⑤发包人未能按合同约定日期支付工程预付款、进度款或竣工结算款的;

⑥监理人未按合同约定发出指示、批准等文件的;

⑦专用合同条款中约定的其他情形。

因发包人原因未按计划开工日期开工的,发包人应按实际开工日期顺延竣工日期,确保实际工期不低于合同约定的工期总日历天数。因发包人原因导致工期延误需要修订施工进度计划的,按照施工进度计划的修订执行。

(2)因承包人原因导致工期延误。

因承包人原因造成工期延误的,可以在专用合同条款中约定逾期竣工违约金的计算方法和逾期竣工违约金的上限。承包人支付逾期竣工违约金后,不免除承包人继续完成工程及修补缺陷的义务。

6.不利物质条件

不利物质条件是指有经验的承包人在施工现场遇到的不可预见的自然物质条件、非自然的物质障碍和污染物,包括地表以下物质条件和水文条件以及专用合同条款约定的其他情形,但不包括气候条件。

承包人遇到不利物质条件时,应采取克服不利物质条件的合理措施继续施工,并及时通知发包人和监理人。通知应载明不利物质条件的内容以及承包人认为不可预见的理由。监理人经发包人同意后应当及时发出指示,指示构成变更的,按《施工合同文本》通用条款第10条"变更"约定执行。承包人因采取合理措施而增加的费用和(或)延误的工期由发包人承担。

7.异常恶劣的气候条件

异常恶劣的气候条件是指在施工过程中遇到的,有经验的承包人在签订合同时不可预见的,对合同履行造成实质性影响的,但尚未构成不可抗力事件的恶劣气候条件。合同当事人可以在专用合同条款中约定异常恶劣的气候条件的具体情形。

承包人应采取克服异常恶劣的气候条件的合理措施继续施工,并及时通知发包人和监理人。监理人经发包人同意后应当及时发出指示,指示构成变更的,按《施工合同文本》通用条款第10条"变更"约定办理。承包人因采取合理措施而增加的费用和(或)延误的工期由发包人承担。

8.暂停施工

(1)发包人原因引起的暂停施工。

因发包人原因引起暂停施工的,监理人经发包人同意后,应及时下达暂停施工指示。情况紧急且监理人未及时下达暂停施工指示的,按照紧急情况下的暂停施工执行。

因发包人原因引起的暂停施工,发包人应承担由此增加的费用和(或)延误的工期,并支付承包人合理的利润。

(2)承包人原因引起的暂停施工。

因承包人原因引起的暂停施工,承包人应承担由此增加的费用和(或)延误的工期,且承包人在收到监理人复工指示后84天内仍未复工的,视为承包人违约的情形约定的承包人无法继续履行合同的情形。

(3)紧急情况下的暂停施工。

因紧急情况需暂停施工,且监理人未及时下达暂停施工指示的,承包人可先暂停施工,并及时通知监理人。监理人应在接到通知后24小时内发出指示,逾期未发出指示,视为同意承包人暂停施工。监理人不同意承包人暂停施工的,应说明理由,承包人对监理人的答复有异议,按照争议解决约定处理。

(4)暂停施工后的复工。

暂停施工后,发包人和承包人应采取有效措施积极消除暂停施工的影响。在工程复工前,监理人会同发包人和承包人确定因暂停施工造成的损失,并确定工程复工条件。当工程具备复工条件时,监理人应经发包人批准后向承包人发出复工通知,承包人应按照复工通知要求复工。

承包人无故拖延和拒绝复工的,承包人承担由此增加的费用和(或)延误的工期;因发包人原因无法按时复工的,按照因发包人原因导致工期延误约定办理。

9.提前竣工

发包人要求承包人提前竣工的,发包人应通过监理人向承包人下达提前竣工指示,承包人应向发包人和监理人提交提前竣工建议书,提前竣工建议书应包括实施的方案、缩短的时间、增加的合同价格等内容。发包人接受该提前竣工建议书的,监理人应与发包人和承包人协商采取加快工程进度的措施,并修订施工进度计划,由此增加的费用由发包人承担。承包人认为提前竣工指示无法执行的,应向监理人和发包人提出书面异议,发包人和监理人应在收到异议后7天内予以答复。任何情况下,发包人不得压缩合理工期。

▷ 7.4.3 建设工程合同的经济控制

1.合同价格、计量与支付

(1)合同价格形式。

发包人和承包人应在合同协议书中选择下列一种合同价格形式:单价合同、总价合同、其他价格形式。

(2)预付款。

预付款的支付按照专用合同条款约定执行,但至迟应在开工通知载明的开工日期7天前支付。预付款应当用于材料、工程设备、施工设备的采购及修建临时工程、组织施工队伍进场等。

除专用合同条款另有约定外,预付款在进度付款中同比例扣回。在颁发工程接收证书前,提前解除合同的,尚未扣完的预付款应与合同价款一并结算。

发包人逾期支付预付款超过7天的,承包人有权向发包人发出要求预付的催告通知,发包人收到通知后7天内仍未支付的,承包人有权暂停施工,并按《施工合同文本》通用条款第16.1.1项"发包人违约的情形"执行。

(3)计量。

工程量计量按照合同约定的工程量计算规则、图纸及变更指示等进行计量。工程量计算规则应以相关的国家标准、行业标准等为依据,由合同当事人在专用合同条款中约定。

除专用合同条款另有约定外,工程量的计量按月进行。

(4)工程进度款支付。

付款周期应按照计量周期的约定与计量周期保持一致。

2.变更

承包人应在收到变更指示后14天内,向监理人提交变更估价申请。监理人应在收到承包人提交的变更估价申请后7天内审查完毕并报送发包人,监理人对变更估价申请有异议,通知承包人修改后重新提交。发包人应在承包人提交变更估价申请后14天内审批完毕。发包人逾期未完成审批或未提出异议的,视为认可承包人提交的变更估价申请。因变更引起的价格调整应计入最近一期的进度款中支付。

3. 竣工结算

（1）竣工结算申请。

除专用合同条款另有约定外，承包人应在工程竣工验收合格后 28 天内向发包人和监理人提交竣工结算申请单，并提交完整的结算资料，有关竣工结算申请单的资料清单和份数等要求由合同当事人在专用合同条款中约定。

（2）竣工结算审核。

①除专用合同条款另有约定外，监理人应在收到竣工结算申请单后 14 天内完成核查并报送发包人。发包人应在收到监理人提交的经审核的竣工结算申请单后 14 天内完成审批，并由监理人向承包人签发经发包人签认的竣工付款证书。监理人或发包人对竣工结算申请单有异议的，有权要求承包人进行修正和提供补充资料，承包人应提交修正后的竣工结算申请单。

发包人在收到承包人提交竣工结算申请书后 28 天内未完成审批且未提出异议的，视为发包人认可承包人提交的竣工结算申请单，并自发包人收到承包人提交的竣工结算申请单后第 29 天起视为已签发竣工付款证书。

②除专用合同条款另有约定外，发包人应在签发竣工付款证书后的 14 天内，完成对承包人的竣工付款。发包人逾期支付的，按照中国人民银行发布的同期同类贷款基准利率支付违约金；逾期支付超过 56 天的，按照中国人民银行发布的同期同类贷款基准利率的两倍支付违约金。

③承包人对发包人签认的竣工付款证书有异议的，对于有异议部分应在收到发包人签认的竣工付款证书后 7 天内提出异议，并由合同当事人按照专用合同条款约定的方式和程序进行复核，或按照《施工合同文本》通用条款第 20 条"争议解决"约定处理。对于无异议部分，发包人应签发临时竣工付款证书，并按上述第②项完成付款。承包人逾期未提出异议的，视为认可发包人的审批结果。

4. 安全文明施工费

安全文明施工费由发包人承担，发包人不得以任何形式扣减该部分费用。因基准日期后合同所适用的法律或政府有关规定发生变化，增加的安全文明施工费由发包人承担。

承包人经发包人同意采取合同约定以外的安全措施所产生的费用，由发包人承担。未经发包人同意的，如果该措施避免了发包人的损失，则发包人在避免损失的额度内承担该措施费。如果该措施避免了承包人的损失，由承包人承担该措施费。

除专用合同条款另有约定外，发包人应在开工后 28 天内预付安全文明施工费总额的 50%，其余部分与进度款同期支付。发包人逾期支付安全文明施工费超过 7 天的，承包人有权向发包人发出要求预付的催告通知，发包人收到通知后 7 天内仍未支付的，承包人有权暂停施工，并按发包人违约的情形执行。

5. 质量保证金

（1）承包人提供质量保证金有以下三种方式：①质量保证金保函；②相应比例的工程款；③双方约定的其他方式。除专用合同条款另有约定外，质量保证金原则上采用上述第①种方式。

（2）质量保证金的扣留。质量保证金的扣留有以下三种方式：①在支付工程进度款时逐次扣留，在此情形下，质量保证金的计算基数不包括预付款的支付、扣回以及价格调整的金额；②工程竣工结算时一次性扣留质量保证金；③双方约定的其他扣留方式。除专用合同条款另有约定外，质量保证金的扣留原则上采用上述第①种方式。发包人累计扣留的质量保证金不得超过结算合同价格的5%。

6.保修

保修期内,修复的费用按照以下约定处理:

(1)保修期内,因承包人原因造成工程的缺陷、损坏,承包人应负责修复,并承担修复的费用以及因工程的缺陷、损坏造成的人身伤害和财产损失;

(2)保修期内,因发包人使用不当造成工程的缺陷、损坏,可以委托承包人修复,但发包人应承担修复的费用,并支付承包人合理利润;

(3)因其他原因造成工程的缺陷、损坏,可以委托承包人修复,发包人应承担修复的费用,并支付承包人合理的利润,因工程的缺陷、损坏造成的人身伤害和财产损失由责任方承担。

7.5 FIDIC土木工程施工合同条件

为了保证交易的顺利进行,多数国家或地区政府、社会团体和国际组织都制定了标准的招标程序、合同文件、工程量计算规则和仲裁方式。使用这些标准的招投标程序、合同文件,便于投标人熟悉合同条款,减少编制投标文件时所考虑的潜在风险,以降低报价。发生争议的时候,可以执行合同文件所附带的争议解决条款来处理纠纷。标准的合同条件能够合理公平地在合同双方之间分配风险和责任,明确规定了双方的权利、义务,很大程度上避免了因不认真履行合同造成的额外费用支出和相关争议。

FIDIC作为国际上权威的咨询工程师机构,多年来所编写的标准合同条件是国际工程界几十年来实践经验的总结,公正地规定了合同各方的职责、权利和义务,程序严谨,可操作性强,如今已在工程建设、机械和电气设备的提供等方面被广泛使用。

7.5.1 FIDIC简介

FIDIC是国际咨询工程师联合会的简称。该联合会是被世界银行和其他国际金融组织认可的国际咨询服务机构。总部设在瑞士洛桑,2002年迁徙日内瓦,下设四个地区成员协会:亚洲及太平洋地区成员协会(ASPAC)、欧洲共同体成员协会(CEDIC)、非洲成员协会集团(CA-MA)、北欧成员协会集团(RINORD)。

其目前已发展到世界各地70多个国家和地区,成为全世界最有权威的工程师组织。FIDIC下设许多专业委员会,各专业委员会编制了用于国际工程承包合同的许多规范性文件,被FIDIC成员国广泛采用,并被FIDIC成员国的雇主、工程师和承包商所熟悉,现已发展成为国际公认的标准范本,在国际上被广泛采用。

7.5.2 新版FIDIC合同条件

新版FIDIC合同条件更具有灵活性和易用性,如果通用合同条件中的某一条并不适用于实际项目,那么可以简单地将其删除而不需要在专用条件中特别说明。合同分新红皮书、新黄皮书和银皮书,均包括以下三部分:通用条件,专用条件编写指南,投标书、合同协议、争议评审协议。各合同条件的通用条件部分都有20条款。绿皮书则包括协议书、通用条件、专用条件、裁决规则和应用指南(指南不是合同文件,仅为用户提供使用上的帮助),合同条件共15条,52款。

1.《施工合同条件》(新红皮书)

《施工合同条件》特别适合于传统的"设计—招标—建造"(design-bid-construction)建设履

行方式。该合同条件适用于建设项目规模大、复杂程度高、业主提供设计的项目。新红皮书基本继承了原红皮书的"风险分担"的原则,即业主愿意承担比较大的风险。因此,业主希望作几乎全部设计(可能不包括施工图、结构补强等);雇用工程师作为其代理人管理合同,管理施工以及签证支付;希望在工程施工的全过程中持续得到全部信息,并能作变更等;希望支付根据工程量清单或通过的工作总价。而承包商仅根据业主提供的图纸资料进行施工。(当然,承包商有时要根据要求承担结构、机械和电气部分的设计工作。)那么,《施工合同条件》正是此种类型业主所需的合同范本。

2.《设备和设计—建造合同条件》(新黄皮书)

《设备和设计—建造合同条件》特别适合于"设计—建造"(design-construction)建设发行方式。该合同范本适用于建设项目规模大、复杂程度高、承包商提供设计、业主愿意将部分风险转移给承包商的情况。《设备和设计—建造合同条件》与《施工合同条件》相比,最大区别在于前者业主不再将合同的绝大部分风险由自己承担,而将一定风险转移至承包商。因此,如果业主希望:①在一些传统的项目里,特别是电气和机械工作,由承包商作大部分的设计,比如业主提供设计要求,承包商提供详细设计;②采纳设计—建造履行程序,由业主提交一个工程目的、范围和设计方面技术标准说明的"业主要求",承包商来满足该要求;③工程师进行合同管理,督导设备的现场安装以及签证支付;④执行总价合同,分阶段支付,那么,《设备和设计—建造合同条件》将适合这一需要。

3.《EPC/交钥匙项目合同条件》(银皮书)

《EPC/交钥匙项目合同条件》是一种现代新型的建设履行方式。该合同范本适用于建设项目规模大、复杂程度高、承包商提供设计、承包商承担绝大部分风险的情况。与其他三个合同范本的最大区别在于,在《EPC/交钥匙项目合同条件》下业主只承担工程项目的很小风险,而将绝大部分风险转移给承包商。这是由于作为这些项目(特别是私人投资的商业项目)投资方的业主在投资前关心的是工程的最终价格和最终工期,以便他们能够准确地预测在该项目上投资的经济可行性。所以,他们希望少承担项目实施过程中的风险,以避免追加费用和延长工期。因此,当业主希望:①承包商承担全部设计责任,合同价格的高度确定性,以及时间不允许逾期;②不卷入每天的项目工作中去;③多支付承包商建造费用,但作为条件承包商须承担额外的工程总价及工期的风险;④项目的管理严格采纳双方当事人的方式,如无工程师的介入,那么,《EPC/交钥匙项目合同范本》正是所需。另外,使用该合同的项目的招标阶段给予承包商充分的时间和资料使其全面了解业主的要求并进行前期规划、风险评估;业主也不得过度干预承包商的工作;业主的付款方式应按照合同支付,而无须像新红皮书和新黄皮书里规定的工程师核查工程量并签认支付证书后才付款。

4.《简明格式合同》(绿皮书)

该合同条件主要适用于价值较低的或形式简单,或重复性的,或工期短的房屋建筑和土木工程。

7.6 建设工程监理信息管理

监理信息管理就是监理信息收集、整理、处理、存储、传递与应用等一系列工作的总称。其目的是通过有组织的监理信息流通,使监理工程师能及时、准确、完整地获得相应的信息,以作出科学的决策。

▷ 7.6.1 监理信息的重要性

1.信息是监理工程师实施控制的基础

控制是建设工程监理的主要手段之一。监理工程师为了控制工程项目投资目标、质量目标及进度目标,首先应掌握三大目标的计划值,它们是实行控制的依据;同时,还应掌握三大目标的执行情况,并把执行情况与目标进行比较,找出差异,对比较的结果进行分析,预防和排除产生差异的原因,使总体目标得以实现。也只有充分地掌握了这些信息,监理工程师才能实施控制工作。

2.信息是监理工程师决策的重要依据

建设工程监理决策正确与否,直接影响着工程项目建设总目标的实现;而监理决策正确与否,其中重要的因素之一就是信息。

例如,在工程施工招标阶段,应对投标单位进行资质预审。为此,监理工程师就必须了解参加投标的各承包单位的技术水平、财务实力和施工管理经验等方面的信息。又如施工阶段对施工单位的工程进度款的支付决策,监理工程师也只有在详细了解了合同的有关规定及施工的实际情况等信息后,才能决策是否支付及支付的数量等。

3.信息是协调各有关方面的媒介

工程项目的建设过程涉及有关的政府部门和建设、设计、施工、材料设备供应、监理单位等,这些政府部门和企业单位对工程项目目标的实现都会有一定的影响,处理好、协调好它们之间的关系,并对工程项目的目标实现起促进作用,就是依靠信息,把这些单位有机地联系起来。

▷ 7.6.2 监理信息的特点

1.信息量大

因为监理的工程项目管理涉及多部门、多专业、多环节、多渠道,而且工程建设中的情况多变化,处理的方式又多样化,因此信息量也特别大。

2.信息系统性强

由于工程项目往往是一次性(或单件性);即使是同类型的项目,也往往因为地点、施工单位或其他情况的变化而变化,因此虽然信息量大,但却都集中于所管理的项目对象上,这就为信息系统的建立和应用创造了条件。

3.信息传递中的障碍多

传递中的障碍来自于地区的间隔、部门的分散、专业的隔阂,或传递的手段落后,或对信息的重视与理解能力、经验、知识的限制。

4.信息的滞后现象

信息往往是在项目建设和管理过程中产生的,信息反馈一般要经过加工、整理、传递,以后才能到达决策者手中,因此是滞后的。倘若信息反馈不及时,容易影响信息作用的发挥而造成失误。

▷ 7.6.3 监理信息的分类

由于建设监理信息面广量大,为了便于管理和应用,有必要将种类繁多的大量信息进行分类。依据不同的标准,建设监理信息的类型有:

1.按照建设监理的目标划分

(1)投资控制信息。投资控制信息是指与投资控制直接有关的信息,如各种估算指标、类似工程造价、物价指数、概算定额、预算定额、工程项目投资估算、设计概预算、合同价、施工阶段的支付账单、原材料价格、机械设备台班费、人工费、运杂费等。

(2)质量控制信息。质量控制信息是指与工程建设质量控制直接有关的信息。如国家或地方政府部门颁布的有关质量政策、法令、法规和标准等,质量目标的分解图表、质量控制的工作流程和工作制度、质量保证体系的组成、质量抽样检查的数据,各种材料设备的合格证、质保书、检测报告等。

(3)进度控制信息。进度控制信息是指与工程项目进度控制直接有关的信息。如工程项目建设总进度计划、施工定额、进度控制的工作流程和工作制度、进度目标的分解图表、材料和设备的到货计划、各分项分部工程的进度计划和进度记录等。

2.按建设监理信息的来源划分

(1)工程项目内部信息。内部信息取自建设项目本身,如工程概况,设计文件,施工方案,合同结构,合同管理制度,信息资料的编码系统,信息目录表,会议制度,监理班子的组织,工程项目的投资目标、质量目标和进度目标等。

(2)工程项目外部信息。来自工程项目外部环境的信息称为外部信息。如国家有关的政策及法规、国内及国际市场上原材料及设备价格、物价指数、类似工程造价、类似工程进度、投标单位的实力与信誉、工程项目单位的情况等。

3.按照信息的稳定程度划分

(1)固定信息。固定信息是指在一定的时间内相对稳定的信息。这类信息又可分为三种:

①标准信息。这主要是指各种定额和标准。如施工定额、原材料消耗定额、生产作业计划标准、设备和工具的耗损程度等。

②计划信息。这是指反映在计划期内已经确定的各项任务和指标等。

③查询信息。这是指在一个较长时间内,很少发生变更的信息,如政府部门颁发的技术标准、不变价格、监理工作制度、监理工程师的人事卡片等。

(2)流动信息。流动信息是指在不断变化着的信息。如项目实施阶段的质量、投资及进度的统计信息,反映在某一时刻项目建设的实际进程及计划完成情况。再如,项目实施阶段的原材料消耗。

➤ 7.6.4 监理信息的管理

1.建立信息管理系统

信息管理系统包括设计信息沟通渠道、建立信息管理组织和信息管理制度等。

设计信息沟通渠道的目的是保证信息流畅通无阻;信息管理组织和管理制度是系统管理所必须的条件。信息管理组织有人工管理信息系统和计算机管理信息系统。

2.掌握信息来源,进行信息收集

收集监理原始信息是很重要的基础工作。监理信息管理工作的质量优劣,很大程度上取决于原始资料的全面性和可靠性。主要的监理信息来源于:

(1)监理工作的记录。

①监理日记。监理日记包括天气记录、施工内容、参加施工的人员(工种、数量、施工单位

等)、施工用的机械(名称、数量、运转情况等)、发现的工程质量问题、施工进度与计划进度的比较(若拖延应分析其原因)、监理工作纪要和重大决定、对施工单位所作的主要指示、当天发生的纠纷及正在解决的办法、与其他方面达成的协议等。日记可采用表格形式,应每日填写,力求简明。

②周报。监理工程师和其他监理人员应按专业分工分别向总监理工程师汇报一周内工程进展和监理工作情况,以及工程中的重大事件,总监理工程师根据合同要求汇总后向建设单位汇报。

③月报。各专业监理工程师每月应向总监理工程师汇报本月工程形象进度、工程签证情况、工程存在的主要问题、本月监理工作小结、下月监理工作打算等。总监理工程师汇总后,向建设单位写出月报。

④监理工程师通知单或监理工作联系单。对施工单位作出比较重要的指示时,应采用书面的指示——监理工程师通知单或监理工作联系单。

⑤工程质量检查、验收、评定记录。

(2)会议制度和纪要。工地会议是监理工作的一种重要方法,会议中包括大量的来自各有关方面的信息,监理工程师必须予以重视,并作好充分的准备,以便于会议信息的收集。会议制度包括会前通知参加会议的有关方面及会议的内容、主持人、参加人、时间、地点等,会议应做好记录,会后应有会议纪要等。

(3)项目管理机构之外的信息。它包括从主管部门、市场、高校、科研单位、信息管理部门等处获取与本项目管理有关的信息,包括技术信息、市场信息、指令性或指导性信息等。

3.搞好信息加工整理和储存

对于收集到的资料、数据要经过鉴别、分析、汇总、归类,作出推测、判断、演绎,这是一个逻辑判断推理的过程;现在往往借助于电子计算机进行工作。有价值的原始资料、数据及经过加工整理的信息,要长期积累,以备查阅。现在,建立监理信息的编码系统、采用电子计算机数据库或其他微缩系统,可以提高数据处理的效率、节省存储的时间和空间。

4.监理信息的处理

(1)处理的要求。要使信息能有效地发挥作用,就要求信息处理必须符合及时、准确、适用、经济的原则。及时即信息的传递速度要快,准确即要求信息能反映实际情况,适用即信息符合实际工作的需要,经济即指信息处理方式符合经济效果的要求。

(2)处理的内容。信息处理一般包括收集、加工、传输、存储、检索和输出等六项内容。

收集即收集原始信息,要求全面和可靠,这是信息处理的基础工作。

加工是信息处理的基本内容,包括对信息进行分类、排序、计算、比较、选择等方面的工作。应根据监理工作的要求,使收集的信息通过加工为监理工程师提供有用的信息。

传输是指信息借助于一定的载体(如上网软盘、磁带、胶片、纸张等)在监理工作的各有关单位、部门之间传播。信息通过传输而形成信息流,信息流将不断地将信息传递给监理工程师,成为监理工作的依据。

存储是指对处理后信息的存储,建立档案,妥善保管,这些存储的信息有的可立即使用,有的日后可应用或参考。

检索是将存储的大量信息,为了方便查找,拟定一套科学的、迅速的查找方法和手段。

输出是将处理后的信息,按照监理工作的要求,编印成各种报表和文件。

(3)处理的方式。信息处理的方式有手工处理、计算机处理等方式。

①手工处理方式。在信息的处理过程中,主要依靠人工收集、填写原始资料,人工用笔、珠算、计算器等进行计算,计算结果由人工编制文件、报表,并由档案室保存和存储资料。信息的

输出也依靠电话、传真机或信函发出文件、通知、报表等。

②计算机处理方式。计算机处理方式是利用电子计算机进行数据处理,它可以接受资料、处理和加工资料、提供处理结果。

由于监理工作中不仅有大量的信息,而且对信息的正确性、及时性等也有较高的质量要求,倘若仅依靠手工处理方式是很难胜任的,必须借助于电子计算机存贮量大,可集中存贮有关的信息,能高速准确地处理监理工作所需要的信息,能方便地形成各种监理工作需要的报表等特点。因此,要优先选用计算机处理方式。

7.6.5 监理信息系统

监理信息系统是以电子计算机为手段,运用系统思维的方法,对各类监理信息进行收集、传递、处理、存储、分发的计算机辅助系统。

监理信息系统是一个由多个子系统构成的系统,整个系统由大量的单一功能独立模块拼搭起来,配合数据库、知识库等组合起来,其目标是实现信息的全面管理、系统管理。

目前,已利用电子计算机辅助投资控制、进度控制、质量控制和辅助合同管理、信息管理。随着建设监理事业的发展,监理信息系统必将更快地发展和普及。

7.7 建设工程文档资料管理

信息只有承载在一定媒体上或通过特定的途径才能被传递、检索和使用。承载媒体和传播途径有多种表现形式,如:书面文件、电子文件、广播、录像、口头布置工作、汇报、交流和会议等。这些形式应用在具体工作中,使用频率最高的是文档资料(包括文字资料、电子文件、图片、图像资料),其主要原因是因为文档资料可以长久保存,在良好的管理模式下十分方便检索和再利用。由于检索和再利用的需求程度比较高,在建设工程领域使用文档资料更频繁,因此文档资料管理就成为建设工程信息管理一个十分重要的环节,其工作质量优劣直接影响到信息管理工作成功与否。

监理单位的文档资料管理工作与整个工程的文档资料管理息息相关。督促承包单位建立文档资料管理体系,初步审核竣工备案资料的正确性和合理性,协助建设单位完成竣工备案资料归档工作等,都是监理工程师职责的一部分。

7.7.1 建设工程文档资料的概念与特征

1.建设工程文档资料的概念

建设工程文档资料是指建设工程在立项、设计、施工、监理、竣工活动中形成的具有归档保存价值的基建文件、监理文件、施工文件和竣工图的统称。

2.建设工程文档资料的组成

(1)基建文件。基建文件是由建设单位在工程建设过程中形成并收集汇编,关于立项、征用工地、拆迁、地质勘查、测绘、设计、招投标、工程验收等文件或资料的统称。

(2)监理文件。监理文件是由监理单位在工程建设监理全过程中形成并收集汇编的文件或资料统称。

(3)施工文件。施工文件是由施工单位在工程施工过程中形成并收集汇编的文件或资料的统称。

（4）竣工图。项目竣工图是真实地记录建设工程各种地下、地上建筑物竣工实际情况的技术文件。它是对工程进行交工验收、维护、扩建、改建的依据，也是使用单位长期保存的资料。可利用蓝图改绘或在底图上修改或重新绘制。竣工图的绘制工作应由建设单位完成，也可委托总承包单位、监理单位或设计单位完成。

3.建设工程文档资料的特征

建设工程文档资料有以下方面的特征：

（1）分散性和复杂性。建设工程周期长，生产工艺复杂，建筑材料种类多，建筑技术发展迅速，影响建设工程因素多种多样，工程建设阶段性强并且相互穿插，由此导致了建设工程文档资料的分散性和复杂性。这个特征决定了建设工程文档资料是多层次、多环节、相互关联的复杂系统。

（2）继承性和时效性。随着建筑技术、施工工艺、新材料以及建筑企业管理水平的不断提高和发展，文档资料可以被继承和积累。新的工程在施工过程中可以吸取以前的经验，避免重犯以往的错误。同时建设工程文档资料有很强的时效性，文档资料的价值会随着时间的推移而衰减，有时文档资料一经生成，就必须传达到有关部门，否则会造成严重后果。

（3）全面性和真实性。建设工程文档资料只有全面反映项目的各类信息才更有实用价值，必须形成一个完整的系统。有时只言片语地引用往往会起到误导作用。另外建设工程文档资料必须真实反映工程情况，包括发生的事故和存在的隐患。真实性是对所有文档资料的共同要求，但在建设领域对这方面要求更为迫切。

（4）随机性。建设工程文档资料可能产生于工程建设的整个过程中，工程开工、施工、竣工等各个阶段、各个环节都会产生各种文档资料，部分建设工程文档资料的产生有规律性（如各类报批文件），但还有相当一部分文档资料的产生是由具体工程事件引发的，因此建设工程文档资料是有随机性的。

（5）多专业性和综合性。建设工程文档资料依附于不同的专业对象而存在，又依赖不同的载体而流动。它涉及建筑、市政、公用、消防、保安等多种专业，也涉及电子、力学、声学、美学等多种学科，并同时综合了质量、进度、造价、合同、组织协调等多方面内容。

7.7.2 建设工程档案资料管理职责

建设工程档案资料的管理涉及建设单位、监理单位、施工单位以及地方城建档案部门。本部分内容根据政府有关文件规定对四方管理职责进行初步界定，涉及档案资料编制套数和保存期限时，只明确一些通用要求，具体份数和保存年限尚应根据工程类型、规模按地方城建档案部门要求执行。

1.基本职责

（1）工程各参建单位填写的工程档案资料应以工程合同、设计文件、工程质量验收标准、施工及验收规范等为依据。

（2）工程档案资料应随工程进度及时收集、整理，并应按专业归类，认真书写，字迹清楚，项目齐全、准确、真实，无未了事项。表格应采用统一表格，特殊要求需增加的表格应统一归类。

（3）工程档案资料进行分级管理，各单位技术负责人负责本单位工程档案资料的全过程组织工作，工程档案资料的收集、整理和审核工作由各单位档案管理员负责。

（4）对工程档案资料进行涂改、伪造、随意抽撤或损毁、丢失等，应按有关规定予以处罚。

2.建设单位职责

(1)应加强对基建文件的管理工作,并设专人负责基建文件的收集、整理和归档工作。

(2)在与勘察设计单位、监理单位、施工单位签订勘察、设计、监理、施工合同时,应对监理文件、施工文件和工程档案的编制责任、编制套数和移交期限作出明确规定。

(3)必须向参建的勘察设计、施工、监理等单位提供与建设工程有关的原始资料,原始资料必须真实、准确、齐全。

(4)负责在工程建设过程中对工程档案资料进行检查并签署意见。

(5)负责组织工程档案的编制工作,可委托总承包单位或监理单位组织该项工作;负责组织竣工图的绘制工作,可委托总承包单位或监理单位或设计单位具体执行。

(6)编制基建文件的套数不得少于地方城建档案部门要求,但应有完整基建文件归入地方城建档案部门及移交产权单位,保存期应与工程合理使用年限相同。

(7)应严格按照国家和地方有关城建档案管理的规定,及时收集、整理建设项目各环节的资料,建立、健全工程档案,并在建设工程竣工验收后,按规定及时向地方城建档案部门移交工程档案。

3.监理单位职责

(1)应加强监理资料的管理工作,并设专人负责监理资料的收集、整理和归档工作。

(2)监督检查工程资料的真实性、完整性和准确性。在设计阶段,对勘察、测绘、设计单位的工程资料进行监督、检查;在施工阶段,对施工单位的工程资料进行监督、检查。

(3)接收建设单位的委托进行工程档案的组织编制工作。

(4)在工程竣工验收后三个月内,由项目总监理工程师组织对监理档案资料进行整理、装订与归档。监理档案资料在归档前必须由项目总监理工程师审核。

(5)编制的监理文件的套数不得少于地方城建档案部门要求,但应有完整监理文件移交建设单位及自行保存,保存期根据工程性质以及地方城建档案部门有关要求确定。如建设单位对监理档案资料的编制套数有特殊要求的,可另行约定。

4.施工单位职责

(1)应加强施工文件的管理工作,实行技术负责人负责制,逐级建立健全施工文件管理工作。工程项目的施工文件应设专人负责收集和整理。

(2)总承包单位负责汇总整理各分包单位编制的全部施工文件,分承包单位应各自负责对分承包范围内的施工文件进行收集和整理,各承包单位应对其施工文件的真实性和完整性负责。

(3)接受建设单位的委托进行工程档案的组织编制工作。

(4)按要求在竣工前将施工文件整理汇总完毕并移交建设单位进行工程竣工验收。

(5)负责编制的施工文件的套数不得少于地方城建档案部门要求,但应有完整施工文件移交建设单位及自行保存,保存期根据工程性质以及地方城建档案部门有关要求确定。如建设单位对施工文件的编制套数有特殊要求的,可另行约定。

5.地方城建档案部门职责

(1)负责接收和保管所辖范围应当永久和长期保存的工程档案和有关资料。

(2)负责对城建档案工作进行业务指导,监督和检查有关城建档案法规的实施。

(3)列入向本部门报送工程档案范围的工程项目,其竣工验收应有本部门参加并负责对移交的工程档案进行验收。

▷ 7.7.3 建设工程档案资料编制质量要求与组卷方法

对建设工程档案资料编制质量要求与组卷方法,各行政管理区域以及各行业都有自己的要求,没有统一的标准体系。开展具体工作时尚应参照地方城建档案部门的具体要求。

1. 编制质量要求

(1)工程档案资料必须真实地反映工程实际情况,具有永久和长期保存价值的文件材料必须完整、准确、系统,责任者的签章手续必须齐全。

(2)工程档案资料必须使用原件;如有特殊原因不能使用原件的,应在复印机或抄件上加盖公章并注明原件存放处。

(3)工程档案资料的签字必须使用档案规定用笔。工程资料宜采用打印的形式并应手工签字。

(4)工程档案资料的编制和填写应适应档案缩微管理和计算机输入的要求,凡采用施工蓝图改绘竣工图的,必须使用新蓝图并反差明显,修改后的竣工图必须图面整洁,文字材料字迹工整、清楚。

(5)工程档案资料的缩微制品,必须按国家缩微标准进行制作,主要技术指标(解像力、密度、海波残留量等)要符合国家标准,保证质量,以适应长期安全保管。

(6)工程档案资料的照片(含底片)及声像档案,要求图像清晰,声音清楚,文字说明或内容准确。

2. 组卷要求

(1)组卷的质量要求。

①组卷前要详细检查基建文件、监理文件、施工文件和竣工图,按要求收集齐全、完整。

②达不到质量要求的文字材料和图纸一律重做。

(2)组卷的基本原则。

①建设工程项目按单位工程组卷。

②工程档案资料应按基建文件、监理文件、施工文件和竣工图分别进行组卷,施工文件、竣工图还应按专业分别组卷,以便于保管和利用。

③工程档案资料应根据保存单位和专业工程分类进行组卷。

④卷内资料排列顺序要依据资料内容构成而定,一般顺序为:封面、目录、文件部分、备考表、封底,组成的案卷力求美观、整齐。

⑤卷内资料若有多种资料时,同类资料按日期顺序排序,不同资料之间的排列顺序应按资料分类排列。

(3)组卷的具体要求。

①基建文件可根据数量的多少组成一卷或多卷,如工程项目报批卷、用地拆迁卷、地质勘探卷、工程竣工总结卷、工程照片卷、录音录像卷等。每部分根据资料多少还可组成一卷或多卷。

②监理文件可根据数量的多少组成一卷或多卷,如:监理验收资料卷、监理月报卷等,每部分可根据资料多少还可以组成一卷或多卷。

③施工文件根据保存单位和数量的多少汇总组成一卷或多卷,可以参照各地方城建档案馆专业工程分类编码参考表的类别进行组卷。如土方工程卷、钢结构工程卷、避雷与接地卷等。

④竣工图按专业进行组卷,可分综合图卷、建筑、结构、给排水、燃气、电气、通风与空调、电梯、工艺卷等,每一专业根据图纸多少可组成一卷或多卷。

⑤文字材料和图纸材料原则上不能混装在一个装具内;如文件材料较少需装在一个装具内,文字材料和图纸材料必须装订。

⑥工程档案资料应按单项工程编制总目录卷和总目录卷汇总表。

（4）案卷页号的编写。

①编写页号以独立卷为单位。在案卷内文件材料排列顺序确定后，均以有书写内容的页面编写页号。

②用打号机或钢笔依次逐张标注页号，采用黑色、蓝色油墨或墨水。

③工程档案资料以及折叠后图纸页号的编写位置应按城建档案馆要求统一。

（5）案卷封面、案卷脊背、工程档案卷内目录、卷内备考表的编制、填写方法应按照地方城建档案部门具体填写说明执行。

7.7.4 建设工程档案资料验收与移交

1. 验收

（1）工程档案资料的验收是工程竣工验收的重要内容。在工程竣工验收时建设单位必须先提供一套工程竣工档案报请有关部门进行审查、验收。

（2）工程档案资料由建设单位进行验收，属于向地方城建档案部门报送工程档案资料的工程项目还应会同地方城建档案部门共同验收。

（3）国家、省市重点工程项目或一些特大型、大型的工程项目的预验收和验收会，应由地方城建档案部门参加验收。

（4）为确保工程档案资料的质量，各编制单位、监理单位、建设单位、地方城建档案部门、档案行政管理部门等要严格进行检查、验收。编制单位、制图人、审核人、技术负责人必须进行签字或盖章。对不符合技术要求的，一律退回编制单位进行改正、补齐，问题严重者可令其重做。不符合要求者，不能交工验收。

（5）凡报送的工程档案资料，如验收不合格将其退回建设单位，由建设单位责成责任者重新进行编制，待达到要求后重新报送。检查验收人员应对接收的档案负责。

（6）地方城建档案部门负责工程档案资料的最后验收，并对编制报送工程档案资料进行业务指导、督促和检查。

2. 移交

（1）施工单位、监理单位等有关单位应在工程竣工验收前将工程档案资料按合同或协议规定的时间、套数移交给建设单位，办理移交手续。

（2）竣工验收通过后3个月内，建设单位将汇总的全部工程档案资料移交地方城建档案部门。如遇特殊情况，需要推迟报送日期，必须在规定报送时间内向地方城建档案部门申请延期报送并申明延期报送原因，经同意后办理延期报送手续。

7.8 建设工程监理文档资料管理

7.8.1 建设工程监理文档管理基本概念

1. 监理文档管理的含义

所谓建设工程监理文档的管理，是指监理工程师受建设单位委托，在进行工程建设监理的工作期间，对工程建设实施过程中形成的与监理相关的文档进行收集积累、加工整理、立卷归档和检索利用等一系列工作。工程建设监理文档管理的对象是监理文档资料，它们是工程建设监理信息的主要载体。

2.监理文档管理意义

(1)对监理文档进行科学管理,可以为建设工程监理工作的顺利开展创造良好的前提条件。建设工程监理的主要任务是进行工程项目的目标控制,而控制的基础是信息。如果没有信息,监理工程师就无法实施控制。在建设工程实施过程中产生的各种信息,经过收集、加工和传递,以监理文档的形式进行管理和保存,会成为有价值的监理信息资源,它是监理工程师进行建设工程目标控制的客观依据。

(2)对监理文档进行科学管理,可以极大地提高监理工作效率。监理文档经过系统、科学的整理归类,形成监理文件档案库,当监理工程师需要时,就能及时有针对性地提供完整的资料,从而迅速地解决监理工作中的问题。反之,如果文档分散管理,就会导致混乱,甚至散失,最终影响监理工程师的正确决策。

(3)对监理文档进行科学管理,可以为建设工程档案资料的归档提供可靠保证。监理文档的管理,是把监理过程中各项工作中形成的全部文字、声像、图纸及报表等文件资料进行统一管理和保存,从而确保文档的完整性。一方面,在项目建成竣工以后,监理工程师可将完整的监理资料移交建设单位,作为建设项目的档案资料;另一方面,完整的监理文档资料是建设监理单位具有重要历史价值的资料,监理工程师可从中获得宝贵的监理经验,有利于不断提高建设工程监理工作水平。

3.建设工程监理文档的传递流程

项目监理机构信息管理部门是专门负责建设工程信息管理工作的,其中包括监理文档的管理。因此在工程全过程中形成的所有文件资料,都应统一归口传递到信息管理部门,进行集中收发和管理。如图7-1所示,信息管理部门是监理文档资料传递渠道的中枢。

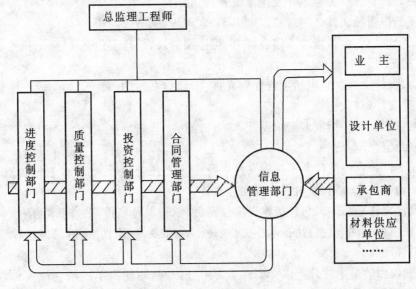

图7-1 监理文档资料传递流程图

图 7-1 明确了监理文档的传递流程。首先,在监理组织内部,所有文档都必须先送交信息管理部门,进行统一整理分类、归档保存,然后由信息管理部门根据总监理工程师或其授权监理工程师的指令和监理工作的需要,分别将文档传递给有关的监理工程师。当然任何监理人员都可以随时自行查阅经整理分类后的文档。其次在监理组织外部,在发送或接收建设单位、设计单位、承包商、材料供应单位及其他单位的文档资料时,也应由信息管理部门负责进行,这样使所有的文档只有一个进出口通道,从而在组织上保证监理文档资料的有效管理。

文档资料的管理和保存,主要由信息管理部门中的资料管理人员负责。作为资料管理人员,必须熟悉各项监理业务,通过分析研究监理文档资料的特点和规律,对其进行系统、科学的管理,使其在建设工程监理工作中得到充分利用。除此之外,监理资料管理人员还应全面了解和掌握工程建设进展和监理工作开展的实际情况,结合对文档的整理分析,编写有关专题材料,对重要文件资料进行摘要综述,包括编写监理工作月报、工程建设周报等。

▶ 7.8.2 建设工程监理文档的分类

随着工程建设的进展,所积累的文件资料会越来越多,如果随意存放,不仅查找困难,而且极易丢失。因此为了能在监理过程中有效地利用和传递这些文件资料,资料管理人员和监理工程师必须清楚了解监理文档资料的分类,在此基础上再根据项目规模和管理模式确定具体的存放方法。监理文件资料可以分为以下几类:

(1)监理工作审批文件。它包括施工单位、材料供应单位向监理单位报审的各类文件。

(2)监理工作函件。它包括监理工程师发送给建设单位、设计单位、承包商等有关单位的函件。

(3)监理工作记录文件。它包括监理巡视记录、旁站检查记录、实测实量记录、平行监测资料、测量资料、监理日记、工程照片及声像资料。

(4)监理工作指导文件。它包括监理大纲、监理规划、监理细则。

(5)会议纪要。它包括监理工作会议、工程协调会议、设计工作会议、施工工作会议及工程例会等会议的纪要。

(6)勘察、设计文件。它包括可行性研究报告、勘察报告、方案设计、初步设计、施工图设计及设计变更等文件资料。

(7)施工资料。它包括施工组织设计、施工方案、工作量签证、技术核定单、隐蔽工程验收记录等资料和文件。

(8)合同文件。它包括各类招投标文件以及监理委托合同、勘察设计合同、施工总包合同和分包合同、设备供应合同、材料供应合同等文件。

(9)工程管理往来函件。它包括建设单位函件、承包单位函件、政府部门函件。

(10)监理内部文件。它包括技术性文件(规范、标准)、法规性文件(政府法律法规)、管理性文件(公司管理文件)。

需要特别说明的是上述分类以文档性质为划分依据,不能简单地把它作为日常管理档案柜(夹)的分类原则。具体工作过程中,尚应根据各类文档在项目上可能出现的频率,以及所牵涉工作的关联性,合理规划档案柜(夹)所包含的文档种类,最大程度地满足项目建设过程中,监理工程师可以方便查阅各类文档,又要兼顾项目竣工时资料归档的要求。

➤ 7.8.3 建设工程监理文档的管理

1. 监理文档收文与登录

所有收文应在收文登记表上进行登记(按监理信息分类别进行登记)。应记录文件名称、文件摘要信息、文件的发放单位(部门)、文件编号以及收文日期,必要时应注明接收文件的具体时间,最后监理项目部负责收文人员签字。

监理信息在有追溯性要求的情况下,应注意核查所填部分内容是否可追溯。如材料报审表中是否明确注明该材料所使用的具体部位,以及该材料质保证明的原件保存处等。

如不同类型的监理信息之间存在相互对照或追溯关系时(如:监理通知单和监理通知单回复),在分类存放的情况下,应在文件和记录上注明相关信息的编号和存放处。

资料管理人员应检查文档资料的各项内容的填写和记录应真实完整,签字确认人员应为符合相关规定的责任人员,并且不得以盖章和打印代替手写签认。文档资料以及存储介质质量应符合要求,所有文档必须使用符合档案归档要求的碳素墨水填写或打印生成,以适应长时间保存的要求。

有关工程建设照片及声像资料等应注明拍摄日期及所反映工程建设部位等摘要信息。收文登记后应交给项目总监或由其授权的监理工程师进行处理,重要文件内容应在监理日记中记录。

部分收文如涉及建设单位的工程建设指令或设计单位的技术核定单以及其他重要文件,应将复印件在项目监理机构专栏内予以公布。

2. 监理文档传阅

由项目总监或其授权的监理工程师确定文件、记录是否需传阅,如需传阅应确定传阅人员名单和范围,并注明在文件传阅纸(图 7-2)上,随同文件和记录进行传阅。也可按文件传阅纸样式刻制方形图章,盖在文件空白处,代替文件传阅纸。每位传阅人员阅后应在文件传阅纸上签名,并注明日期。文件和记录传阅期限不应超过该文件的处理期限。传阅完毕后,文件原件应交还信息管理人员归档。

文件名称		
收/发文日期		
责任人		传阅期限
传阅人员	_____	( )
	_____	( )
	_____	( )
	_____	( )
	_____	( )

图 7-2 文件传阅纸样式

3. 监理文档发文

发文由总监或其授权的监理工程师签名,并加盖项目监理机构图章,对盖章工作应进行专项登记。如为紧急处理的文件,应在文件首页标注"急件"字样。

所有发文按监理信息资料分类和编码要求进行分类编码,并在发文登记表上登记。登记内容包括:文件资料的分类编码、发文文件名称、摘要信息、接收文件的单位(部门)名称、发文日期(强调时效性的文件应注明发文的具体时间)。收件人收到文档后应签名。

发文应留有底稿,并附一份文件传阅纸,资料员根据文件签发人指示确定文件责任人和相关传阅人员。文件传阅过程中,每位传阅人员阅后应签名并注明日期。发文的传阅期限不应超过其处理期限。重要文件的发文内容应在监理日记中予以记录。

项目监理机构的资料管理人员应及时将发文原件归入相应的资料柜(夹)中,并在目录清单中予以记录。

4. 监理文档分类存放

监理文档经收/发文、登录和传阅工作程序后,必须使用科学的分类方法进行存放,这样既可满足项目实施过程查阅、求证的需要,又方便项目竣工后文档的归档和移交。项目监理机构应备有存放监理信息的专用资料柜和用于监理信息分类归档存放的专用资料夹。在大中型项目中应采用计算机对监理信息进行辅助管理。

文档资料应保持清晰,不得随意涂改记录,保存过程中应保持记录介质的清洁和不破损。

项目建设过程中文档的具体分类原则应根据工程特点制定,监理企业的技术管理部门可以明确本企业文档管理的框架性原则,以便统一管理并体现出企业的特色。

5. 监理文档借阅、更改与作废

项目监理机构存放的文档原则上不得外借,如政府部门、建设单位或施工单位确有需要,应经过总监理工程师或其授权的监理工程师同意,并在信息管理部门办理借阅手续。监理人员在项目实施过程中需要借阅文档时,应填写文件借阅单,并明确归还时间。信息管理人员办理有关借阅手续后,应在文件夹的内附目录上作特殊标记,避免其他监理人员查阅该文件时,因找不到文件引起工作混乱。

监理文档的更改应由原制定部门相应责任人执行,涉及审批程序的,由原审批责任人执行。若指定其他责任人进行更改和审批时,新责任人必须获得所依据的背景资料。监理文档更改后,由信息管理部门填写监理文档更改通知单,并负责发放新版本文件。发放过程中必须保证项目参建单位中所有相关部门都得到相应文件的有效版本。文档换发新版时,应由信息管理部门负责将原版本收回作废。考虑到日后有可能出现追溯需求,信息管理部门可以保存作废文件的样本以备查阅。

▶ 7.8.4 监理文档资料归档

监理文档资料归档内容、组卷方法以及监理档案的验收、移交和管理工作,应根据工程项目所在地区建设工程行政主管部门、建设监理行业主管部门、地方城市建设档案管理部门的规定执行,目前在全国范围内尚未形成比较统一的标准。具体操作过程中,信息管理部门应在开工前和政府部门取得联系,了解相关要求,并形成项目文档资料管理作业指导书,在总承包单位以及分包单位进场时及时组织交底,避免出现工程竣工时资料缺少的尴尬局面。

对一些需连续产生的监理信息,如对其有统计要求,在归档过程中应对该类信息建立相关的统计汇总表格以便进行核查和统计,并及时发现错漏之处从而保证该类监理信息的完整性。

监理文档资料的归档保存中应严格遵照原件和顺序归档的原则。如在监理工作中出现作废和遗失等情况应给予明确的记录。

如采用计算机对监理信息进行辅助管理的,当相关的文件和记录经有关责任人员签字确定、正式生效并已存入项目部相关资料夹中时,计算机管理人员应将储存在计算机中的相关文件和记录改变其文件属性为"只读",并将保存的目录记录在书面文件上以便于进行查阅。在项目档案资料归档前不得将计算机中保存的有效文件和记录删除。

思考题

1. 建设工程监理合同有哪些特征?
2. 工程师如何进行隐蔽工程检验和验收?
3. 建设工程监理信息有哪些分类?
4. 简述建设工程监理文档的传递流程。

案例分析题

建设单位将某给水建设工程项目委托某监理单位进行施工阶段的监理。在委托建设工程监理合同中,对建设单位和监理单位的权利、义务和违约责任所作的某些规定如下:

(1)在施工期间,任何工程设计变更均须经过监理方审查、认可,并发布变更指令方为有效,实施变更。

(2)监理方应在建设单位的授权范围内对委托的建设工程项目实施施工监理。

(3)监理方发现工程设计中的错误或不符合建筑工程质量标准的要求时,有权要求设计单位改正。

(4)监理方仅对本工程的施工质量实施监督控制,建设单位则实施进度控制和投资控制任务。

(5)监理方在监理工作中只对建设单位负责,维护建设单位的利益。

(6)监理方有最终审核批准索赔权。

(7)监理方对工程进度款支付有审核签认权;建设单位有独立于监理方之外的自主支付权。

(8)在合同责任期内,监理方未按合同要求的职责履行约定的义务,或委托人违背对监理方合同约定的义务,双方均应向对方赔偿造成的经济损失。

(9)当事人一方要求变更或解除合同时,应当在42日前通知对方,因解除合同使一方遭受损失的,除依法免除责任的外,应由责任方负责赔偿。

(10)当委托人认为监理方无正当理由而又未履行监理义务时,可向监理方发出指明其未履行义务的通知。若委托人发出通知后21日内没有收到答复,可在第一个通知发出后35日内发出终止委托监理合同的通知,合同即行终止。监理方承担违约责任。

(11)在施工期间,因监理单位的过失发生重大质量事故,监理单位应付给建设单位相当于质量事故经济损失20%的罚款。

问题:

以上各条中有无不妥之处?怎样才是正确的?

第8章
建设工程监理的组织协调

 学习要点

1. 组织协调的概念、范围和层次
2. 项目监理机构组织协调的工作内容
3. 建设工程监理组织协调的方法

8.1　建设工程监理组织协调概述

▷ 8.1.1　组织协调的概念

建设工程监理目标的实现,需要监理工程师扎实的专业知识和对建设工程监理程序的有效执行。此外,还需要监理工程师有较强的组织协调能力。通过组织协调,能够使影响建设工程监理目标实现的各方主体有机配合、协同一致,促进建设工程监理目标的实现。

协调就是联结、联合、调和所有的活动及力量,使各方配合得适当,其目的是促使各方协同一致,以实现预定目标。协调工作应贯穿于整个建设工程实施及其管理过程中。

建设工程系统就是一个由人员、物质、信息等构成的人为组织系统。用系统方法分析,建设工程的协调一般有三大类:①"人员/人员界面";②"系统/系统界面";③"系统/环境界面"。

建设工程组织是由各类人员组成的工作班子,由于每个人的性格、习惯、能力、岗位、任务、作用的不同,即使只有两个人在一起工作,也有潜在的人员矛盾或危机。这种人和人之间的间隔,就是所谓的"人员/人员界面"。

建设工程系统是由若干个子项目组成的完整体系,子项目即子系统。由于子系统的功能、目标不同,容易产生各自为政的趋势和相互推诿的现象。这种子系统和子系统之间的间隔,就是所谓的"系统/系统界面"。

建设工程系统是一个典型的开放系统。它具有环境适应性,能主动从外部世界取得必要的能量、物质和信息。在取得的过程中,不可能没有障碍和阻力。这种系统与环境之间的间隔,就是所谓的"系统/环境界面"。

项目监理机构的协调管理就是在"人员/人员界面"和"系统/系统界面"、"系统/环境界面"之间,对所有的活动及力量进行联结、联合、调和的工作。系统方法强调,要把系统作为一个整体来研究和处理,因为总体的作用规模要比各子系统的作用规模之和大。建设工程监理组织是完成建设工程监理工作的基础和前提。为了顺利实现建设工程系统目标,必须重视协调管理,发挥系统整体功能。在建设工程监理中,要保证项目的参与各方围绕建设工程开展工作,使项目目标顺利实现。组织协调工作最为重要,也最为困难,是监理工作能否成功的关键,只有通过积极的组织协调才能实现整个系统全面协调控制的目的。

8.1.2 组织协调的范围和层次

从系统方法的角度看,项目监理机构协调的范围分为系统内部的协调和系统外部的协调。系统外部协调又分为近外层协调和远外层协调。近外层和远外层的主要区别是,建设工程与近外层关联单位一般有合同关系,与远外层关联单位一般没有合同关系。

8.2 项目监理机构组织协调的工作内容

8.2.1 项目监理机构内部的协调

1. 项目监理机构内部人际关系的协调

项目监理机构是由人组成的工作体系,工作效率很大程度上取决于人际关系的协调程度,总监理工程师应首先抓好人际关系的协调,激励项目监理机构成员。

(1)在人员安排上要量才录用。对项目监理机构各种人员,要根据每个人的专长进行安排,做到人尽其才。人员的搭配应注意能力互补和性格互补,人员配置应尽可能少而精,防止力不胜任和忙闲不均现象。

(2)在工作委任上要职责分明。对项目监理机构内的每一个岗位,都应订立明确的目标和岗位责任制,应通过职能清理,使管理职能不重不漏,做到事事有人管,人人有专责,同时明确岗位职权。

(3)在成绩评价上要实事求是。谁都希望自己的工作做出成绩,并得到肯定。但工作成绩的取得,不仅需要主观努力,而且需要一定的工作条件和相互配合。要发扬民主作风,实事求是评价,以免人员无功自傲或有功受屈,使每个人热爱自己的工作,并对工作充满信心和希望。

(4)在矛盾调解上要恰到好处。人员之间的矛盾总是存在的,一旦出现矛盾就应进行调解,要多听取项目监理机构成员的意见和建议,及时沟通,使人员始终处于团结、和谐、热情高涨的工作气氛之中。

2. 项目监理机构内部组织关系的协调

项目监理机构是由若干部门(专业组)组成的工作体系。每个专业组都有自己的目标和任务。如果每个子系统都从建设工程的整体利益出发,理解和履行自己的职责,则整个系统就会处于有序的良性状态,否则,整个系统便处于无序的紊乱状态,导致功能失调,效率下降。

项目监理机构内部组织关系的协调可从以下几方面进行:

(1)在职能划分的基础上设置组织机构,根据工程对象及委托监理合同所规定的工作内容,确定职能划分,并相应设置配套的组织机构。

(2)明确规定每个部门的目标、职责和权限,最好以规章制度的形式作出明文规定。

(3)事先约定各个部门在工作中的相互关系。在工程建设中许多工作是由多个部门共同完成的,其中有主办、牵头和协作、配合之分,事先约定,才不至于出现误事、脱节等贻误工作的现象。

(4)建立信息沟通制度,如采用工作例会、业务以及发会议纪要、工作流程图或信息传递卡等方式来沟通信息,这样可使局部了解全局,服从并适应全局需要。

(5)及时消除工作中的矛盾或冲突。总监理工程师应采用民主的作风,注意从心理学、行为科学的角度激励各个成员的工作积极性;采用公开的信息政策,让大家了解建设工程实施情况、遇到的问题或危机;经常性地指导工作,和成员一起商讨遇到的问题,多倾听他们的意见、建议,鼓励大家同舟共济。

3.项目监理机构内部需求关系的协调

建设工程监理实施中有人员需求、试验设备需求、材料需求等,而资源是有限的,因此,内部需求平衡至关重要。需求关系的协调可从以下环节进行考虑:

(1)对监理设备、材料的平衡。建设工程监理开始时,要做好监理规划和监理实施细则的编写工作,提出合理的监理资源配置,要注意抓住期限上的及时性、规格上的明确性、数量上的准确性、质量上的规定性。

(2)对监理人员的平衡。要抓住调度环节,注意各专业监理工程师的配合。一个工程包括多个分部分项工程,复杂性和技术要求各不相同,就存在监理人员配备、衔接和调度问题。如土建工程的主体阶段,主要是钢筋混凝土工程或预应力钢筋混凝土工程;设备安装阶段,材料、工艺和测试手段就不同;还有配套、辅助工程等。监理力量的安排必须考虑到工程进展情况,作出合理的安排,以保证工程监理目标的实现。

▷ 8.2.2　与建设单位的协调

监理实践证明,监理目标的顺利实现和与建设单位协调的好坏有很大的关系,很大程度上决定了建设工程监理目标能否顺利实现。

我国长期计划经济体制的惯性思维,使得多数建设单位合同意识差、工作随意性大,主要体现在:一是沿袭计划经济时期的基建管理模式,搞"大业主、小监理",建设单位的工程建设管理人员有时比工程监理人员多,或者由于建设单位的管理层次多,对建设工程监理工作干涉多,并插手工程监理人员的具体工作;二是不能将合同中约定的权力交给工程监理单位,致使监理工程师有职无权,不能充分发挥作用;三是科学管理意识差,随意压缩工期、压低造价,工程实施过程中变更多或不能按时履行职责,给建设工程监理工作带来困难。

因此,与建设单位的协调是建设工程监理工作的重点和难点。监理工程师应从以下几方面加强与建设单位的协调:

(1)监理工程师首先要理解建设工程总目标、理解建设单位的意图。对于未能参加项目决策过程的监理工程师,必须了解项目构思的基础、起因、出发点,否则可能对监理目标及完成任务有不完整的理解,会给他的工作造成很大的困难。

(2)利用工作之便做好监理宣传工作,增进建设单位对监理工作的理解,特别是对建设工程管理各方职责及监理程序的理解;主动帮助建设单位处理建设工程中的事务性工作,以自己规范化、标准化、制度化的工作去影响和促进双方工作的协调一致。

(3)尊重建设单位,让建设单位一起投入建设工程全过程。必须执行建设单位的指令,使建设单位满意。对建设单位提出的某些不适当的要求,只要不属于原则问题,都可先执行,然后利用适当时机,适当方式加以说明或解释;对于原则性问题,可采取书面报告等方式说明原委,尽量避免发生误解,以使建设工程顺利实施。

8.2.3 与承包商的协调

监理工程师对质量、进度和造价的控制，以及履行建设工程安全生产管理的法定职责，都是通过承包商的工作来实现的，所以做好与承包商的协调工作是监理工程师组织协调工作的重要内容。

(1)坚持原则，实事求是，严格按规范、规程办事，讲究科学态度。监理工程师应强调各方利益的一致性和建设工程总目标；应鼓励承包商将建设工程实施状况、实施结果以及遇到的困难和意见向其汇报，以寻找对目标控制可能的干扰。

(2)协调不仅是方法、技术问题，更多的是语言艺术、感情交流和用权适度问题。有时尽管协调意见是正确的，但由于方式或表达不妥，反而会激化矛盾。而高超的协调能力则往往能起到事半功倍的效果，令各方都满意。

(3)施工阶段的协调工作内容。施工阶段协调工作的主要内容如下：

①与承包商项目经理关系的协调。从承包商项目经理及其工地工程师的角度来说，他们最希望监理工程师是公正、通情达理并容易理解别人的；希望从监理工程师处得到明确而不是含糊的指示，并且能够对他们所询问的问题给予及时的答复；希望监理工程师的指示能够在他们工作之前发出。他们可能对本本主义者以及工作方法僵硬的监理工程师最为反感。这些心理现象，作为监理工程师来说，应该非常清楚。一个既懂得坚持原则，又善于理解承包商项目经理的意见，工作方法灵活，随时可能提出或愿意接受变通办法的监理工程师肯定是受欢迎的。

②进度问题的协调。由于影响进度的因素错综复杂，因而进度问题的协调工作也十分复杂。实践证明，有两项协调工作很有效：一是建设单位和承包商双方共同商定一级网络计划，并由双方主要负责人签字，作为工程施工合同的附件；二是设立提前竣工奖，由监理工程师按一级网络计划节点考核，分期支付阶段工期奖，如果整个工程最终不能保证工期，由建设单位从工程款中将已付的阶段工期奖扣回并按合同规定予以罚款。

③质量问题的协调。在质量控制方面应实行监理工程师质量签字认可制度。对没有出厂证明、不符合使用要求的原材料、设备和构件，不准使用；对工序交接实行报验签证；对不合格的工程部位不予验收签字，也不予计算工程量，不予支付工程款。在建设工程实施过程中，设计变更或工程内容的增减是经常出现的，有些是合同签订时无法预料和明确规定的。对于这种变更，监理工程师要认真研究，合理计算价格，与有关方面充分协商，达成一致意见，并实行监理工程师签证制度。

④对承包商违约行为的处理。在施工过程中，监理工程师对承包商的某些违约行为进行处理是一件很慎重而又难免的事情。应该考虑自己的处理意见是否是监理权限以内的；要有时间期限的概念。对不称职的承包商项目经理或某个工地工程师，证据足够可正式发出警告；万不得已时有权要求撤换。

⑤合同争议的协调。对于工程中的合同争议，监理工程师应首先采用协商解决的方式，协商不成时才由当事人向合同管理机关申请调解。只有当对方严重违约而使自己的利益受到重大损失且不能得到补偿时才采用仲裁或诉讼手段。如果遇到非常棘手的合同争议问题，不妨暂时搁置，等待时机，另谋良策。

⑥对分包单位的管理。主要是对分包单位明确合同管理范围，分层次管理。将总包合同作为一个独立的合同单元进行造价、进度、质量控制和合同管理，不直接和分包合同发生关系。

对分包合同中的工程质量、进度进行直接跟踪监控,通过总包商进行调控、纠偏。分包商在施工中发生的问题,由总包商负责协调处理,必要时,监理工程师帮助协调。当分包合同条款与总包合同发生抵触,以总包合同条款为准。分包合同不能解除总包商对总包合同所承担的任何责任和义务。分包合同发生的索赔问题,一般由总包商负责,涉及总包合同中建设单位义务和责任时,由总包商通过监理工程师向建设单位提出索赔,由监理工程师进行协调。

⑦处理好人际关系。在监理过程中,监理工程师处于一种十分特殊的位置。建设单位希望得到独立、专业的高质量服务,而承包商则希望监理单位能对合同条件有一个公正的解释。因此,监理工程师必须善于处理各种人际关系,既要严格遵守职业道德,礼貌而坚决地拒收任何礼物,以保证行为的公正性,也要利用各种机会增进与各方人员的友谊与合作,以利于工程的进展。否则,便有可能引起建设单位或承包商对其可信赖程度的怀疑。

▶ 8.2.4 与设计单位的协调

工程监理单位与设计单位都是受建设单位委托进行工作的,两者之间没有合同关系,因此,项目监理机构要与设计单位做好交流工作,需要建设单位的支持,才能加快工程进度,确保质量,降低消耗。

(1)真诚尊重设计单位的意见,在设计单位向承包商介绍工程概况、设计意图、技术要求、施工难点等时,注意标准过高、设计遗漏、图纸差错等问题,解决在施工之前;施工阶段,严格按图施工;结构工程验收、专业工程验收、竣工验收等工作,约请设计代表参加;若发生质量事故,认真听取设计单位的处理意见;等等。

(2)施工中发现设计问题,应及时向设计单位提出,以免造成大的直接损失;若监理单位掌握比原设计更先进的新技术、新工艺、新材料、新结构、新设备时,可主动与设计单位沟通;协调各方达成协议,约定一个期限,争取设计单位、承包商的理解和配合。

(3)注意信息传递的及时性和程序性。设计单位应就其设计质量对建设单位负责;工程监理人员发现工程设计不符合建筑工程质量标准或者合同约定的质量要求的,应当报告建设单位要求设计单位改正。

▶ 8.2.5 与政府部门及其他单位的协调

1. 与政府部门的协调

(1)工程质量监督站是由政府授权的工程质量监督的实施机构。对委托监理的工程,质量监督站主要是核查勘察设计、施工单位的资质和工程质量检查。监理单位在进行工程质量控制和质量问题处理时,要做好与工程质量监督站的交流和协调。

(2)重大质量事故,在承包商采取急救、补救措施的同时,应敦促承包商立即向政府有关部门报告情况,接受检查和处理。

(3)建设工程合同应送公证机关公证,并报政府建设管理部门备案;征地、拆迁、移民要争取政府有关部门支持和协作;现场消防设施的配置,宜请消防部门检查认可;要敦促承包商在施工中注意防止环境污染,坚持做到文明施工。

2. 协调与社会团体的关系

争取社会各界对建设工程的关心和支持,这是一种争取良好社会环境的协调。对本部分的协调工作,从组织协调的范围看是属于远外层的管理。对远外层关系的协调,应由建设单位主持,监理单位主要是协调近外层关系。如果建设单位将部分或全部远外层关系协调工作委托监理单位承担,则应在委托监理合同专用条件中明确委托的工作和相应的报酬。

8.3 建设工程监理组织协调的方法

▶ 8.3.1 会议协调法

会议协调法是建设工程监理中最常用的一种协调方法。实践中常用的会议协调法包括第一次工地会议、监理例会、专题会议等。

1. 第一次工地会议

第一次工地会议是建设工程尚未全面展开前,履约各方相互认识、确定联络方式的会议,也是检查开工前各项准备工作是否就绪并明确监理程序的会议。

第一次工地会议应由建设单位主持,监理单位、总承包单位授权代表参加,也可邀请分包单位代表参加,必要时可邀请有关设计单位人员参加。第一次工地会议上,总监理工程师应介绍监理工作的目标、范围和内容,项目监理机构及人员职责分工,监理工作程序、方法和措施等。

2. 监理例会

监理例会是项目监理机构定期组织有关单位研究解决与监理相关问题的会议。

(1)监理例会是由总监理工程师主持,按一定程序召开的,研究施工中出现的计划、进度、质量及工程款支付等问题的工地会议。

(2)监理例会应当定期召开,宜每周召开一次。

(3)参加人包括:项目总监理工程师(也可为总监理工程师代表)、其他有关监理人员、承包商项目经理、承包单位其他有关人员。需要时,还可邀请其他有关单位代表参加。

(4)会议的主要议题:对上次会议存在问题的解决和纪要的执行情况进行检查;工程进展情况;对下月(下周)的进度预测及其落实措施;施工质量、加工订货、材料的质量与供应情况;质量改进措施;有关技术问题;索赔及工程款支付情况;需要协调的有关事宜。

(5)会议纪要:由项目监理机构起草,经与会各方代表会签,然后分发给有关单位。会议纪要内容如下:①会议地点及时间;②出席者姓名、职务及他们代表的单位;③会议中发言者的姓名及所发表的主要内容;④决定事项;⑤诸事项分别由何人何时执行。

3. 专题会议

专题会议是由总监理工程师或其授权的专业监理工程师主持或参加的,为解决建设工程监理过程中的工程专项问题而不定期召开的会议。

▶ 8.3.2 交谈协调法

在建设工程监理实践中,并不是所有问题都需要开会来解决,有时可采用"交谈"的方法进行协调。

交谈包括面对面的交谈和电话、电子邮件等形式交谈。无论是内部协调还是外部协调,这种方法使用频率都是相当高的。其作用在于:①保持信息畅通。本身没有合同效力及其方便性和及时性,所以建设工程参与各方之间及监理机构内部都愿意采用。②寻求协作和帮助。采用交谈方式请求协作和帮助比采用书面方式实现的可能性要大。③及时发布工程指令。监理工程师一般都采用交谈方式先发布口头指令,这样,一方面可以使对方及时地执行指令,另一方面可以和对方进行交流,了解对方是否正确理解了指令。随后再以书面形式加以确认。

➤ 8.3.3 书面协调法

当会议或者交谈不方便或不需要时,或者需要精确地表达自己的意见时,就会用到书面协调的方法。书面协调方法的特点是具有合同效力,一般常用于以下几个方面:①不需要双方直接交流的书面报告、报表、指令和通知等。②需要以书面形式向各方提供详细信息和情况通报的报告、信函和备忘录等。③事后对会议记录、交谈内容或口头指令的书面确认。

➤ 8.3.4 访问协调法

访问协调法主要用于外部协调中,有走访和邀访两种形式。走访是指监理工程师在建设工程施工前或施工过程中,对与工程施工有关的各政府部门、公共事业机构、新闻媒介或工程毗邻单位等进行访问,向他们解释工程的情况,了解他们的意见。邀访是指监理工程师邀请上述各单位(包括建设单位)代表到施工现场对工程进行指导性巡视,了解现场工作。

多数情况有关各方不了解工程、不清楚现场的实际情况,一些不恰当的干预会对工程产生不利影响,此时,该法可能相当有效。

➤ 8.3.5 情况介绍法

情况介绍法通常是与其他协调方法紧密结合在一起的,它可能是在一次会议前,或是一次交谈前,或是一次走访或邀访前向对方进行的情况介绍。形式上主要是口头的,有时也伴有书面的。介绍往往作为其他协调的引导,目的是使别人首先了解情况。

◤ 思考题

1. 简述项目监理机构组织协调的内容。
2. 建设工程监理组织协调的方法有哪些?

◤ 案例分析题

某建设工程项目,建设单位委托某监理公司负责施工阶段的监理工作。该公司副经理出任项目总监理工程师。

总监理工程师责成公司技术负责人组织经营、技术部门人员编制该项目监理规划。参编人员根据本公司已有的监理规划标准范本,将投标时的监理大纲作适当改动后编成该项目监理规划,该监理规划经公司经理审核签字后报送给建设单位。

该监理规划包括以下几项内容:①工程项目概况;②监理工作依据;③监理工作内容;④项目监理机构的组织形式、人员配备计划及监理人员岗位职责;⑤监理工作制度;⑥监理设施。

在第一次工地会议上,建设单位根据监理中标通知书及监理公司报送的监理规划,宣布了项目总监理工程师的任命及授权范围。项目总监理工程师根据监理规划介绍了监理工作内容、项目监理机构的人员岗位职责和监理设施等内容,其中:

（1）监理工作内容：①编制项目施工进度计划，报建设单位批准后下发施工单位执行；②检查现场质量情况并与规范标准对比，发现偏差时下达监理指令；③协助施工单位编制施工组织设计；④审查施工单位投标报价的组成，对工程项目造价目标进行风险分析；⑤编制工程量计量规则，依此进行工程计量；⑥组织工程竣工验收。

（2）监理设施。监理工作所需测量仪器、检验及试验设备向施工单位借用，如不能满足需要，指令施工单位提供。

问题：

（1）请指出该监理公司编制监理规划做法的不妥之处，并写出正确的做法。

（2）请指出该监理规划内容的缺项名称。

（3）请指出第一次工地会议上建设单位不正确的做法，并写出正确做法。

（4）在总监理工程师介绍的监理工作内容、监理设施的内容中，找出不正确的内容并改正。

第9章
工程项目管理

 学习要点

1. 建设项目管理的发展过程及类型
2. 工程咨询
3. 当今工程项目管理的新模式
4. 建设工程项目监理与项目管理一体化
5. 建设工程项目全过程管理

9.1 建设项目管理概述

建设项目管理(construction project management)在我国亦称为工程项目管理。从广义上讲,建设项目管理,是指以现代建设项目管理理论为指导的建设项目管理活动。

▶9.1.1 建设项目管理的发展过程

第二次世界大战以前,在工程建设领域占绝对主导地位的是传统的建设工程组织管理模式,即设计—招标—建造模式。采用这种模式时,建设单位与建筑师或工程师(房屋建筑工程适用建筑师,其他土木工程适用工程师)签订专业服务合同。建筑师或工程师不仅负责提供设计文件,而且负责组织施工招标工作来选择总包商,还要在施工阶段对施工单位的施工活动进行监督并对工程结算报告进行审核和签署。

第二次世界大战以后,世界上大多数国家的建设规模和发展速度都达到了历史上的最高水平,一种不承担建设工程的具体设计任务、专门为建设单位提供建设项目管理服务的咨询公司应运而生,并且迅速发展壮大,成为工程建设领域一个新的专业化方向。

建设项目管理专业化的形成和发展在工程建设领域专业化发展史上具有里程碑意义。建设项目管理专业化发展的初期仅局限在施工阶段,即由建筑师或工程师为建设单位提供设计服务,而由建设项目管理公司为建设单位提供施工招标服务以及施工阶段的监督和管理服务。应用这种方式虽然能在施工阶段发现设计的一些错误或缺陷,但是有时对投资和进度造成的损失已无法挽回,因而对设计的控制和建设工程总目标控制的效果不甚理想。因此,建设项目管理的服务范围又逐渐扩大到建设工程实施的全过程,加强了对设计的控制,充分体现了早期控制的思想,取得了更好的控制效果。建设项目管理的进一步发展是将服务范围扩大到工程建设的全过程,即既包括实施阶段又包括决策阶段,最大限度地发挥了全过程控制和早期控制的作用。

在一个确定的建设工程上,究竟是采用专业化的建设项目管理还是传统模式,完全取决于建设单位的选择。

9.1.2 建设项目管理的类型

建设项目管理的类型可从不同的角度划分：

1. 按管理主体分

参与工程建设的各方都有自己的项目管理任务。建设项目管理按管理主体可分为：①建设单位的项目管理；②设计单位的项目管理；③施工单位的项目管理；④材料、设备供应单位的项目管理。

2. 按服务对象分

建设项目管理按服务对象可分为：①为建设单位服务的项目管理；②为设计单位服务的项目管理；③为施工单位服务的项目管理。

3. 按服务阶段分

建设项目管理按服务阶段可分为：①施工阶段的项目管理；②实施阶段全过程的项目管理；③工程建设全过程的项目管理。

9.1.3 项目管理知识体系

美国项目管理学会提出的项目管理知识体系（PMBOK）是项目管理者应掌握的基本知识体系。PMBOK包括五个基本过程组和九大知识领域，在每一个知识领域都需要掌握许多工具和技术。

1. PMBOK总体框架

（1）五个基本过程组。PMBOK将项目管理活动归结为五个基本过程组，即：启动、计划、执行、监控和收尾。项目作为临时性工作，必然以启动过程组开始，以收尾过程组结束。项目管理的集成化要求项目管理的监控过程组与其他过程组相互作用，形成一个整体。

（2）九大知识领域。PMBOK的九大知识领域包括：项目集成管理、项目范围管理、项目时间管理、项目费用管理、项目质量管理、项目人力资源管理、项目沟通管理、项目风险管理、项目采购管理。

2. 建设工程风险管理

风险管理是项目管理知识体系的重要组成部分，也是建设工程项目管理的重要内容。风险管理并不是独立于质量控制、造价控制、进度控制、合同管理、信息管理、组织协调，而是将上述项目管理内容中与风险管理相关的内容综合而成的独立部分。监理工程师需要掌握风险管理的基本原理，并将其应用于建设工程监理与相关服务。

建设工程风险是指在决策和实施过程中，造成实际结果与预期目标的差异性及其发生的概率。项目风险的差异性包括损失的不确定性和收益的不确定性。这里的工程风险是指损失的不确定性。

（1）建设工程风险的分类。建设工程的风险因素有很多，可以从不同的角度进行分类。按照风险来源进行划分，风险因素包括自然风险、社会风险、经济风险、法律风险和政治风险；按照风险涉及的当事人划分，风险因素包括建设单位的风险、设计单位的风险、施工单位的风险、工程监理单位的风险等；

按风险可否管理划分，可分为可管理风险和不可管理风险；按风险影响范围划分，可分为局部风险和总体风险。

（2）建设工程风险管理过程。建设工程风险管理是一个识别风险、确定和度量风险，并制定、选择和实施风险应对方案的过程。风险管理是对建设工程风险进行管理的一个系统、循环过程。风险管理包括风险识别、风险分析与评价、风险对策的决策、风险对策的实施和风险对策实施的监控五个主要环节。

①风险识别。风险识别是风险管理的首要步骤，是指通过一定的方式，系统而全面地识别影响建设工程目标实现的风险事件并加以适当归类的过程。必要时，还需对风险事件的后果进行定性估计。

②风险分析与评价。风险分析与评价是将建设工程风险事件发生的可能性和损失后果进行定量化的过程。风险分析与评价的结果主要在于确定各种风险事件发生的概率及其对建设工程目标影响的严重程度，如建设投资增加的数额、工期延误的天数等。

③风险对策的决策。风险对策的决策是确定建设工程风险事件最佳对策组合的过程。一般来说，风险应对策略有以下四种：风险回避、损失控制、风险转移和风险自留。这些风险对策的适用对象各不相同，需要根据风险评价结果，对不同的风险事件选择最适宜的风险对策，从而形成最佳的风险对策组合。

④风险对策的实施。对风险对策所作出的决策还需要进一步落实到具体的计划和措施。例如，在决定进行风险控制时，要制订预防计划、灾难计划、应急计划等；在决定购买工程保险时，要选择保险公司，确定恰当的保险险种、保险范围、免赔额、保险费等。这些都是进行风险对策决策的重要内容。

⑤风险对策实施的监控。在建设工程实施过程中，要不断地跟踪检查各项风险对策的执行情况，并评价各项风险对策的执行效果。当建设工程实施条件发生变化时，要确定是否需要提出不同的风险对策。

9.2 工程咨询

9.2.1 工程咨询概述

1. 工程咨询的概念

工程咨询是指适应现代经济发展和社会进步的需要，集中专家群体或个人的智慧和经验，运用现代科学技术和工程技术以及经济、管理、法律等方面的知识，为建设工程决策和管理提供的智力服务。

需要说明的是，如果某项工作的任务主要是采用常规的技术且属于设备密集型的工作，那么该项工作就不应列为咨询服务，在国际上通常将其列为劳务服务。例如，卫星测绘、地质钻探、计算机服务等就属于这类劳务服务。

2. 工程咨询的作用

工程咨询的作用是智力服务，是知识的转让，可有针对性地向客户提供可供选择的方案、计划或有参考价值的数据、调查结果、预测分析等，亦可实际参与工程实施过程的管理。其作用有：①为决策者提供科学合理的建议；②保证工程的顺利实施；③为客户提供信息和先进技术；④发挥准仲裁人的作用；⑤促进国际间工程领域的交流和合作。

3. 工程咨询的发展趋势

20 世纪 70 年代以来,尤其是 80 年代以来,建设工程日趋大型化和复杂化,工程咨询和工程承包业务日趋国际化,这些变化使得工程咨询和工程承包业务也相应发生变化,两者之间的界限不再像过去那样严格分开,开始出现相互渗透、相互融合的新趋势。从工程咨询方面来看,这一趋势的具体表现主要是以下两种情况:一是工程咨询公司与工程承包公司相结合,组成大的集团企业或采用临时联合方式,承接交钥匙工程(或项目总承包工程);二是工程咨询公司与国际大财团或金融机构紧密联系,通过项目融资取得项目的咨询业务。

从工程咨询本身的发展情况来看,总的趋势是向全过程服务和全方位服务方向发展。至于全方位服务,则比建设项目管理中对建设项目目标的全方位控制的内涵宽得多。除了对建设项目三大目标的控制之外,全方位服务还可能包括决策支持、项目策划、项目融资或筹资、项目规划和设计、重要工程设备和材料的国际采购等。

➤ 9.2.2 咨询工程师

1. 咨询工程师的概念

咨询工程师(consulting engineer)是以从事工程咨询业务为职业的工程技术人员和其他专业(如经济、管理)人员的统称。

国际上对咨询工程师的理解与我国习惯上的理解有很大不同。按国际上的理解,我国的建筑师、结构工程师、各种专业设备工程师、监理工程师、造价工程师、从事工程招标业务的专业人员等都属于咨询工程师,甚至从事工程咨询业务有关工作(如处理索赔时可能需要审查承包商的财务账簿和财务记录)的审计师、会计师也属于咨询工程师之列。因此,不要把咨询工程师理解为"从事咨询工作的工程师"。

2. 咨询工程师的素质

工程咨询是科学性、综合性、系统性、实践性均很强的职业。作为从事这一职业的主体,咨询工程师应具备以下素质才能胜任这一职业:

(1)知识面宽。建设工程自身的复杂程度及其不同的环境和背景,工程咨询公司服务内容的广泛性,要求咨询工程师具有较宽的知识面。除了掌握建设工程的专业技术知识之外,还应熟悉与工程建设有关的经济、管理、金融和法律等方面的知识,对工程建设的管理过程有深入的了解,并熟悉项目融资、设备采购、招标咨询的具体运作和有关规定。

(2)精通业务。工程咨询公司的业务范围很宽,作为咨询工程师个人来说,不可能从事本公司所有业务范围内的工作。但是,每个咨询工程师都应有自己比较擅长的一个或多个业务领域,成为该领域的专家。对精通业务的要求,首先意味着要具有实际动手能力。工程咨询业务的许多工作都需要实际操作,如工程设计、项目财务评价、技术经济分析等,不仅要会做,而且要做得对、做得好、做得快。其次,要具有丰富的工程实践经验。只有通过不断的实践经验积累,才能提高业务水平和熟练程度,才能总结经验,找出规律,指导今后的工程咨询工作。此外,在当今社会,计算机应用和外语已成为必要的工作技能,作为咨询工程师也应在这两方面具备一定的水平和能力。

(3)协调、管理能力强。工程咨询业务中有些工作并不是咨询工程师自己直接去做,而是组织、管理其他人员去做;不仅涉及与本公司各方面人员的协同工作,而且经常与客户、建设工程参与各方、政府部门、金融机构等发生联系,处理各种面临的问题。在这方面,需要的不是专业技术和理论知识,而是组织、协调和管理的能力。这表明,咨询工程师不仅要是技术方面的专家,而且要成为组织、管理方面的专家。

(4)责任心强。咨询工程师的责任心首先表现在职业责任感和敬业精神,要通过自己的实际行动来维护个人、本公司、本职业的尊严和名誉;同时,咨询工程师还负有社会责任,即应在维护国家和社会公众利益的前提下为客户提供服务。

(5)不断进取,勇于开拓。当今世界,科学技术日新月异,经济发展一日千里,新思想、新理论、新技术、新产品、新方法等层出不穷,对工程咨询不断提出新的挑战。如果咨询工程师不能以积极的姿态面对这些挑战,终将被时代所淘汰。因此,咨询工程师必须及时更新知识,了解、熟悉乃至掌握与工程咨询相关领域的新进展;同时,要勇于开拓新的工程咨询领域(包括业务领域和地区领域),以适应客户的新需求,顺应工程咨询市场发展的趋势。

3.咨询工程师的职业道德

国际上许多国家(尤其是发达国家)的工程咨询业已相当发达,相应地制定了各自的行业规范和职业道德规范,以指导和规范咨询工程师的职业行为。

➤ 9.2.3 工程咨询公司的服务对象和内容

工程咨询公司的业务范围很广泛,其服务对象可以是业主、承包商、国际金融机构和贷款银行,工程咨询公司也可以与承包商联合投标承包工程。工程咨询公司的服务对象不同,相应的具体服务内容也有所不同。

1.为业主服务

为业主服务是工程咨询公司最基本、最广泛的业务,这里所说的业主包括各级政府(此时不是以管理者身份出现)、企业和个人。工程咨询公司为业主服务既可以是全过程服务(包括实施阶段全过程和工程建设全过程),也可以是阶段性服务。

工程建设全过程服务的内容包括可行性研究(投资机会研究、初步可行性研究、详细可行性研究)、工程设计(概念设计、基本设计、详细设计)、工程招标(编制招标文件、评标、合同谈判)、材料设备采购、施工管理(监理)、生产准备、调试验收、后评价等一系列工作。在全过程服务的条件下,咨询工程师不仅是作为业主的受雇人开展工作,而且也代行了业主的部分职责。

2.为承包商服务

工程咨询公司为承包商服务主要有以下几种情况:①为承包商提供合同咨询和索赔服务;②为承包商提供技术咨询服务;③为承包商提供工程设计服务。

3.为贷款方服务

贷款方包括一般的贷款银行、国际金融组织(如世界银行、国际货币基金组织、亚洲开发银行等)和国际援助机构(粮农组织、联合国开发计划署等)。

工程咨询公司为贷款方服务的常见形式有两种:一是对申请贷款的项目进行评估,工程咨询公司的评估侧重于项目的工艺方案、系统设计的可靠性和投资估算的准确性,并核算项目的财务评价指标并进行敏感性分析,最终提出客观、公正的评估报告,工作主要是对该项目的可行性研究报告进行审查、复核和评估。二是对已接受贷款的项目的执行情况进行检查和监督。

4.联合承包工程

在国际上,一些大型工程咨询公司往往与设备制造商和土木工程承包商组成联合体,参与项目总承包或交钥匙工程的投标,中标后共同完成项目建设的全部任务。在少数情况下,工程咨询公司甚至可以作为总承包商,承担项目的主要责任和风险,而承包商则成为分包商。工程咨询公司还可能参与 BOT 项目,甚至作为这类项目的发起人和策划公司。

9.3 当今工程项目管理的新模式

9.3.1 DBB 模式

DBB 模式,即设计—招标—建造(Design-Bid-Build)模式,是最传统的一种工程项目管理模式。该管理模式在国际上最为通用,世行、亚行贷款项目及以 FIDIC 合同条件为依据的项目多采用这种模式。最突出的特点是强调工程项目的实施必须按照设计—招标—建造的顺序方式进行,只有一个阶段结束后另一个阶段才能开始。我国第一个利用世行贷款项目——鲁布格水电站工程——实行的就是这种模式。在这种模式下,由业主委托咨询单位进行可行性研究等前期工作,待项目评估立项后再进行设计,在设计阶段进行施工招标文件准备,随后通过招标选定承包商。业主和承包商订立工程施工合同,有关工程部位的分包和设备、材料的采购一般都由承包商与分包商和供应商单独订立合同并组织实施。业主单位一般指派业主代表与监理单位和承包商联系,负责有关的项目管理工作。

优点:通用性强;可自由选择咨询、设计、监理方;各方均熟悉使用标准的合同文本,有利于合同管理、风险管理和减少投资。

缺点:工程项目要经过规划、设计、施工三个环节之后才移交给业主,项目周期长;业主管理费用较高,前期投入大;变更时容易引起较多索赔。

9.3.2 CM(Construction Management)模式

1.CM 模式的概念和产生背景

1968 年,汤姆森(Charles B. Thomson)提出了快速路径法(Fast-Track Method),又称阶段施工法(Phased Construction Method)。这种方法的基本特征是将设计工作分为若干阶段完成,每一阶段设计工作完成后,就组织相应工程内容的施工招标,确定施工单位后即开始相应工程内容的施工。与此同时,下一阶段设计工作继续进行,施工招标,确定施工单位……

这种方法可以将设计工作和施工招标工作与施工搭接起来,整个建设周期是第一阶段设计工作和第一次施工招标工作所需要的时间与整个工程施工所需的时间之和。它可以缩短建设周期,缩短的时间应为传统模式下设计工作和施工招标工作所需时间与快速路径法条件下第一阶段设计工作和第一次施工招标工作所需时间之差,对于大型、复杂的建设工程来说,时间差额很长;但是此法大大增加了施工阶段组织协调和目标控制的难度。

所谓 CM 模式,就是在采用快速路径法时,从建设工程的开始阶段就雇佣具有施工经验的 CM 单位(或 CM 经理)参与到建设工程实施过程中来,以便为设计人员提供施工方面的建议且随后负责管理施工过程。这种安排的目的是将建设工程的实施作为一个完整的过程来对待,并同时考虑设计和施工的因素,力求使建设工程在尽可能短的时间内、以尽可能经济的费用和满足要求的质量建成并投入使用。

需要注意的是不要将 CM 模式与快速路径法混为一谈。快速路径法只是改进了传统模式条件下建设工程的实施顺序,不仅可以在 CM 模式中使用,也可以在其他模式中使用(注意:项目总承包模式是设计与施工搭接,不存在施工与招标的搭接)。而 CM 模式则是以使用 CM 单位为特征的建设工程组织管理模式,具有独特的合同关系和组织形式。

FIDIC 等合同条件体系至今尚没有 CM 标准合同条件。

2.CM 模式的类型

(1)代理型 CM 模式(CM/Agency)。这种模式又称为纯粹的 CM 模式。采用代理型 CM 模式时,CM 单位是业主的咨询单位,业主与 CM 单位签订咨询服务合同,CM 合同价就是 CM 费,其表现形式可以是百分率或固定数额的费用;业主分别与多个施工单位签订所有的工程施工合同。其合同关系和协调管理关系如图 9-1 所示。

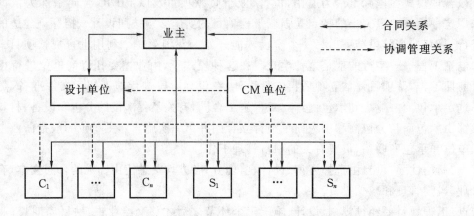

图 9-1　代理型 CM 模式的合同关系和协调管理关系

图中 C 表示施工单位,S 表示材料设备供应单位。需要说明的是,CM 单位对设计单位没有指令权,只能向设计单位提出一些合理化建议,因而 CM 单位与设计单位之间是协调关系。这一点同样适用于非代理型 CM 模式。这也是 CM 模式与全过程建设项目管理的重要区别。

代理型 CM 模式中的 CM 单位通常是由具有较丰富的施工经验的专业 CM 单位或咨询单位担任。

(2)非代理型 CM 模式(CM/Non-agency)。这种模式又称为风险型 CM 模式,在英国称为管理承包。采用非代理型 CM 模式时,业主一般不与施工单位签订工程施工合同,但也可能在某些情况下,对某些专业性很强的工程内容和工程专用材料、设备,业主与少数施工单位和材料、设备供应单位签订合同。业主与 CM 单位所签订的合同既包括 CM 服务的内容,也包括工程施工承包的内容;而 CM 单位则与施工单位和材料、设备供应单位签订合同。其合同关系和协调管理关系见图 9-2。

CM 单位与施工单位之间似乎是总分包关系,但实际上却与总分包模式有本质的不同,根本区别表现在:一是虽然 CM 单位与各个分包商直接签订合同,但 CM 单位对各分包商的资格预审、招标、议标和签约都对业主公开并必须经过业主的确认才有效;二是由于 CM 单位介入工程时间较早(一般在设计阶段介入),且不承担设计任务,所以 CM 单位并不向业主直接报出具体数额的价格,而是报 CM 费,至于工程本身的费用则是今后 CM 单位与各分包商、供应商的合同价之和。也就是说,CM 合同价由以上两部分组成,但在签订 CM 合同时,该合同

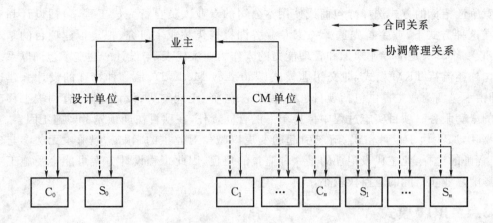

图 9-2 非代理型 CM 模式的合同关系和协调管理关系

价尚不是一个确定的具体数据,而主要是确定计价原则和方式,本质上属于成本加酬金合同的一种特殊形式。

在采用非代理型 CM 模式时,业主对工程费用不能直接控制,因而在这方面存在很大风险。为了促进 CM 单位加强费用控制工作,业主往往要求在 CM 合同中预先确定一个具体数额的保证最大价格(guaranteed maximum price,简称 GMP,包括总的工程费用和 CM 费);而且,合同条款中通常规定,如果实际工程费用加 CM 费超过了 GMP,超出部分由 CM 单位承担,反之节余部分归业主。为了鼓励 CM 单位控制工程费用的积极性,也可在合同中约定对节余部分由业主和 CM 单位按一定比例分成。

GMP 过高,失去了控制工程费用的意义,业主风险增大;GMP 过低,CM 单位风险加大,因此,GMP 具体数额的确定就成为 CM 合同谈判中的一个焦点和难点。确定一个合理的 GMP,一方面取决于 CM 单位的水平和经验,另一方面更主要的是取决于设计所达到的深度。如果 CM 单位在方案设计阶段即介入,则暂不确定 GMP 的具体数额,而是规定确定时间(从设计进度和深度考虑),但这会大大增加 GMP 谈判的难度和复杂性。

非代理型 CM 模式中的 CM 单位通常是由从过去的总承包商演化而来的专业 CM 单位或总承包商担任。

3. CM 模式的适用情况

从 CM 模式的特点来看,在以下几种情况下尤能体现出它的优点:

(1)设计变更可能性较大的建设工程。

(2)时间因素最为重要的建设工程。

(3)因总的范围和规模不确定而无法准确定价的建设工程。

不论哪一种情况,应用 CM 模式都需要有具备丰富施工经验的高水平的 CM 单位,这可以说是应用 CM 模式的关键和前提条件。

▶ 9.3.3 DBM 模式

DBM 模式,即设计—建造模式(Design-Build Method),就是在项目原则确定后,业主只选定唯一的实体负责项目的设计与施工,设计—建造承包商不但对设计阶段的成本负责,而且可用竞争性招标的方式选择分包商或使用本公司的专业人员自行完成工程,包括设计和施工等。在这种方式下,业主首先选择一家专业咨询机构代替业主研究、拟定拟建项目的基本要求,授权一个具有足够专业知识和管理能力的人作为业主代表,与设计—建造承包商联系。

国外还流行 TKM 模式,即交钥匙模式(Turnkey Method),是一种特殊的设计—建造方式,即由承包商为业主提供包括项目可行性研究、融资、土地购买、设计、施工直到竣工移交给业主的全套服务。项目实施过程中保持单一的合同责任,在项目初期预先考虑施工因素,减少管理费用,减少由于设计错误、疏忽引起的变更以减少对业主的索赔。但业主无法参与建筑师/工程师的选择,业主代表担任的是一种监督的角色,因此工程设计方案可能会受施工者的利益影响。业主对此的监控权较小。

➢ 9.3.4　BOT 模式

BOT 模式,即建造—运营—移交(Build-Operate-Transfer)模式。BOT 模式是 20 世纪 80 年代在国外兴起的一种将政府基础设施建设项目依靠私人资本融资、建造的项目管理方式,或者说是基础设施国有项目民营化。政府开放本国基础设施建设和运营市场,授权项目公司负责筹资和组织建设,建成后负责运营及偿还贷款,协议期满后,再无偿移交给政府。BOT 方式不增加东道主国家外债负担,又可解决基础设施不足和建设资金不足的问题。项目发起人必须具备很强的经济实力(大财团),资格预审及招投标程序复杂。

BOT 具有 BOO(Build-Own-Operate)、BOOT(Build-Own-Operate-Transfer)、BLT/BRT(Build-Lease/Rent-Transfer)等变体。

➢ 9.3.5　PMC 模式

PMC 模式,即项目承包(Project Management Contractor)模式,就是业主聘请专业的项目管理公司,代表业主对工程项目的组织实施进行全过程或若干阶段的管理和服务。由于 PMC 承包商在项目的设计、采购、施工、调试等阶段的参与程度和职责范围不同,因此 PMC 模式具有较大的灵活性。总体而言,PMC 有三种基本应用模式:

(1)业主选择设计单位、施工承包商、供货商,并与之签订设计合同、施工合同和供货合同,委托 PMC 承包商进行工程项目管理。在这种模式中,PMC 承包商作为业主管理队伍的延伸,代表业主对工程项目进行质量、安全、进度、费用、合同等管理和控制。这种情况一般称为工程项目管理服务,即 PM(Project Management)模式。

(2)业主与 PMC 承包商签订项目管理合同,业主通过指定或招标方式选择设计单位、施工承包商、供货商(或其中的部分),但不签合同,由 PMC 承包商与之分别签订设计合同、施工合同和供货合同。

(3)业主与 PMC 承包商签订项目管理合同,由 PMC 承包商自主选择施工承包商和供货商并签订施工合同和供货合同,但不负责设计工作。在这种模式下,PMC 承包商通常保证项目费用不超过一定限额(即总价承包或限额承包),并保证按时完工。

PMC 模式一般具有以下特点:

(1)把设计管理、投资控制、施工组织与管理、设备管理等承包给 PMC 承包商,将繁重而琐碎的具体管理工作与业主剥离,有利于业主的宏观控制,较好地实现工程建设目标。

(2)管理力量相对固定,能积累一整套管理经验,并不断改进和发展,使经验、程序、人员等有继承和积累,形成专业化的管理队伍,同时可大大减少业主的管理人员数量,有利于项目建成后的人员安置。

(3)通过工程设计优化降低项目成本。PMC 承包商会根据项目的实际条件,运用自身技术优势,对整个项目进行全面的技术经济分析与比较,本着功能完善、技术先进、经济合理的原则对整个设计进行优化。

9.3.6 EPC 模式

1. EPC 模式的概念

EPC 是英文 engineering、procurement 和 construction 三个单词首字母缩写,该承包模式是指承包商按照合同约定,承担工程项目的设计、采购、施工、试运行等工作,并对承包工程的质量、安全、工期、造价全面负责,最终向业主提交一个满足使用功能、具备使用条件的工程项目。

engineering 一词的含义极其丰富,在 EPC 模式中,不仅包括具体的设计工作,而且可能包括整个建设工程内容的总体策划以及整个建设工程实施组织管理的策划和具体工作。与项目总承包模式(D+B 模式)相比,EPC 模式将服务范围进一步向建设工程的前期延伸,业主只要大致说明一下投资意图和要求,其余工作均由 EPC 承包单位来完成。

EPC 模式特别强调适用于工厂、发电厂、石油开发和基础设施等建设工程。

采购(procurement)包括工程采购(施工招标)、服务采购和货物采购。D+B 模式中,大多数材料和工程设备通常是由项目总承包单位采购,但业主可能保留对部分重要工程设备和特殊材料的采购权。EPC 模式中,采购主要是指货物采购,即材料和工程设备的采购,且完全由 EPC 承包单位负责。

EPC 模式于 20 世纪 80 年代首先在美国出现,得到了那些希望尽早确定投资总额和建设周期(尽管合同价格可能较高)的业主的青睐,在国际工程承包市场中的应用逐渐扩大。FIDIC 于 1999 年编制了标准的 EPC 合同条件,这有利于 EPC 模式的推广应用。

2. EPC 模式的特征

与建设工程组织管理的其他模式比较,EPC 模式有以下几方面基本特征:

(1)承包商承担大部分风险。在 EPC 模式条件下,由于承包商的承包范围包括设计,因而很自然地要承担设计风险。此外,在其他模式下均由业主承担的"一个有经验的承包商不可预见且无法合理防范的自然力的作用"的风险,在 EPC 模式中也由承包商承担。这种风险较为常见,一旦发生会引起费用增加和工期延误,承包商对此所享有的索赔权在 EPC 模式中不复存在,这无疑大大增加了承包商在工程实施工程中的风险。另外,在 EPC 标准合同条件中还有一些条款也加大了承包商的风险。例如,"现场数据"条款规定:承包商应负责核查和解释(业主提供的)此类数据,业主对数据的准确性、充分性和完整性不承担任何责任;"不可预见的困难"条款规定:签订合同时承包商应可以预见一切困难和费用,不能因任何没有预见的困难和费用而进行合同价格的调整,这意味着,承包商不能得到费用和工期方面的补偿。

(2)业主或业主代表管理工程实施。在 EPC 模式条件下,业主不聘请"工程师"来管理工程,而是自己或委派业主代表来管理工程。业主代表应是业主的全权代表。如果要更换业主代表,只需提前 14 天通知承包商,不需征得承包商的同意。与其他模式不同,由于承包商已承担了工程建设的大部分风险,所以,与其他模式条件下工程师管理工程的情况相比,EPC 模式条件下业主或业主代表管理工程显得较为宽松,不太具体和深入。如,对承包商所应提交的文件仅仅是"审阅",而在其他模式则是"审阅和批准";对工程材料、工程设备的质量管理,虽然也有施工期间检验的规定,但重点是在竣工检验,必要时还可能作竣工后检验。

需要说明的是,FIDIC在编制EPC合同条件时,基本出发点是业主参与工程管理工作很少,对大部分施工图纸不需要经过业主审批,但在实践中,业主或业主代表参与工程管理的深度并不统一。通常,如果业主自己管理工程,其参与程度不可能太深;但是如果委派业主代表则不同,有的工程中,委派某个建设项目管理公司作为其代表,对建设工程的实施从设计、采购到施工进行全面的严格管理。

(3)总价合同。总价合同并不是EPC模式独有的,但是,与其他模式条件下的总价合同相比,EPC合同更接近于固定总价合同(若法规变化仍允许调整合同价格)。通常,在国际工程承包中,固定总价合同仅用于规模小、工期短的工程。而EPC模式所适用的工程一般规模均较大、工期较长,且具有相当的技术复杂性。因此,这类工程采用接近固定的总价合同。另外,EPC模式下,业主允许承包商因费用变化而调价的情况是不多见的。业主根本不可能接受在专用条件中规定调价公式。

3. EPC模式的适用条件

由于EPC模式具有上述特征,因而应用这种模式需具备以下条件:

(1)由于承包商承担了工程建设的大部分风险,因此,在招标阶段,业主应给予投标人充分的资料和时间,以使投标人能够仔细审核"业主的要求",从而详细地了解该文件规定的工程目的、范围、设计标准和其他技术要求,在此基础上进行工程前期的规划设计、风险分析和评价以及估价等工作,向业主提交一份技术先进可靠、价格和工期合理的投标书。

另一方面,从工程本身来看,所包含的地下隐藏工作不能太多,承包商在投标前无法进行勘察的工作区域也不能太大。否则,承包商就无法判定具体的工程量,增加了承包商的风险,只能在报价中以估计的方法增加适当的风险费,难以保证报价的准确性和合理性,最终要么损害业主的利益,要么损害承包商的利益。

(2)虽然业主或业主代表有权监督承包商的工作,但不能过分地干预承包商的工作,也不要审批大多数的施工图纸。这样有利于简化工作程序,保证工程按预定时间建成。而从质量控制的角度考虑,应突出对承包商过去业绩的审查,尤其是在其他采用EPC模式的工程上的业绩,并注重对承包商投标书中技术文件的审查以及质量保证体系的审查。

(3)由于采用总价合同,因而工程的期中支付款应由业主直接按合同规定支付,而不是像其他模式那样先由工程师审查工程量和承包商的结算报告,再决定和签发支付证书。在EPC模式中,期中支付可以按月度支付,也可以按阶段支付;在合同中可以规定每次支付款的具体数额,也可以规定每次支付款占合同价的百分比。

如果业主在招标时不满足上述条件或不愿意接受其中某一条件,则该建设工程就不能采用EPC模式和EPC标准合同文件。这种情况下,FIDIC建议采用工程设备和设计一建造合同条件即新黄皮书。

▷ 9.3.7 Partnering模式

1. Partnering模式的含义

Partnering模式首先在美国出现,到20世纪90年代中后期,应用范围逐步扩大到英国、澳大利亚、日本等国家及中国香港地区。由于这种模式具有提高工作效率、降低施工成本、加强产品品质、避免或减少索赔等优点,逐渐成为发达国家或地区工程项目的重要模式,并且日益受到建筑工程界的重视。

迄今为止,关于 Partnering 尚无统一精确的定义,不同的组织和学者从各自不同的角度对其作了解释。

可以这样描述 Partnering:存在于两个或多个组织之间的长期承诺关系,通过最大限度地利用所有参与者的资源,达到特定商业目标。这种承诺关系基于参与各方的相互信任、相互尊重和资源共享,可以促进参与各方交流合作、解决纠纷,刺激各方致力于优化设计和施工方法,以达到提高工程价值、降低成本、缩短工期和增加相互利润的目的。

Partnering 要求在参与各方之间建立一个合作性的管理小组,这个小组着眼于各方的共同目标和利益,并通过实施一定的程序来确保目标的实现。因此,Partnering 管理模式突破了传统的组织界限,业主直接与设计、承包商、供货商等参与方成为伙伴关系,在充分理解彼此利益的基础上,确定共同的项目目标,建立起以不同工作组为单元的组织机构,在相互信任的氛围中直接监督、管理项目工作,实现双赢局面,并通过有效沟通最大程度地避免争议或问题的发生。工作组的工作内容并非直接干预合作方自主的生产管理,而是对工程成绩不断进行评价,解决工程中出现的问题,并对风险进行严格控制,从而实现相互利益的最大化。

综上所述,Partnering 模式概念的基本要素就是建立共同目标,达成相互的承诺,共同解决问题,避免争议、诉讼,培育合作、信任和健康的工作关系,使项目的实现取得超常规的效益,并使参与各方的利益都得以实现。

2. Partnering 模式的基本要素

Partnering 模式的基本思想是变建设项目参与方之间的敌对关系为合作伙伴关系,由单纯追求项目任一方的目标转变为追求各方共同的目标。它与其他项目管理方法不同之处在于 Partnering 不是从敌对的角度去观察和解决问题,而是强调理解、合作和信任。

詹姆斯·巴劳博士(James Barlow)在 1996 年调查中总结出了 Partnering 模式较为重要的三个因素:沟通、理解和互信,并指出这三个因素互相影响,缺少其中任何一个都会使 Partnering 模式不能运作良好。

除了沟通、理解和互信因素外,Partnering 模式成功运行还必须有两个前提条件——承诺与共享。

Partnering 的"承诺"必须由参与各方的高层管理者作出,只有如此才能保证工作顺利实施,承诺形式表现为制定一个 Partnering 协议。Partnering 协议是非合同性质的,是一种怎样执行、管理合同的方法,也是合同期间如何处理各方之间关系的对策,由此可见它决定了参与各方对待项目和合作方的态度。所谓"共享"首先是资源共享,参与各方只有共享信息资源,才能发挥资源的最大效益。因此,各方要公正、诚实并及时相互沟通,如此才能保证工程投资、进度、质量等方面的信息能使其他方准时获取。除资源共享外,各参与方还必须要共担风险,共同解决矛盾,共享成果,最终满足各自的目标和利益。

3. Partnering 模式的两种类型

Partnering 模式可以分为单项的和连续性的,也有人称为"基于特定项目的 Partnering 模式"和"长期的 Partnering 模式"。

(1)单项的 Partnering。顾名思义它是指在单独的一项特定建设项目中采用 Partnering 模式,从而各方形成 Partnering 工作关系。基于特定项目的 Partnering 模式要从战术层出发确定项目范围,它强调在业主、承包商、咨询监理方等主体间建立合作互信和双赢的关系,不仅要求满足基本的项目"铁三角"约束,还要通过价值工程、优良的后续服务等技术或手段增加业主的满意度。基于项目的 Partnering 模式适用于一般的大型项目,但由于此类工程缺乏一定的持续周期且比较注重费用,因此模式形成的各方联盟具有一定的时限性。

(2)长期的 Partnering 模式。从公司战略层出发确定项目范围,它可以影响公司的长期目标。模式实施既要考虑特定项目的生命周期,也要考虑参与企业的自身发展。从参与企业的生命周期出发建立长期性的合作关系是为了使所有成员获得利益,除了要增加业主的满意度,还要使其他参与主体能够互相学习,提高企业在行业中的整体竞争能力。

长期的 Partnering 与企业的战略发展紧密相关,比较适用于大型、超大型工程项目或有连续项目需求的情况。相对来说,大型或超大型项目业主重视项目的社会效益多于经济效益,参与企业除了可以通过长期联盟不断提升效能获得更多的经济利益外,还可以获取更多的声誉。此外,较长的建设和运营维护周期也为参与企业形成长期合作关系提供了必要时间。

上面两种类型都是以联盟的形式进行项目管理和运作,联盟的管理理念是通过建立共同的远景目标使原本利益冲突的企业协调合作,更进一步的是联盟能促使参与企业通过不断改进提升竞争能力。

4. Partnering 模式的组织结构和工作流程

(1)Partnering 模式的组织结构。组织结构是一切协调活动的前提和基础,Partnering 模式的组织结构与其他模式不同,它的成员不是由业主或承包商的人员单独组成,而是由项目参与各方人员共同组成。Partnering 管理小组打破了传统的组织界限。Partnering 模式的组织结构如图 9-3 所示。

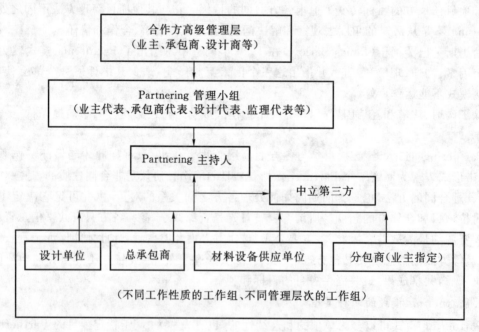

图 9-3 Partnering 模式组织结构图

高级管理层是指各方的最高领导决策层,领导决策层将从各方选出高级管理人员组成

Partnering 管理小组,作为 Partnering 组织的代表,负责订立组织的共同目标、进行整个 Partnering 的组织设计,并对项目的投资、进度、质量目标进行复核论证等工作。

Partnering 模式在组织上特点之一就是有一个 Partnering 主持人。Partnering 主持人是由参与各方共同指定的、负责整个 Partnering 模式建立和实施的人员。其主要任务是组织参与各方讨论制定 Partnering 协议并付诸实施,在项目进展过程中,主持人只是通过召开 Partnering 会议对参与各方起协调作用,并不具有指令性的权利。

如果经济允许,可以雇用一个中立的第三方,也可在当地大学或专业组织聘请一位互相都能接受的第三方的自愿组织者。在项目实施过程中发生了项目参与各方自己不能协调解决的争议时,可以由中立第三方来参与解决这一争议,重点讨论原则性协议以及寻找涉及各方利益问题的解答。

项目管理层是负责项目具体实施并反馈工作情况的管理层,它由不同工程性质、不同管理层次的工作组构成,工作组则由合作方相关的负责人员组成,工作组负责项目的具体操作与实施。

(2)Partnering 模式的工作流程。Partnering 模式主要工作流程的具体操作事项,仍要根据项目参与合作方介入项目的时间和项目差异性决定。

①业主选择参与 Partnering 模式的合作伙伴。

②参与合作方在项目初期介入,成立 Partnering 管理小组和指定 Partnering 主持人。

③确定共同目标,签订 Partnering 协议。

④按不同的工作内容,设置各项目工作组并制定量化的目标。

⑤建立项目争议处理系统、项目评价系统(也可建立项目激励机制)。

⑥建立项目的资料与数据库系统并完全共享。

⑦Partnering 模式的具体实施。

⑧对各工作组人员进行定期评价,制订培训计划,以确保具有适当素质的人员担任适当的位置。

⑨项目完成,进行 Partnering 模式评价总结。

5. Partnering 模式的主要运作内容

Partnering 模式由三个主要内容组成:签署 Partnering 协议,确定参与各方的共同目标;建立 Partnering 模式的问题/争议处理系统,以快速、合作的方法解决争议问题;建立 Partnering 模式的评价系统,在工作或管理等方面不断寻求进步。

(1)Partnering 协议。Partnering 模式以各方签订的 Partnering 协议为约束。Partnering 协议是 Partnering 合作组的行动准则,通常按照 Partnering 构建的轨迹来撰写,详略则根据各方的需要而定,一般包括以下主要内容:合作原则、范围;设定工作目标、项目目的、任务及各工作组的职责;项目潜在风险的预测、分析和风险的适当分配;制定问题/争议处理系统和项目评价系统。当然,还包括其他内容,如有关 Partnering 工作会议的规定、建立奖励系统、终止协议的突破点等。

有人会认为签订 Partnering 协议就意味着放弃采用合同,其实 Partnering 协议并不能替代合同,它只是一个行动准则,或者说是对一个合作的承诺。协议在项目中途的取消并不影响合同的继续进行,而且协议的签订时间也与合同签订时间无关,但同一项目中,合同和协议在内容上不应该互相冲突。

(2)建立 Partnering 模式的问题/争议处理系统。它可以快速、得当地解决项目实施中出现的问题及合同纠纷,为项目的运行提供良好的合作环境。

此系统主要是制定问题/争议的处理权限层次和各权限层次解决问题的时间与责任。其基本原理是:规定问题解决的层次,每一个层次都设定了解决问题的时限,当问题在限定时间未被解决时,移交上一级管理层处理,一旦在任一层达成协议,问题就算得到解决。在这里建立解决问题的层次为:第一层次,提供操作层上处理问题的架构;第二层次,问题已经升级为争端,需要更高一级的管理层处理;第三层次,最严重的争端已演变成冲突,需要高级管理层处理。一般来说,问题首先在来源的那个层次进行处理,这样才能更充分地发现全部相关信息和较好地理解它们。

这个系统建立在欧洲建筑学会和雷丁建筑模式的最佳实践的基础之上,其最大的特点是能有效避免问题被长期搁置和导致伙伴间关系的恶化,并能为许多组织采用,为他们提供一种反馈、解决问题的系列方法。它为 Partnering 组织中的个人按法律忠实执行合同提供了正式的认知。

(3)Partnering 模式的项目评价系统(Partnering Assessment & Evaluation)。这是衡量 Partnering 整体水平,评定 Partnering 模式成功与否,找出不足并制定有效改进措施,从而不断提高合作方运营水平的关键手段。

对 Partnering 模式的评价可分为管理系统评价和项目业绩评价。对管理系统的评价包括计划执行的满意情况,工作关系维持情况,成本开支情况,商业运作情况等方面;而业绩评价则包括对成本的控制程度,完成产品质量的鉴定与统计,工作效率与工期目标的达到,决策的高效和协调性,争议处理的有效性以及完成的项目达到的价值和效益等方面的评价。

评价的方法主要有主观测量法和客观测量法两种;此外,求助于典范借鉴(benchmarking)网络组织,与成功企业的最佳作业法进行比较,定位自己的优缺点,也是常用的评价方法之一。

Partnering 模式已经在美国的军用、民用等大小项目中被广泛采用,并取得了明显的效果。现在,在欧美一些国家甚至出现了专门提供 Partnering 服务的咨询公司。目前,Partnering 这一模式在澳大利亚、新加坡和中国香港等地也已被逐步采用。不同国家专家研究 Partnering 模式后指出,Partnering 在提高建设行业的生产效率有显著成效,但同时也指出 Partnering 并没有既定的模式,需要参与者根据具体的情况,发展出适合自己的一套方式。

在国内,无论理论界还是工程实践中 Partnering 尚是一项新生事物。随着对其理论的进一步研究和了解,在不久的将来 Partnering 也将会应用于我国的工程建设中。但是,在引进、借鉴过程中必须要结合我国建筑行业的特点及项目自身的特点,只有如此,才能充分发挥 Partnering 模式的优点,避免其不足。

▷ 9.3.8　Project Controlling 模式

1.Project Controlling 模式的概念

在大型建设工程的实施过程中,一方面形成工程的物质流,另一方面,在建设工程参与各方之间形成信息传递关系,即形成工程的信息流。通过信息流可以反映工程物质流的状况。建设工程业主方的管理人员对工程目标的控制实际上就是通过掌握信息流来了解工程物质流的状况,从而进行多方面策划和控制决策,使工程的物质流按照预定计划进展,最终实现建设工程的总体目标。

而 Project Controlling 方实质上是建设工程业主的决策支持机构,其日常工作就是及时、准确地收集建设工程实施过程中产生的与工程三大目标有关的各种信息,并科学地对其进行分析和处理,最后将处理结果以多种不同的书面报告形式提供给业主管理人员,以使业主能够及时地作出正确决策。由此可见,Project Controlling 模式的核心就是以工程信息流处理的结果指导和控制工程的物质流。

Project Controlling 模式是适应大型建设工程业主高层管理人员决策需要产生的。一方面,在大型建设工程的实施中,即使业主委托了建设项目管理咨询单位进行全过程、全方位的项目管理,但重大问题仍需业主自己决策;另一方面,某些大型和特大型建设工程业主通常委托多个各具专业优势的建设项目管理咨询单位分别对不同的单项工程和单位工程进行项目管理,如果不同的单项工程之间出现矛盾,业主很难作出正确决策。

要作出正确的决策,必须具备一定的前提:首先,要有准确、详细的信息,使业主对工程实施情况有一个正确、清晰而全面的了解;其次,要对工程实施情况和有关矛盾及其原因有正确、客观的分析(包括偏差分析);再次,要有多个经过技术经济分析和比较的决策方案供业主选择。而常规的建设项目管理往往难以满足业主决定的这些要求。

Project Controlling 模式是工程咨询和信息技术结合的产物。Project Controlling 方通常由两类人员组成:一类是具有丰富的建设项目管理理论知识和实践经验的人员,另一类是掌握最新信息技术且有很强的实际工作能力的人员。

Project Controlling 模式的出现反映了建设项目管理专业化发展的一种新趋势,即专业分工的细化。既可以是全过程、全方位的服务,也可以仅仅是某一阶段的服务或仅仅是某一方面的服务;既可以是建设工程实施过程中的实务性服务(旁站监理)或综合管理服务,也可以是为业主提供决策支持服务。

2. Project Controlling 模式的类型

(1)单平面 Project Controlling 模式。当业主方只有一个管理平面(指独立的功能齐全的管理机构),一般只设置一个 Project Controlling 机构,称为单平面 Project Controlling 模式,如图 9-4 所示。

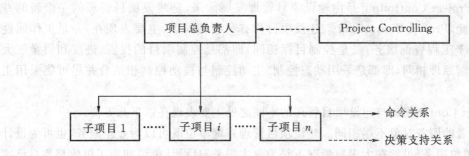

图 9-4 单平面 Project Controlling 模式的组织机构

单平面 Project Controlling 模式的组织关系简单,Project Controlling 方的任务明确,仅向项目总负责人(泛指与项目总负责人所对应的管理机构)提供决策支持服务。为此,Project Controlling 方首先要协调和确定整个项目的信息组织,并确定项目总负责人对信息的需求;在项目实施过程中,收集、分析和处理信息,并把信息处理结果提供给项目总负责人,以使其掌握项目总体进展情况和趋势,并作出正确的决策。

(2)多平面 Project Controlling 模式。当项目规模大到业主方必须设置多个管理平面时,Project Controlling 方可以设置多个平面与之对应,如图 9-5 所示。

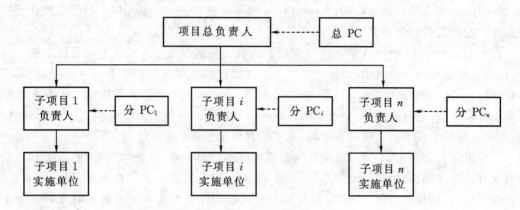

图 9-5　多平面 Project Controlling 模式的组织结构

多平面 Project Controlling 模式的组织关系较为复杂,Project Controlling 方的组织需要采用集中控制和分散控制相结合的形式,即针对业主项目总负责人(或总管理平面)设置总 Project Controlling机构,同时针对业主各子项目负责人(或子项目管理平面)设置相应的分 Project Controlling 机构。这表明,Project Controlling 方的组织结构与业主方项目管理的组织结构有明显的一致性和对应关系。

多平面 Project Controlling 模式中,总 Project Controlling 机构对外服务于业主项目总负责人;对内则确定整个项目的信息规则,指导、规范并检查分 Project Controlling 机构的工作,同时还承担了信息集中处理者的角色。而分 Project Controlling 机构则服务于业主各子项目负责人,且必须按照总 Project Controlling 机构所确定的信息规则进行信息处理。

3. Project Controlling 模式与建设项目管理的比较

由于 Project Controlling 是由建设项目管理发展而来,是建设项目管理的一个新的专业化方向,因此,Project Controlling 与建设项目具有一些相同点,主要表现在:一是工作属性相同,即都属于工程咨询服务;二是控制目标相同,即都是控制项目的投资、进度和质量三大目标;三是控制原理相同,即都是采用动态控制、主动控制与被动控制相结合并尽可能采用主动控制。

Project Controlling 与建设项目管理的不同之处主要表现在以下几方面:

(1)两者的服务对象不尽相同。建设项目管理咨询单位既可以为业主服务,也可为设计单位和施工单位服务,虽然在大多数情况下是为业主服务,且设计单位和施工单位都要自己实施相应的建设项目管理;而 Project Controlling 咨询单位只为业主服务,不存在为设计单位和施工单位服务的 Project Controlling,也无所谓设计和施工单位自己的 Project Controlling。

(2)两者的地位不同。在都是为业主服务的前提下,建设项目管理咨询单位是在业主或业主代表的直接领导下,具体负责项目建设过程的管理工作,业主或业主代表可在合同规定的范围内向建设项目管理咨询单位在该项目上的具体工作人员下达指令;而 Project Controlling 咨询单位直接向业主的决策层负责,相当于业主决策层的智囊,为其提供决策支持,业主不向

Project Controlling 咨询单位在该项目上的具体工作人员下达指令。

(3)两者的服务时间不尽相同。建设项目管理咨询单位可以为业主仅仅提供施工阶段的服务,也可以为业主提供实施阶段全过程乃至工程建设全过程的服务,其中以实施阶段全过程服务在国际上最为普遍;而 Project Controlling 咨询单位一般不为业主仅仅提供施工阶段的服务,而是为业主提供实施阶段全过程和工程建设全过程的服务,甚至还可能提供项目策划阶段的服务。由于到目前为止 Project Controlling 模式在国际上的应用尚不普遍,已有的项目实践尚不具有统计学上的意义,因而还很难说以哪一种情况为主。

(4)两者的工作内容不同。建设项目管理咨询单位围绕项目目标控制有许多具体工作,例如,设计和施工文件的审查,分部分项工程乃至工序的质量检查和验收,各施工单位施工进度的协调,工程结算和索赔报告的审查与签署,等等;而 Project Controlling 咨询单位不参与项目具体的实施过程和管理工作,其核心工作是信息处理,即收集信息、分析信息、出有关的书面报告。可以说,建设项目管理咨询单位侧重于负责组织和管理项目物质流的活动,而 Project Controlling咨询单位只负责组织和管理项目信息流的活动。

(5)两者的权力不同。由于建设项目管理咨询单位具体负责项目建设过程的管理工作,直接面对设计单位、施工单位以及材料和设备供应单位,因而对这些单位具有相应的权力,如下达开工令、暂停施工令、工程变更令等指令权,对已实施工程的验收权、对工程结算和索赔报告的审核与签署权,对分包商的审批权等;而 Project Controlling 咨询单位不直接面对这些单位,对这些单位没有任何指令权和其他管理方面的权力。

4.应用 Project Controlling 模式需要注意的问题

(1)Project Controlling 模式一般适用于大型和特大型建设工程。对于中小型建设工程来说,常规的建设项目管理服务已经能够满足业主的需求,不必采用 Project Controlling 模式。

(2)Project Controlling 模式不能作为一种独立存在的模式。由于 Project Controlling 模式一般适用于大型和特大型建设工程,而在这些建设工程中往往同时采用多种不同的组织管理模式,这表明,Project Controlling 模式往往与建设工程组织管理模式中的多种模式同时并存,且对其他模式没有任何选择性和排他性。另外,在采用 Project Controlling 模式时,仅在业主与 Project Controlling 咨询单位之间签订有关协议,该协议不涉及建设工程的其他参与方。

(3)Project Controlling 模式不能取代建设项目管理。Project Controlling 与建设项目管理所提供的服务都是业主所需要的,在同一个建设工程上,两者是同时并存的,不存在相互替代、孰优孰劣的问题,也不存在领导与被领导的关系。实际上,应用 Project Controlling 模式能否取得预期的效果,在很大程度上取决于业主是否得到高水平的建设项目管理服务。尤其要注意的是,不能因为有了 Project Controlling 咨询单位的信息处理工作,而淡化或弱化建设项目管理咨询单位常规的信息管理工作。

(4)Project Controlling 咨询单位需要建设工程参与各方的配合。信息是 Project Controlling 咨询单位的工作对象和基础,而建设工程的各种有关信息都来源于参与各方;另一方面,为了能向业主决策层提供有效的、高水平的决策支持,必须保证信息的及时性、准确性和全面性。需要特别强调的是,在这一点上,所谓建设工程参与各方也包括建设项目管理咨询单位(或我国的工程监理单位);而且由于直接面对建设工程的其他参与方,因而其与 Project Controlling咨询单位的配合显得尤为重要。

9.4　建设工程监理与项目管理一体化

▷ 9.4.1　建设工程监理与项目管理服务的区别

尽管建设工程监理与项目管理服务均是由社会化的专业单位为建设单位提供服务,但在服务的性质、范围及侧重点等方面有着本质区别。

1.服务性质不同

建设工程监理是一种强制实施的制度。属于国家规定强制实施监理的工程,建设单位必须委托建设工程监理,工程监理单位不仅要承担建设单位委托的工程项目管理任务,还需要承担法律法规所赋予的社会责任,如安全生产管理方面的职责和义务。工程项目管理服务属于委托性质,建设单位的人力资源有限、专业性不能满足工程建设管理需求时,才会委托工程项目管理单位协助其实施项目管理。

2.服务范围不同

目前,建设工程监理定位于工程施工阶段,而工程项目管理服务可以覆盖项目策划决策、建设实施(设计、施工)的全过程。

3.服务侧重点不同

建设工程监理单位尽管也要采用规划、控制、协调等方法为建设单位提供专业化服务,但其中心任务是目标控制。工程项目管理单位能够在项目策划决策阶段为建设单位提供专业化的项目管理服务,更能体现项目策划的重要性,更有利于实现工程项目的全寿命期、全过程管理。

▷ 9.4.2　建设工程监理与项目管理一体化的意义

建设工程监理与项目管理一体化是指工程监理单位在实施建设工程监理的同时,为建设单位提供项目管理服务。由同一家工程监理单位为建设单位同时提供建设工程监理与项目管理服务,既符合国家推行建设工程监理制度的要求,也能满足建设单位对于工程项目管理专业化服务的需求,而且从根本上避免了建设工程监理与项目管理职责的交叉重叠。推行建设工程监理与项目管理一体化,对于深化我国工程建设管理体制和工程项目实施组织方式的改革,促进工程监理企业的持续健康发展具有十分重要的意义。

9.5　建设工程项目全过程集成化管理

建设工程项目全过程集成化管理是指工程项目单位受建设单位委托,为其提供覆盖工程项目策划决策、建设实施阶段全过程的集成化管理。工程项目单位的服务内容可包括项目策划、设计管理、招标代理、造价咨询、施工过程管理等。

▷ 9.5.1　全过程集成化管理服务模式

目前在我国工程建设实践中,按照工程项目管理单位与建设单位的结合方式不同,全过程集成化项目管理服务可归纳为咨询式、一体化和植入式三种模式。

1.咨询式服务模式

在通常情况下,工程项目管理单位派出的项目管理团队置身于建设单位外部,为其提供项目管理咨询服务。此时,项目管理团队具有较强的独立性。

2.一体化服务模式

工程项目管理单位不设立专门的项目管理团队或设立的项目管理团队中留有少量管理人员,而将大部分项目管理人员分别派到建设单位各职能部门中,与建设单位项目管理人员融合在一起。

3.植入式服务模式

在建设单位充分信任的前提下,工程项目管理单位设立的项目管理团队直接作为建设单位的职能部门。此时,项目管理团队具有项目管理和职能管理的双重功能。

需要指出的是,对于属于强制监理范围内的建设工程项目,无论采用何种项目管理服务模式,由具有高水平的专业化单位提供建设工程监理与项目管理一体化服务是值得提倡的。否则,建设单位既委托项目管理服务,又委托建设工程监理,而实施单位不是同一家单位时,会造成管理职责重叠,降低工程效率,增加交易成本。

▷ 9.5.2 全过程集成化管理服务内容

工程项目策划决策与建设实施全过程集成化管理服务可包括以下内容:

(1)协助建设单位进行工程项目策划、投资估算、融资方案设计、可行性研究、专项评估等。

(2)协助建设单位办理土地征用、规划许可等有关手续。

(3)协助建设单位提出工程设计要求、组织工程勘察设计招标;协助建设单位签订工程勘察设计合同并在其实施过程中履行管理职责。

(4)组织设计单位进行工程设计方案的技术经济分析和优化,审查工程概预算;组织评审工程设计方案。

(5)协助建设单位组织建设工程监理、施工、材料设备采购招标;协助建设单位签订工程总承包或施工合同、材料设备采购合同并在其实施过程中履行管理职责。

(6)协助建设单位提出工程实施用款计划,进行工程变更控制,处理工程索赔,结算工程价款。

(7)协助建设单位组织工程竣工验收,办理工程竣工结算,整理、移交工程竣工档案资料。

(8)协助建设单位编制工程竣工决算报告,参与生产试运行及工程保修期管理,组织工程项目后评估。

▷ 9.5.3 全过程集成化管理服务的重点和难点

建设工程项目全过程集成化管理是指运用集成化思想,对工程建设全过程进行综合管理。这种“集成”不是有关知识、各个管理部门、各个进展阶段的简单叠加和简单联系,而是以系统工程为基础,实现知识门类的有机融合、各个管理部门的协调整合、各个进展阶段的无缝衔接。

建设工程项目全过程集成化管理服务更加强调项目策划、范围管理、综合管理,更加需要组织协调、信息沟通,并能切实解决工程技术问题。

作为工程项目管理服务单位,需要注意以下重点和难点:

(1)准确把握建设单位需求。要准确判断建设单位的工程项目管理需求,明确工程项目管理服务范围和内容,这是进行工程项目管理规划、为建设单位提供优质服务、获得用户满意的重要前提和基础。

(2)不断加强项目团队建设。工程项目管理服务主要依靠项目团队。要配备合理的专业人员组成项目团队。结构合理、运作高效、专业能力强、综合素质高的项目团队是高水平工程项目管理服务的组织保障。

(3)充分发挥沟通协调作用。要重视信息管理,采用报告、会议等方式确保信息准确、及时、畅通,使工程各参建单位能够及时得到准确的信息并对信息作出快速反应,形成目标明确、步调一致的协同工作局面。

(4)高度重视技术支持。工程建设全过程集成化管理服务需要更多、更广的工程技术支持。除工程项目管理人员需要加强学习、提高自身水平外,还应有效地组织外部协作专家进行技术咨询。工程项目管理单位应将切实帮助建设单位解决实际技术问题作为首要任务,技术问题的解决也是使建设单位能够直观感受服务价值的重要途径。

思考题

1.简述工程项目管理的概念与类型。

2.咨询工程师应具备哪些素质?

3.当今工程项目管理的新模式有哪几种?

4.简述建设工程监理与项目管理一体化的意义。

5.简述建设工程项目全过程集成化管理的服务模式和服务内容。

附录1 施工阶段监理工作的基本表式

一、工程监理单位用表

    1. 总监理工程师任命书

    2. 工程开工令

    3. 监理通知单

    4. 监理报告

    5. 工程暂停令

    6. 旁站记录

    7. 工程复工令

    8. 工程款支付证书

二、施工单位报审、报验用表

    1. 施工组织设计或(专项)施工方案报审表

    2. 工程开工报审表

    3. 工程复工报审表

    4. 分包单位资格报审表

    5. 施工控制测量成果报验表

    6. 工程材料、构配件或设备报审表

    7. _____ 报审、报验表

    8. 分部工程报验表

    9. 监理通知回复

    10. 单位工程竣工验收报审表

    11. 工程款支付报审表

    12. 施工进度计划报审表

    13. 费用索赔报审表

    14. 工程临时或最终延期报审表

三、通用表

    1. 工作联系单

    2. 工程变更单

    3. 索赔意向通知书

总监理工程师任命书

工程名称：　　　　　　　　　　　　　　　编号：

致：＿＿＿＿＿＿＿＿＿（建设单位） 　　　兹任命　＿＿＿＿＿＿（注册监理工程师注册号：＿＿＿＿＿＿）为我单位＿＿＿＿＿＿＿＿项目总监理工程师。负责履行建设工程监理合同、主持项目监理机构工作。   　　　　　　　　　　　　　　　　　　工程监理单位(盖章) 　　　　　　　　　　　　　　　　　　法定代表人(签字) 　　　　　　　　　　　　　　　　　　　　　年　　月　　日

注：本表一式三份，项目监理机构、建设单位、施工单位各一份。

工程开工令

工程名称：　　　　　　　　　　　　　　　编号：

致： 　　＿＿＿＿＿＿＿＿＿＿＿＿＿＿(施工单位) 　　　经审查,本工程已具备施工合同约定的开工条件,现同意你方开始施工,开工日期为： ＿＿＿＿年＿＿＿月＿＿＿日。 　　　附件：工程开工报审表   　　　　　　　　　　　　　　　　　　项目监理机构(盖章) 　　　　　　　　　　　　　　　　　　总监理工程师(签字、加盖执业印章) 　　　　　　　　　　　　　　　　　　　　　年　　月　　日

注：本表一式三份，项目监理机构、建设单位、施工单位各一份。

监理通知单

工程名称： 编号：

致：＿＿＿＿＿＿＿＿＿＿＿＿＿＿＿＿（施工项目经理部）

　事由：＿＿＿＿＿＿＿＿＿＿＿＿＿＿＿＿＿＿＿＿＿＿＿＿＿＿＿＿＿

＿＿＿＿＿＿＿＿＿＿＿＿＿＿＿＿＿＿＿＿＿＿＿＿＿＿＿＿＿＿＿＿＿＿

＿＿＿＿＿＿＿＿＿＿＿＿＿＿＿＿＿＿＿＿＿＿＿＿＿＿＿＿＿＿＿＿＿＿

＿＿＿＿＿＿＿＿＿＿＿＿＿＿＿＿＿＿＿＿＿＿＿＿＿＿＿＿＿＿＿＿＿＿

　内容：＿＿＿＿＿＿＿＿＿＿＿＿＿＿＿＿＿＿＿＿＿＿＿＿＿＿＿＿＿＿

＿＿＿＿＿＿＿＿＿＿＿＿＿＿＿＿＿＿＿＿＿＿＿＿＿＿＿＿＿＿＿＿＿＿

＿＿＿＿＿＿＿＿＿＿＿＿＿＿＿＿＿＿＿＿＿＿＿＿＿＿＿＿＿＿＿＿＿＿

＿＿＿＿＿＿＿＿＿＿＿＿＿＿＿＿＿＿＿＿＿＿＿＿＿＿＿＿＿＿＿＿＿＿

项目监理机构（盖章）

总/专业监理工程师（签字）

年　　月　　日

注：本表一式三份，项目监理机构、建设单位、施工单位各一份。

监理报告

工程名称： 编号：

　致：＿＿＿＿＿＿＿＿＿＿＿＿＿＿＿＿＿（主管部门）

　由＿＿＿＿＿＿＿＿＿＿＿＿＿＿＿（施工单位）施工的＿＿＿＿＿＿＿＿＿＿＿＿

（工程部位），存在安全事故隐患。我方已于＿＿＿年＿＿＿月＿＿＿日发出编号为＿＿＿＿的

《监理通知单》或《工程暂停令》，但施工单位未（整改或停工）。

　特此报告。

　附件：监理通知单

　　　　工程暂停令

　　　　其他

项目监理机构（盖章）

总监理工程师（签字）

年　　月　　日

注：本表一式四份，主管部门、建设单位、工程监理单位、项目监理机构各一份。

工程暂停令

工程名称： 编号：

致：_____（施工项目经理部）

由于_____

_____

_____

原因，现通知你方于 _____ 年 _____ 月 _____ 日 _____ 时起，暂停 _____ 部位（工序）施工，并按下述要求做好后续工作。

要求：

项目监理机构（盖章）

总监理工程师（签字、加盖执业印章）

年 月 日

注：本表一式三份，项目监理机构、建设单位、施工单位各一份。

旁站记录

工程名称： 编号：

旁站的关键部位、关键工序		施工单位	
旁站开始时间	年 月 日 时 分	旁站结束时间	年 月 日 时 分
旁站的关键部位、关键工序施工情况：			
发现的问题及处理情况： 旁站监理人员(签字)： 年 月 日			

注:本表一式一份,项目监理机构留存。

工程复工令

工程名称： 编号：

致：＿＿＿＿＿＿＿＿＿＿＿＿＿＿＿＿＿＿＿＿＿(施工项目经理部)
我方发出的编号为 ＿＿＿＿＿《工程暂停令》,要求暂停 ＿＿＿＿＿＿＿＿ 部位(工序)施工,经查已具备复工条件。经建设单位同意,现通知你方于 ＿＿＿ 年 ＿＿＿ 月 ＿＿＿ 日 ＿＿＿ 时起恢复施工。 附件:复工报审表   项目监理机构(盖章) 总监理工程师(签字、加盖执业印章) 年 月 日

注:本表一式三份,项目监理机构、建设单位、施工单位各一份。

工程款支付证书

工程名称：　　　　　　　　　　　　　　编号：

致：_____（施工单位）

　　根据施工合同约定,经审核编号为_____工程款支付报审表,扣除有关款项后,同意支付该款项共计(大写)_____（小写：_____）。

　　其中：

　　1.施工单位申报款为：

　　2.经审核施工单位应得款为：

　　3.本期应扣款为：

　　4.本期应付款为：

　　附件:工程款支付报审表及附件

项目监理机构（盖章）

总监理工程师（签字、加盖执业印章）

年　　月　　日

注:本表一式三份,项目监理机构、建设单位、施工单位各一份。

施工组织设计或(专项)施工方案报审表

工程名称：   编号：

致：＿＿＿＿＿＿＿＿＿＿＿＿＿＿＿＿＿＿＿(项目监理机构) 　我方已完成＿＿＿＿＿＿工程施工组织设计或(专项)施工方案的编制,并按规定已完成相关审批手续,请予以审查。 　附:施工组织设计 　　专项施工方案 　　施工方案   施工项目经理部(盖章) 项目经理(签字) 年　月　日
审查意见：   专业监理工程师(签字) 年　月　日
审核意见：   项目监理机构(盖章) 总监理工程师(签字、加盖执业印章) 年　月　日
审批意见(仅对超过一定规模的危险性较大的分部分项工程专项施工方案)：   建设单位(盖章) 建设单位代表(签字) 年　月　日

注:本表一式三份,项目监理机构、建设单位、施工单位各一份。

工程开工报审表

工程名称：　　　　　　　　　　　　　　　　编号：

致：＿＿＿＿＿＿＿＿＿＿＿＿＿＿＿＿＿＿＿＿（建设单位） 　　　＿＿＿＿＿＿＿＿＿＿＿＿＿＿＿＿＿（项目监理机构） 　　我方承担的＿＿＿＿＿＿＿＿＿工程,已完成相关准备工作,具备开工条件,特申请于 ＿＿年＿＿月＿＿日开工,请予以审批。 　　附件:证明文件资料   施工单位(盖章) 项目经理(签字) 年　月　日
审核意见: 项目监理机构(盖章) 总监理工程师(签字、加盖执业印章) 年　月　日
审批意见: 建设单位(盖章) 建设单位代表(签字) 年　月　日

注:本表一式三份,项目监理机构、建设单位、施工单位各一份。

工程复工报审表

工程名称：　　　　　　　　　　　　　　　　　　　编号：

致：＿＿＿＿＿＿＿＿＿＿＿＿＿＿＿＿＿＿＿＿（项目监理机构） 　　编号为＿＿＿＿＿＿＿《工程暂停令》所停工的＿＿＿＿＿＿部位，现已满足复工条件，我方申请于 ＿＿ 年 ＿＿ 月 ＿＿ 日复工，请予以审批。 　　附：证明文件资料   　　　　　　　　　　　　　　　　施工项目经理部（盖章） 　　　　　　　　　　　　　　　　项目经理（签字） 　　　　　　　　　　　　　　　　　　年　　月　　日
审核意见：   　　　　　　　　　　　　　　　　项目监理机构（盖章） 　　　　　　　　　　　　　　　　总监理工程师（签字） 　　　　　　　　　　　　　　　　　　年　　月　　日
审批意见：   　　　　　　　　　　　　　　　　建设单位（盖章） 　　　　　　　　　　　　　　　　建设单位代表（签字） 　　　　　　　　　　　　　　　　　　年　　月　　日

注：本表一式三份，项目监理机构、建设单位、施工单位各一份。

分包单位资格报审表

工程名称：　　　　　　　　　　　　　　　　编号：

致：＿＿＿＿＿＿＿＿＿＿＿＿＿＿＿＿＿＿＿＿＿（项目监理机构）
经考察，我方认为拟选择的＿＿＿＿＿＿＿＿＿＿＿＿＿＿＿＿＿＿＿＿＿（分包单位）具有承担下列工程的施工或安装资质和能力，可以保证本工程按施工合同第＿＿＿＿条款的约定进行施工或安装。分包后，我方仍承担本工程施工合同的全部责任。请予以审查。

分包工程名称(部位)	分包工程量	分包工程合同额
合　　　计		

附：1.分包单位资质材料

　　2.分包单位业绩材料

　　3.分包单位专职管理人员和特种作业人员的资格证书

　　4.施工单位对分包单位的管理制度

施工项目经理部(盖章)

项目经理(签字)

年　　月　　日

审查意见：

专业监理工程师(签字)

年　　月　　日

审核意见：

项目监理机构(盖章)

总监理工程师(签字)

年　　月　　日

注：本表一式三份，项目监理机构、建设单位、施工单位各一份。

施工控制测量成果报验表

工程名称：　　　　　　　　　　　　　　　编号：

致：＿＿＿＿＿＿＿＿＿＿＿＿＿＿＿＿（项目监理机构） 　　我方已完成＿＿＿＿＿＿＿＿＿＿＿＿＿的施工控制测量,经自检合格,请予以查验。   　　附:1.施工控制测量依据资料 　　　　2.施工控制测量成果表   　　　　　　　　　　　　　施工项目经理部(盖章) 　　　　　　　　　　　　　项目技术负责人(签字) 　　　　　　　　　　　　　　　年　　月　　日
审查意见：   　　　　　　　　　　　　　项目监理机构(盖章) 　　　　　　　　　　　　　专业监理工程师(签字) 　　　　　　　　　　　　　　　年　　月　　日

注:本表一式三份,项目监理机构、建设单位、施工单位各一份。

工程材料、构配件或设备报审表

工程名称：　　　　　　　　　　　　　　　　编号：

致：＿＿＿＿＿＿＿＿＿＿＿＿＿＿＿＿＿＿＿＿（项目监理机构） 　　于＿＿年＿＿月＿＿日进场的拟用于工程＿＿＿＿＿＿部位的＿＿＿＿＿，经我方检验合格，现将相关资料报上，请予以审查。 　　附件：1.工程材料、构配件或设备清单 　　　　　2.质量证明文件 　　　　　3.自检结果   　　　　　　　　　　　　　　　　施工项目经理部(盖章) 　　　　　　　　　　　　　　　　项目经理(签字) 　　　　　　　　　　　　　　　　　　年　　月　　日
审查意见：   　　　　　　　　　　　　　　　　项目监理机构(盖章) 　　　　　　　　　　　　　　　　专业监理工程师(签字) 　　　　　　　　　　　　　　　　　　年　　月　　日

注：本表一式二份，项目监理机构、施工单位各一份。

_____报审、报验表

工程名称：　　　　　　　　　　　　　　　　编号：

致：_____（项目监理机构） 　　我方已完成_____工作，经自检合格，现将有关资料报上，请予以审查或验收。 　　附：隐蔽工程质量检验资料 　　　　检验批质量检验资料 　　　　分项工程质量检验资料 　　　　施工试验室证明资料 　　　　其他   　　　　　　　　　　　　　　　　施工项目经理部（盖章） 　　　　　　　　　　　　　　　　项目经理或项目技术负责人（签字） 　　　　　　　　　　　　　　　　　　　年　　月　　日
审查或验收意见：   　　　　　　　　　　　　　　　　项目监理机构（盖章） 　　　　　　　　　　　　　　　　专业监理工程师（签字） 　　　　　　　　　　　　　　　　　　　年　　月　　日

注：本表一式二份，项目监理机构、施工单位各一份。

分部工程报验表

工程名称：　　　　　　　　　　　　　　　　　　　　编号：

致：＿＿＿＿＿＿＿＿＿＿＿＿＿＿＿＿＿＿＿＿＿＿（项目监理机构） 　　我方已完成＿＿＿＿＿＿＿＿＿＿＿＿＿＿＿＿＿＿＿＿＿＿（分部工程），经自检合格，现将有关资料报上，请予以验收。 　　　　附件：分部工程质量控制资料   　　　　　　　　　　　　　　　　施工项目经理部（盖章） 　　　　　　　　　　　　　　　　项目技术负责人（签字） 　　　　　　　　　　　　　　　　　　年　　月　　日
验收意见：   　　　　　　　　　　　　　　　专业监理工程师（签字） 　　　　　　　　　　　　　　　　　年　　月　　日
验收意见：   　　　　　　　　　　　　　　　项目监理机构（盖章） 　　　　　　　　　　　　　　　总监理工程师（签字） 　　　　　　　　　　　　　　　　　年　　月　　日

注：本表一式三份，项目监理机构、建设单位、施工单位各一份。

监理通知回复

工程名称： 编号：

致：_____（项目监理机构）

我方接到编号为_____的监理通知单后，已按要求完成相关工作，请予以复查。

附：需要说明的情况

施工项目经理部（盖章）

项目经理（签字）

年 月 日

复查意见：

项目监理机构（盖章）

总监理工程师或专业监理工程师（签字）

年 月 日

注：本表一式三份，项目监理机构、建设单位、施工单位各一份。

单位工程竣工验收报审表

工程名称： 编号：

致：_____（项目监理机构） 　　我方已按施工合同要求完成_____工程,经自检合格,现将有关资料报上,请予以验收。   　　附件：1.工程质量验收报告 　　　　　2.工程功能检验资料   　　　　　　　　　　　　　　　　施工单位(盖章) 　　　　　　　　　　　　　　　　项目经理(签字) 　　　　　　　　　　　　　　　　　　年　　月　　日
预验收意见： 　　经预验收,该工程合格或不合格,可以或不可以组织正式验收。   　　　　　　　　　　　　　　　　项目监理机构(盖章) 　　　　　　　　　　　　　　　　总监理工程师(签字、加盖执业印章) 　　　　　　　　　　　　　　　　　　年　　月　　日

注：本表一式三份,项目监理机构、建设单位、施工单位各一份。

工程款支付报审表

工程名称：　　　　　　　　　　　　　　　　编号：

致：＿＿＿＿＿＿＿＿＿＿＿＿＿＿＿＿＿＿（项目监理机构） 　　我方已完成＿＿＿＿＿＿＿＿＿＿＿＿＿＿＿＿＿＿＿＿工作，按施工合同约定，建设单位应在＿＿年＿＿月＿＿日前支付该项工程款共（大写）＿＿＿＿＿＿（小写：＿＿＿＿＿），现将有关资料报上，请予以审核。 　　附件： 　　　　已完成工程量报表 　　　　工程竣工结算证明材料 　　　　相应的支持性证明文件 　　　　　　　　　　　　　施工项目经理部（盖章） 　　　　　　　　　　　　　项目经理（签字） 　　　　　　　　　　　　　　　年　　月　　日
审查意见： 　　1.施工单位应得款为： 　　2.本期应扣款为： 　　3.本期应付款为： 　　附件：相应支持性材料 　　　　　　　　　　　　　专业监理工程师（签字） 　　　　　　　　　　　　　　　年　　月　　日
审核意见：   　　　　　　　　　　　　　项目监理机构（盖章） 　　　　　　　　　　　　　总监理工程师（签字、加盖执业印章） 　　　　　　　　　　　　　　　年　　月　　日
审批意见：   　　　　　　　　　　　　　建设单位（盖章） 　　　　　　　　　　　　　建设单位代表（签字） 　　　　　　　　　　　　　　　年　　月　　日

注：本表一式三份，项目监理机构、建设单位、施工单位各一份；工程竣工结算报审时本表一式四份，项目监理机构、建设单位各一份、施工单位二份。

施工进度计划报审表

工程名称： 编号：

致：_____（项目监理机构）
我方根据施工合同的有关规定,已完成_____工程施工进度计划的编制和批准,请予以审查。

    附件:施工总进度计划
        阶段性进度计划

施工项目经理部(盖章)

项目经理(签字)

年　　月　　日

审查意见：

专业监理工程师(签字)

年　　月　　日

审核意见：

项目监理机构(盖章)

总监理工程师(签字)

年　　月　　日

注:本表一式三份,项目监理机构、建设单位、施工单位各一份。

费用索赔报审表

工程名称：　　　　　　　　　　　　　编号：

致：_____（项目监理机构） 　　根据施工合同_____条款，由于_____的原因，我方申请 索赔金额（大写）_____，请予批准。 　　索赔理由：_____ _____ _____ 　　附件：索赔金额的计算 　　　　　证明材料   　　　　　　　　　　　　施工项目经理部（盖章） 　　　　　　　　　　　　项目经理（签字） 　　　　　　　　　　　　　年　　月　　日
审核意见： 　　□不同意此项索赔。 　　□同意此项索赔，索赔金额为（大写）_____。 　　同意或不同意索赔的理由：_____ _____ _____ 　　附件：索赔审查报告   　　　　　　　　　　　　项目监理机构（盖章） 　　　　　　　　　　　　总监理工程师（签字、加盖执业印章） 　　　　　　　　　　　　　年　　月　　日
审批意见：   　　　　　　　　　　　　建设单位（盖章） 　　　　　　　　　　　　建设单位代表（签字） 　　　　　　　　　　　　　年　　月　　日

注：本表一式三份，项目监理机构、建设单位、施工单位各一份。

工程临时或最终延期报审表

工程名称：　　　　　　　　　　　　　　　　　　编号：

致：　　　　　　　　　　　　　　　　　　　　　（项目监理机构）

致：＿＿＿＿＿＿＿＿＿＿＿＿＿＿＿＿＿＿＿＿（项目监理机构）

　　根据施工合同＿＿＿＿＿（条款），由于＿＿＿＿＿＿＿＿＿＿＿＿＿＿＿＿＿＿＿＿原因，我方申请工程临时/最终延期＿＿＿（日历天），请予批准。

　　附件：

　　1.工程延期依据及工期计算

　　2.证明材料

施工项目经理部（盖章）

项目经理（签字）

年　　月　　日

审核意见：

　　同意临时或最终延长工期＿＿＿＿＿＿＿＿（日历天）。工程竣工日期从施工合同约定的＿＿＿年＿＿＿月＿＿＿日延迟到＿＿＿＿＿年＿＿＿月＿＿＿日。

　　不同意延长工期，请按约定竣工日期组织施工。

项目监理机构（盖章）

总监理工程师（签字、加盖执业印章）

年　　月　　日

审批意见：

建设单位（盖章）

建设单位代表（签字）

年　　月　　日

注：本表一式三份，项目监理机构、建设单位、施工单位各一份。

工作联系单

工程名称：   编号：

致：_____

发文单位

负责人（签字）

年   月   日

工程变更单

工程名称：　　　　　　　　　　　　　　编号：

致：＿＿＿＿＿＿＿＿＿＿＿＿＿＿＿＿＿＿＿＿＿＿＿
由于＿＿＿＿＿＿＿＿＿＿＿＿＿＿＿＿＿＿＿原因，兹提出＿＿＿＿＿＿＿＿工程变更，请予以审批。 　　附件： 　　　　变更内容 　　　　变更设计图 　　　　相关会议纪要 　　　　其他   　　　　　　　　　　　　　　　　　变更提出单位： 　　　　　　　　　　　　　　　　　负责人： 　　　　　　　　　　　　　　　　　　　年　　月　　日

工程数量增/减	
费用增/减	
工期变化	

施工项目经理部（盖章） 项目经理（签字）	设计单位（盖章） 设计负责人（签字）
项目监理机构（盖章） 总监理工程师（签字）	建设单位（盖章） 负责人（签字）

注：本表一式四份，建设单位、项目监理机构、设计单位、施工单位各一份。

索赔意向通知书

工程名称： 　　　　　　　　　编号：

致：＿＿＿＿＿＿＿＿＿＿＿＿＿＿＿＿＿＿＿

　　根据《建设工程施工合同》＿＿＿＿＿＿＿＿＿＿（条款）的约定，由于发生了＿＿＿＿＿＿＿

＿＿＿＿＿＿＿＿事件，且该事件的发生非我方原因所致。为此，我方向＿＿＿＿＿＿＿＿（单

位）提出索赔要求。

　　附件：索赔事件资料

　　　　　　　　　　　　　　　　　　提出单位（盖章）

　　　　　　　　　　　　　　　　　　负 责 人（签字）

　　　　　　　　　　　　　　　　　　　　　年　　　月　　　日

附录 2 专业工程类别和等级

专业工程类别和等级

序号	工程类别		一级	二级	三级
一	房屋建筑工程	一般公共建筑	28层以上;36米跨度以上(轻钢结构除外);单项工程建筑面积3万平方米以上	14~28层;24~36米跨度(轻钢结构除外);单项工程建筑面积1万~3万平方米	14层以下;24米跨度以下(轻钢结构除外);单项工程建筑面积1万平方米以下
		高耸构筑工程	高度120米以上	高度70~120米	高度70米以下
		住宅工程	小区建筑面积12万平方米以上;单项工程28层以上	建筑面积6万~12万平方米;单项工程14~28层	建筑面积6万平方米以下;单项工程14层以下
二	冶炼工程	钢铁冶炼、连铸工程	年产100万吨以上;单座高炉炉容1250立方米以上;单座公称容量转炉100吨以上;电炉50吨以上;连铸年产100万吨以上或板坯连铸单机1450毫米以上	年产100万吨以下;单座高炉炉容1250立方米以下;单座公称容量转炉100吨以下;电炉50吨以下;连铸年产100万吨以下或板坯连铸单机1450毫米以下	
		轧钢工程	热轧年产100万吨以上,装备连续、半连续轧机;冷轧带板年产100万吨以上,冷轧线材年产30万吨以上或装备连续、半连续轧机	热轧年产100万吨以下,装备连续、半连续轧机;冷轧带板年产100万吨以下,冷轧线材年产30万吨以下或装备连续、半连续轧机	
		冶炼辅助工程	炼焦工程年产50万吨以上或炭化室高度4.3米以上;单台烧结机100平方米以上;小时制氧300立方米以上	炼焦工程年产50万吨以下或炭化室高度4.3米以下;单台烧结机100平方米以下;小时制氧300立方米以下	
		有色冶炼工程	有色冶炼年产10万吨以上;有色金属加工年产5万吨以上;氧化铝工程40万吨以上	有色冶炼年产10万吨以下;有色金属加工年产5万吨以下;氧化铝工程40万吨以下	

序号	工程类别		一级	二级	三级
二	冶炼工程	建材工程	水泥日产 2000 吨以上；浮化玻璃日熔量 400 吨以上；池窑拉丝玻璃纤维、特种纤维、特种陶瓷生产线工程	水泥日产 2000 吨以下；浮化玻璃日熔量 400 吨以下；普通玻璃生产线；组合炉拉丝玻璃纤维；非金属材料、玻璃钢、耐火材料、建筑及卫生陶瓷厂工程	
三	矿山工程	煤矿工程	年产 120 万吨以上的井工矿工程；年产 120 万吨以上的洗选煤工程；深度 800 米以上的立井井筒工程；年产 400 万吨以上的露天矿山工程	年产 120 万吨以下的井工矿工程；年产 120 万吨以下的洗选煤工程；深度 800 米以下的立井井筒工程；年产 400 万吨以下的露天矿山工程	
		冶金矿山工程	年产 100 万吨以上的黑色矿山采选工程；年产 100 万吨以上的有色砂矿采、选工程；年产 60 万吨以上的有色脉矿采、选工程	年产 100 万吨以下的黑色矿山采选工程；年产 100 万吨以下的有色砂矿采、选工程；年产 60 万吨以下的有色脉矿采、选工程	
		化工矿山工程	年产 60 万吨以上的磷矿、硫铁矿工程	年产 60 万吨以下的磷矿、硫铁矿工程	
		铀矿工程	年产 10 万吨以上的铀矿；年产 200 吨以上的铀选冶	年产 10 万吨以下的铀矿；年产 200 吨以下的铀选冶	
		建材类非金属矿工程	年产 70 万吨以上的石灰石矿；年产 30 万吨以上的石膏矿、石英砂岩矿	年产 70 万吨以下的石灰石矿；年产 30 万吨以下的石膏矿、石英砂岩矿	
四	化工石油工程	油田工程	原油处理能力 150 万吨/年以上、天然气处理能力 150 万方/天以上、产能 50 万吨以上及配套设施	原油处理能力 150 万吨/年以下、天然气处理能力 150 万方/天以下、产能 50 万吨以下及配套设施	
		油气储运工程	压力容器 8MPa 以上；油气储罐 10 万立方米/台以上；长输管道 120 千米以上	压力容器 8MPa 以下；油气储罐 10 万立方米/台以下；长输管道 120 千米以下	

序号	工程类别		一级	二级	三级
四	化工石油工程	炼油化工工程	原油处理能力在500万吨/年以上的一次加工及相应二次加工装置和后加工装置	原油处理能力在500万吨/年以下的一次加工及相应二次加工装置和后加工装置	
		基本原材料工程	年产30万吨以上的乙烯工程;年产4万吨以上的合成橡胶、合成树脂及塑料和化纤工程	年产30万吨以下的乙烯工程;年产4万吨以下的合成橡胶、合成树脂及塑料和化纤工程	
		化肥工程	年产20万吨以上合成氨及相应后加工装置;年产24万吨以上磷氨工程	年产20万吨以下合成氨及相应后加工装置;年产24万吨以下磷氨工程	
		酸碱工程	年产硫酸16万吨以上;年产烧碱8万吨以上;年产纯碱40万吨以上	年产硫酸16万吨以下;年产烧碱8万吨以下;年产纯碱40万吨以下	
		轮胎工程	年产30万套以上	年产30万套以下	
		核化工及加工工程	年产1000吨以上的铀转换化工工程;年产100吨以上的铀浓缩工程;总投资10亿元以上的乏燃料后处理工程;年产200吨以上的燃料元件加工工程;总投资5000万元以上的核技术及同位素应用工程	年产1000吨以下的铀转换化工工程;年产100吨以下的铀浓缩工程;总投资10亿元以下的乏燃料后处理工程;年产200吨以下的燃料元件加工工程;总投资5000万元以下的核技术及同位素应用工程	
		医药及其他化工工程	总投资1亿元以上	总投资1亿元以下	
五	水利水电工程	水库工程	总库容1亿立方米以上	总库容1千万~1亿立方米	总库容1千万立方米以下
		水力发电站工程	总装机容量300MW以上	总装机容量50~300MW	总装机容量50MW以下

序号	工程类别		一级	二级	三级
五	水利水电工程	其他水利工程	引调水堤防等级1级；灌溉排涝流量5立方米/秒以上；河道整治面积30万亩以上；城市防洪城市人口50万人以上；围垦面积5万亩以上；水土保持综合治理面积1000平方公里以上	引调水堤防等级2、3级；灌溉排涝流量0.5～5立方米/秒；河道整治面积3万～30万亩；城市防洪城市人口20万～50万人；围垦面积0.5万～5万亩；水土保持综合治理面积100～1000平方公里	引调水堤防等级4、5级；灌溉排涝流量0.5立方米/秒以下；河道整治面积3万亩以下；城市防洪城市人口20万人以下；围垦面积0.5万亩以下；水土保持综合治理面积100平方公里以下
六	电力工程	火力发电站工程	单机容量30万千瓦以上	单机容量30万千瓦以下	
		输变电工程	330千伏以上	330千伏以下	
		核电工程	核电站；核反应堆工程		
七	农林工程	林业局（场）总体工程	面积35万公顷以上	面积35万公顷以下	
		林产工业工程	总投资5000万元以上	总投资5000万元以下	
		农业综合开发工程	总投资3000万元以上	总投资3000万元以下	
		种植业工程	2万亩以上或总投资1500万元以上	2万亩以下或总投资1500万元以下	
		兽医/畜牧工程	总投资1500万元以上	总投资1500万元以下	
		渔业工程	渔港工程总投资3000万元以上；水产养殖等其他工程总投资1500万元以上	渔港工程总投资3000万元以下；水产养殖等其他工程总投资1500万元以下	
		设施农业工程	设施园艺工程1公顷以上；农产品加工等其他工程总投资1500万元以上	设施园艺工程1公顷以下；农产品加工等其他工程总投资1500万元以下	
		核设施退役及放射性三废处理处置工程	总投资5000万元以上	总投资5000万元以下	

序号	工程类别		一级	二级	三级
八	铁路工程	铁路综合工程	新建、改建一级干线；单线铁路 40 千米以上；双线 30 千米以上及枢纽	单线铁路 40 千米以下；双线 30 千米以下；二级干线及站线；专用线、专用铁路	
		铁路桥梁工程	桥长 500 米以上	桥长 500 米以下	
		铁路隧道工程	单线 3000 米以上；双线 1500 米以上	单线 3000 米以下；双线 1500 米以下	
		铁路通信、信号、电力电气化工程	新建、改建铁路（含枢纽、配、变电所、分区亭）单双线 200 千米及以上	新建、改建铁路（不含枢纽、配、变电所、分区亭）单双线 200 千米及以下	
九	公路工程	公路工程	高速公路	高速公路路基工程及一级公路	一级公路路基工程及二级以下各级公路
		公路桥梁工程	独立大桥工程；特大桥总长 1000 米以上或单跨跨径 150 米以上	大桥、中桥桥梁总长 30～1000 米或单跨跨径 20～150 米	小桥总长 30 米以下或单跨跨径 20 米以下；涵洞工程
		公路隧道工程	隧道长度 1000 米以上	隧道长度 500～1000 米	隧道长度 500 米以下
		其他工程	通讯、监控、收费等机电工程，高速公路交通安全设施、环保工程和沿线附属设施	一级公路交通安全设施、环保工程和沿线附属设施	二级及以下公路交通安全设施、环保工程和沿线附属设施
十	港口与航道工程	港口工程	集装箱、件杂、多用途等沿海港口工程 20000 吨级以上；散货、原油沿海港口工程 30000 吨级以上；1000 吨级以上内河港口工程	集装箱、件杂、多用途等沿海港口工程 20000 吨级以下；散货、原油沿海港口工程 30000 吨级以下；1000 吨级以下内河港口工程	
		通航建筑与整治工程	1000 吨级以上	1000 吨级以下	
		航道工程	通航 30000 吨级以上船舶沿海复杂航道；通航 1000 吨级以上船舶的内河航运工程项目	通航 30000 吨级以下船舶沿海航道；通航 1000 吨级以下船舶的内河航运工程项目	

序号	工程类别		一级	二级	三级
十	港口与航道工程	修造船水工工程	10000 吨位以上的船坞工程；船体重量5000 吨位以上的船台、滑道工程	10000 吨位以下的船坞工程；船体重量5000 吨位以下的船台、滑道工程	
		防波堤、导流堤等水工工程	最大水深 6 米以上	最大水深 6 米以下	
		其他水运工程项目	建安工程费 6000 万元以上的沿海水运工程项目；建安工程费4000 万元以上的内河水运工程项目	建安工程费 6000 万元以下的沿海水运工程项目；建安工程费4000 万元以下的内河水运工程项目	
十一	航天航空工程	民用机场工程	飞行区指标为 4E 及以上及其配套工程	飞行区指标为 4D 及以下及其配套工程	
		航空飞行器	航空飞行器(综合)工程总投资 1 亿元以上；航空飞行器(单项)工程总投资 3000 万元以上	航空飞行器(综合)工程总投资 1 亿元以下；航空飞行器(单项)工程总投资 3000 万元以下	
		航天空间飞行器	工程总投资 3000 万元以上；面积 3000 平方米以上；跨度 18米以上	工程总投资 3000 万元以下；面积 3000 平方米以下；跨度 18米以下	
十二	通信工程	有线、无线传输通信工程，卫星、综合布线	省际通信、信息网络工程	省内通信、信息网络工程	
		邮政、电信、广播枢纽及交换工程	省会城市邮政、电信枢纽	地市级城市邮政、电信枢纽	
		发射台工程	总发射功率 500 千瓦以上短波或 600 千瓦以上中波发射台；高度200 米以上广播电视发射塔	总发射功率 500 千瓦以下短波或 600 千瓦以下中波发射台；高度200 米以下广播电视发射塔	
十三	市政公用工程	城市道路工程	城市快速路、主干路、城市互通式立交桥及单孔跨径 100 米以上桥梁；长度 1000 米以上的隧道工程	城市次干路工程，城市分离式立交桥及单孔跨径 100 米以下的桥梁；长度 1000 米以下的隧道工程	城市支路工程、过街天桥及地下通道工程

序号	工程类别		一级	二级	三级
十三	市政公用工程	给水排水工程	10万吨/日以上的给水厂；5万吨/日以上污水处理工程；3立方米/秒以上的给水、污水泵站；15立方米/秒以上的雨泵站；直径2.5米以上的给排水管道	2万～10万吨/日的给水厂；1万～5万吨/日污水处理工程；1～3立方米/秒的给水、污水泵站；5～15立方米/秒的雨泵站；直径1～2.5米的给水管道；直径1.5～2.5米的排水管道	2万吨/日以下的给水厂；1万吨/日以下污水处理工程；1立方米/秒以下的给水、污水泵站；5立方米/秒以下的雨泵站；直径1米以下的给水管道；直径1.5米以下的排水管道
		燃气热力工程	总储存容积1000立方米以上液化气贮罐场（站）；供气规模15万立方米/日以上的燃气工程；中压以上的燃气管道、调压站；供热面积150万平方米以上的热力工程	总储存容积1000立方米以下的液化气贮罐场（站）；供气规模15万立方米/日以下的燃气工程；中压以下的燃气管道、调压站；供热面积50万～150万平方米的热力工程	供热面积50万平方米以下的热力工程
		垃圾处理工程	1200吨/日以上的垃圾焚烧和填埋工程	500～1200吨/日的垃圾焚烧及填埋工程	500吨/日以下的垃圾焚烧及填埋工程
		地铁轻轨工程	各类地铁轻轨工程		
		风景园林工程	总投资3000万元以上	总投资1000万～3000万元	总投资1000万元以下
十四	机电安装工程	机械工程	总投资5000万元以上	总投资5000万以下	
		电子工程	总投资1亿元以上；含有净化级别6级以上的工程	总投资1亿元以下；含有净化级别6级以下的工程	
		轻纺工程	总投资5000万元以上	总投资5000万元以下	
		兵器工程	建安工程费3000万元以上的坦克装甲车辆、炸药、弹箭工程；建安工程费2000万元以上的枪炮、光电工程；建安工程费1000万元以上的防化民爆工程	建安工程费3000万元以下的坦克装甲车辆、炸药、弹箭工程；建安工程费2000万元以下的枪炮、光电工程；建安工程费1000万元以下的防化民爆工程	
		船舶工程	船舶制造工程总投资1亿元以上；船舶科研、机械、修理工程总投资5000万元以上	船舶制造工程总投资1亿元以下；船舶科研、机械、修理工程总投资5000万元以下	
		其他工程	总投资5000万元以上	总投资5000万元以下	

参考文献

[1]刘桦.建设工程监理概论[M].北京:化学工业出版社,2008.

[2]中国建设监理协会.建设工程监理概论[M].4版.北京:中国建筑工业出版社,2014.

[3]周国恩.工程监理概论[M].北京:化学工业出版社,2010.

[4]巩天真,张泽平.建设工程监理概论[M].2版.北京:北京大学出版社,2009.

[5]建设工程监理规范(GB/T 50319—2013)[M].北京:中国建筑工业出版社,2013.

[6]周和荣.建筑工程监理概论[M].北京:高等教育出版社,2005.

[7]郭阳明.工程建设监理概论[M].北京:北京理工大学出版社,2009.

[8]陈燕.建设工程合同管理[M].合肥:合肥工业大学出版社,2009.

[9]高兴元,胡岩.建设工程监理概论[M].北京:机械工业出版社,2009.

[10]庄民泉.建设监理概论[M].北京:中国电力出版社,2007.

[11]中国建设监理协会.建设工程质量控制[M].4版.北京:中国建筑工业出版社,2014.

图书在版编目(CIP)数据

建设工程监理概论/李汉平主编. —2 版. —西安：
西安交通大学出版社,2017.1
ISBN 978 - 7 - 5605 - 9351 - 7

Ⅰ.①建… Ⅱ.①李… Ⅲ.①建筑工程-监理工作-
高等职业教育-教材 Ⅳ.①TU712

中国版本图书馆 CIP 数据核字(2017)第 006949 号

书　名	建设工程监理概论(第 2 版)
主　编	李汉平
责任编辑	史菲菲
出版发行	西安交通大学出版社
	(西安市兴庆南路 10 号　邮政编码 710049)
网　址	http://www.xjtupress.com
电　话	(029)82668357　82667874(发行中心)
	(029)82668315　82669096(总编办)
传　真	(029)82668280
印　刷	陕西元盛印务有限公司
开　本	787mm×1092mm　·1/16　　**印张** 15.625　　**字数** 373 千字
版次印次	2012 年 7 月第 1 版　2017 年 5 月第 2 版　2017 年 5 月第 3 次印刷
书　号	ISBN 978 - 7 - 5605 - 9351 - 7
定　价	39.80 元

读者购书、书店添货,如发现印装质量问题,请与本社发行中心联系、调换。
订购热线:(029)82665248　(029)82665249
投稿热线:(029)82668133
读者信箱:xj_rwjg@126.com